URANIA NATURFÜHRER

REPTILIEN UND AMPHIBIEN

URANIA NATURFÜHRER

REPTILIEN UND AMPHIBIEN

Mark O'Shea und Tim Halliday

Aus dem Englischen von
Dr. Hans W. Kothe

Urania

EIN DORLING-KINDERSLEY-BUCH

Die Deutsche Bibliothek — CIP-Einheitsaufnahme
Ein Titeldatensatz für diese Publikation ist bei
Der Deutschen Bibliothek erhältlich.
ISBN 3-332-01216-9

Originaltitel: Handbooks: Reptiles and Amphibians

Übersetzung ins Deutsche: Dr. Hans W. Kothe, Jena-Isserstedt

Redaktion: Berliner Buchwerkstatt, Ivana Jokl und Vera Olbricht
Layout: Berliner Buchwerkstatt, Ulrike Sindlinger und Britta Dieterle
Druck: Kyodo Printing
Printed in Singapore

Gedruckt auf alterungsbeständigem Papier
mit chlorfrei gebleichtem Zellstoff.

Die Schreibweise entspricht den Regeln
der neuen Rechtschreibung.

04 03 02 01 4 3 2 1

Inhalt

EINFÜHRUNG

Die Amphibien- und Reptilienkunde, genannt Herpetologie, befasst sich mit der Erforschung von ca. 11 000 Tierarten – dazu zählen riesige Krokodile ebenso wie winzige Baumsteigerfrösche. Sowohl Amphibien als auch Reptilien sind sehr erfolgreiche Tiergruppen, deren Mitglieder sich an die unterschiedlichsten Lebensräume anpassen konnten. Viele Arten sind harmlos, einige jedoch können für den Menschen sehr gefährlich sein, z.B. durch tödlich wirkendes Gift.

Die ersten Amphibien (Lurche) erschienen vor ca. 400 Millionen Jahren auf der Erde, um diese dann über 80 Millionen Jahre als dominierende Landtiere zu bevölkern. Allerdings unterschieden sich die großen, gepanzerten, fischähnlichen Räuber des Karbon-Zeitalters (vor 350 bis 270 Millionen Jahren) deutlich von den heute lebenden Amphibien, die kleiner sind und denen auch die Panzerung fehlt. Erst vor ca. 200 Millionen Jahren tauchten Tierarten auf, die den heutigen Amphibien ähnelten. Als im Oberen Jura (vor ca. 150 Millionen Jahren) der Urkontinent Pangaea auseinanderbrach, kam es zur Trennung zahlreicher Arten, die sich auf den neu entstandenen Kontinenten gesondert weiterentwickelten.
Heute umfasst die Klasse Amphibia ca. 4 550 Arten in drei Ordnungen.
Reptilien (Kriechtiere) sind seit dem Oberkarbon nachweisbar, doch die meisten Ordnungen – darunter die Mosasaurier, die Flug- oder Pterosaurier und die Dinosaurier – starben vor ca. 65 Millionen Jahren wieder aus, vermutlich durch eine kosmische oder eine Klimakatastrophe. Die Vorfahrender Schildkröten erschienen vor über 200 Millionen Jahren, und ca. 100 Millionen Jahre später entwickelten sich aus den Lepidosauriern, von denen auch die Schlangen, Echsen und Brückenechsen abstammen, die ersten Krokodile. Die heutige Einteilung der Klasse Reptilia entspricht nur z.T. den natürlichen Verwandtschaftsverhältnissen, da die Vögel, die als nächste Verwandte der Krokodile und Alligatoren gelten, nicht mit eingeschlossen sind. Die Klasse Reptilia umfasst ca. 6 660 Arten in vier Ordnungen.

Älteste Vorfahren
Die Vorfahren der Amphibien ähnelten vermutlich den heute noch existierenden Lungenfischen. Dieser in Schottland gefundene fossile Lungenfisch lebte vor mehr als 400 Millionen Jahren.

Baumsteigerfrosch
Die oft leuchtend gefärbten Baumsteigerfrösche sind tagaktiv, was ungewöhnlich ist, denn die meisten Amphibien wagen sich erst bei Dunkelheit aus ihrem Versteck. Einige Arten dieser Gruppe sind äußerst giftig.

Charakteristische Merkmale

Zusammen mit den Säugetieren und Vögeln gehören Amphibien und Reptilien zu den Tetrapoden, also zu den Wirbeltieren mit vier Gliedmaßen, wenn auch z. B. Schlangen und Blindwühlen keine Beine mehr besitzen. Sowohl Amphibien als auch Reptilien sind wechselwarme Tiere, d.h., ihre Körpertemperatur hängt von der jeweiligen Umgebung ab. Amphibien müssen sich in der Regel im Wasser oder in Gewässernähe aufhalten, um nicht auszutrocknen, da ihre Haut im Gegensatz zu der der Reptilien wasserdurchlässig ist. Auch die Eier der Amphibien besitzen keine feste Hülle und werden zum Schutz vor Austrocknung stets im Wasser abgelegt; viele Arten durchlaufen ein Larvenstadium.

Reptilien benötigen zur Fortpflanzung kein Wasser. Ihre Eier sind durch eine harte Schale vor Feuchtigkeitsverlust geschützt; bei einigen Arten entwickeln sich die Jungen auch im Körper des Weibchens.

Tigerquerzahnmolch
Auch wenn viele Molche auf den ersten Blick an Echsen erinnern, so handelt es sich doch um Amphibien mit glatter, schuppenloser Haut. Tigerquerzahnmolche kehren jedes Jahr zur Fortpflanzung ins Wasser zurück, wo die Weibchen zahlreiche gallertartige Eier ablegen. Die Larven entwickeln sich ebenfalls im Wasser.

◁ **Alligator**
Einige Reptilien sind an ein Leben im Wasser angepasst, etwa der Mississippi-Alligator, der sich von Fischen, Schildkröten, Säugetieren und Vögeln ernährt. Die Eier werden an Land abgelegt und bewacht.

▽ **Riesenechse**
Das Gewicht des Komodo-Warans, der größten Echse der Welt, kann bis zu 140 kg betragen. Dennoch sind die Tiere sehr flink und machen Jagd auf Wildschweine, Rotwild und sogar auf Menschen.

KLASSIFIZIERUNG

Die Lebewesen lassen sich in fünf Reiche unterteilen. So gehören die Tiere zum Reich Animalia, das wiederum in Stämme untergliedert ist, u. a. in den Stamm Chordata (Tiere mit Achsenstab). Dieser teilt sich in mehrere Unterstämme, darunter die Vertebrata (Tiere mit Wirbelsäule). Amphibia und Reptilia stellen zwei Klassen innerhalb der Vertebrata dar; die weitere Aufteilung ist der folgenden Tabelle zu entnehmen.

Klasse Diese Gruppe umfasst alle Ordnungen, deren Vertreter ähnliche Merkmale aufweisen.	**REPTILIA**	**AMPHIBIA**
Ordnung Jede Klasse ist in Ordnungen mit nah verwandten Tierfamilien unterteilt.	**SQUAMATA**	**ANURA**
Familie Jede Ordnung ist in Familien untergliedert, die nah verwandte Gattungen umfassen.	**HELODERMATIDAE**	**MICROHYLIDAE**
Gattung Jede Familie beinhaltet Gattungen, in denen nah verwandte Arten zusammengefasst werden.	***Heloderma***	***Dyscophus***
Art Zu einer Art gehören Tiere, die fruchtbare Nachkommen zeugen können. Arten sind die grundlegenden Einheiten der Klassifizierung.	***suspectum***	***antongilli***
Unterart Unter bestimmten äußeren Bedingungen können sich aus Arten Unterarten entwickeln.	***cinctum***	

△ **Tomatenfrosch**
Dyscophus antongilli *ist eine gefährdete Art aus Madagaskar.*

◁ **Gila-Krustenechse**
Heloderma suspectum cinctum *trägt eine geringelte Zeichnung und stellt eine Unterart der Gila-Krustenechse dar.*

ZUR BENUTZUNG DIESES BUCHES

Im ersten Teil des Buches werden die Ordnungen der Reptilien, im zweiten die der Amphibien vorgestellt. Sie sind jeweils alphabetisch nach Familien, Gattungen und Arten geordnet. Anhand der folgenden beiden Beispiele wird der Aufbau einer Artbeschreibung exemplarisch erläutert; beim oberen Beispiel handelt es sich um eine Amphibienart, das unten beschriebene Tier gehört zu den Reptilien.

in Versalien gedruckter wissenschaftlicher Name der Familie, zu der die Art gehört

zweiteiliger, kursiv gedruckter wissenschaftlicher Name der Art

momentaner Bestand der Art: selten, gefährdet, häufig oder stellenweise häufig

deutscher Name der Art; wenn nicht vorhanden, ist der wissenschaftliche Name eingesetzt

Landkarte der Region, in der die vorgestellte Art vorkommt

Beschreibung der wichtigsten Bestimmungsmerkmale

Informationen zu Vorkommen und Verbreitung

Informationen zur Fortpflanzung

Lebensweise (überwiegend an Land oder im Wasser lebend)

Symbol für die jeweilige Aktivitätsphase

Familie CENTROLENIDAE	Art *Centrolenella valerioi*	Bestand stellenweise häufig

La-Palma-Armdornfrosch

Dieser kleine, zarte Frosch weist auf der Unterseite eine so durchsichtige Haut auf, dass sogar die Organe zu erkennen sind. Ihre Augen sind sehr groß und auffällig. Die Tiere können mit ihren langen, schlanken Beinen und den gut entwickelten Haftscheiben an den Zehen ausgezeichnet klettern. Die Eier werden an über Bächen hängende Blätter geheftet und vom Männchen vor räuberischen Insekten, z. B. Wespen, beschützt. Die Kaulquappen fallen nach dem Schlüpfen ins Wasser, um sich anschließend im Bodenschlamm des Gewässers einen Bau zu graben.

Verbreitung: Mittelamerika. In tropischen Wäldern.

Fortpflanzung: Legt in der Regenzeit Eier an Pflanzen über Gewässern ab.

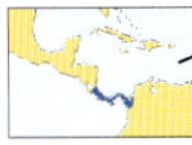

Mittelamerika

Länge 2–3 cm	Lebensweise hauptsächlich terrestrisch	Aktivitätsphase ☾

Erklärung der Symbole zur jeweiligen Aktivitätsphase

Für eine ausführliche Beschreibung siehe S. 25

- ☼ *tagaktiv*
- ☾ *nachtaktiv*
- ◑ *dämmerungsaktiv*
- ○ *unbestimmt*

Familie TESTUDINIDAE	Art *Geochelone pardalis*	Bestand stellenweise häufig

Pantherschildkröte

Jungtiere dieser auffälligen Art haben gelbe, schwarz gesäumte Hornschilde. Die 13 großen Rückenschilde sind jeweils in der Mitte schwarz gefärbt, diese Zeichnung löst sich jedoch mit zunehmendem Wachstum in ein unregelmäßiges Fleckenmuster auf. Die Tiere sind Pflanzenfresser, werden gelegentlich aber auch beim Abnagen von Knochen und Fressen von Hyänenkot beobachtet; möglicherweise führen sie sich so Calcium für ihre Eierschalen zu. Manche Exemplare können ein Gewicht von 20 bis 40 kg erreichen.

Verbreitung: Ost- und Südafrika. In Savannen.

Fortpflanzung: Legt 5–30 Eier.

Ähnliche Arten: Höckerschildkröte (*Psammobates tentorius*).

Afrika

Länge 45–72 cm	Ernährungsweise (Pflanzen)	Aktivitätsphase ☼

Erklärung der Symbole zur Ernährungsweise

Für eine ausführliche Beschreibung siehe S. 21

- *Säugetiere*
- *Vögel*
- *Reptilien*
- *Amphibien*
- *Eier*
- *Fische*
- *Weichtiere*
- *Würmer*
- *Gliederfüßer*
- *Pflanzen*
- *Pilze*

Erklärung der Symbole zur Giftigkeit

Das entsprechende Symbol kann bei einige Reptilien neben dem umgangssprachlichen Namen stehen. Für eine ausführliche Beschreibung siehe S. 15

- *lebensgefährlich*
- *gefährlich*

Farbabbildung der vorgestellten Art

ähnlich aussehende Arten (aus derselben oder einer anderen geographischen Region), die mit der vorgestellten Art verwechselt werden könnten

durchschnittliche Körpergröße ausgewachsener Exemplare

Symbole zur Ernährungsweise ausgewachsener Exemplare; die Hauptnahrungsquelle wird zuerst aufgeführt

Hinweise auf besondere Merkmale zur leichteren Bestimmung

WAS SIND AMPHIBIEN?

Die Amphibien werden in drei Ordnungen unterteilt: Urodela (Schwanzlurche), Gymnophiona (Blindwühlen) und Anura (Froschlurche). Froschlurche, also Frösche und Kröten, lassen sich leicht an ihrer Körperform erkennen, während dies bei den vielgestaltigen Schwanzlurchen (Molchen und Salamandern) nicht immer einfach ist. Blindwühlen können mit Würmern oder Schlangen verwechselt werden.

Anatomische Besonderheiten

Amphibien besitzen eine dünne Haut, der zudem eine äußere Schutzschicht fehlt, wie sie Säugetiere (Fell), Vögel (Federn) und Reptilien (Schuppen) besitzen. Die Haut sondert zumeist Sekrete ab, die für die nötige Feuchtigkeit sorgen, zum Schutz vor Feinden jedoch giftig sein können; vielen Amphibienarten dient die Haut außerdem zur Sauerstoffaufnahme. Die meisten Amphibien jagen lebende Beute und haben daher große Augen, sodass sie ihre Opfer auch bei Dunkelheit gut erkennen können. Auffällig ist das meist breite Maul, mit dem auch sehr große Beute verschlungen werden kann.

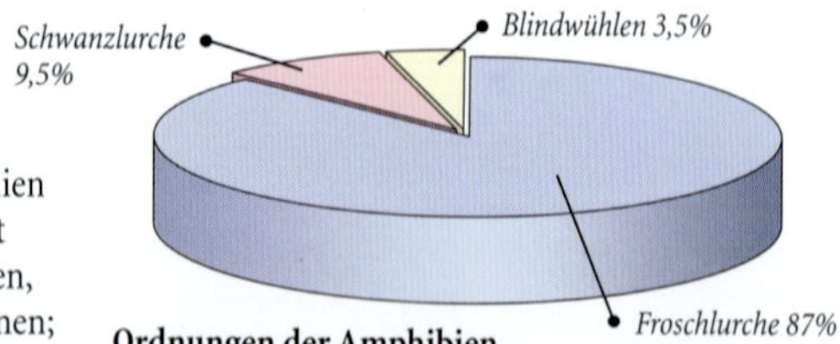

Ordnungen der Amphibien
Wie an diesem Kreisdiagramm leicht zu erkennen, stellen die Froschlurche (Anura) mit 87 Prozent aller Arten die weitaus größte Ordnung der Amphibien dar.

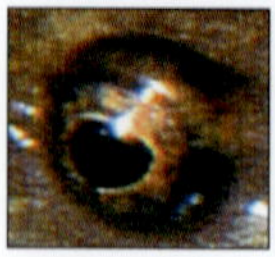
rund

waagerecht

senkrecht

Unterschiedliche Augen
Senkrechte Pupillen erleichtern die nächtliche Jagd, waagerechte sind besser für die Sicht bei Tag geeignet. Alle Schwanzlurche besitzen runde Pupillen.

weich

warzig

Hauttypen
Die Haut der Amphibien ist oft leuchtend gefärbt; sie kann glatt oder warzig sein und wird meist durch Schleimdrüsen feucht gehalten.

Schwimmhäute

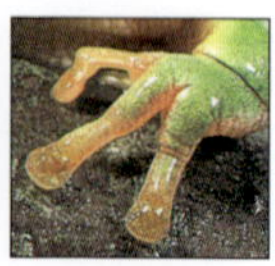
Haftscheiben

Amphibienfüße
Die Zehen der Amphibien können zur Fortbewegung im Wasser Schwimmhäute oder zum Klettern an Land Haftscheiben aufweisen.

Froschlurche

Froschlurche (Frösche und Kröten) besitzen in der Regel einen großen Kopf, ein breites Maul, eine kurze, kräftige Rückenpartie sowie kurze Vorder- und lange, muskulöse Hinterbeine. Die Augen sind groß und stehen hervor. Bei Fröschen ist die Haut meist glatt und glänzend, bei Kröten warzig und stumpf. Die Zeichnung auf der Körperoberfläche dient der Tarnung.

Kröten
Die träge Erdkröte bewegt sich hüpfend oder kriechend über den Boden.

Laubfrosch
Der Rotaugenfrosch hat eine glatte, glänzende Haut. Mithilfe der Haftscheiben an den Füßen kann er ausgezeichnet klettern.

Blindwühlen

Die beinlosen Blindwühlen sehen mit ihrem langen, dünnen, quer gerillten Körper fast wie große Regenwürmer aus. Der spitze Kopf ist schaufelartig geformt, der Schwanz ist sehr kurz. Die Tiere orten ihre Beute zumeist mithilfe ihres Geruchssinns.

Leben im Boden
Die Mexikanische Hautwühle kann sich mithilfe ihres schaufelartigen Kopfes durch den Boden graben.

Schwanzlurche

Anders als bei den Froschlurchen sind die Larven der Schwanzlurche, also der Molche und Salamander, den ausgewachsenen Tieren schon sehr ähnlich. Die Schwanzlurche haben einen kleinen Kopf, einen länglichen, beweglichen Körper und einen langen Schwanz, der bei Wasser bewohnenden Arten seitlich abgeplattet ist und zum Schwimmen verwendet wird. An den Vorderfüßen befinden sich normalerweise vier Zehen, an den Hinterfüßen fünf.

△ **Anlocken der Weibchen**
Zur Paarungszeit entwickeln männliche Bergmolche eine besonders auffällige Färbung, um Weibchen anzulocken.

◁ **Warnfärbung**
Durch seine leuchtende Färbung zeigt der Feuersalamander anderen Tieren an, dass er sehr giftig ist.

WAS SIND REPTILIEN?

Reptilien sind in vier Ordnungen unterteilt: Testudines (Schildkröten), Crocodylia (Echte Krokodile, Alligatoren und Gaviale), Rhynchocephalia (Brückenechsen) und Squamata (Schuppenkriechtiere). Letztere gliedern sich in drei Unterordnungen auf, die Sauria oder Lacertilia (Echsen), die Amphisbaenia (Doppelschleichen) und die Serpentes oder Ophidia (Schlangen).

Anatomische Besonderheiten

Die wasserundurchlässige Haut der Reptilien ist in der Regel von Schuppen bedeckt oder durch Hautknochen (Osteodermata) verstärkt; Drüsen fehlen fast völlig. Die Färbung dient entweder der Tarnung oder – wenn sie sehr auffällig ist – der Abschreckung. Die Sinnesleistungen sind bei den einzelnen Gruppen unterschiedlich. So besitzen bestimmte Schlangen auf Temperatur ansprechende Riechgruben am Kopf oder eine auf Duftstoffe reagierende Zunge, um ihre Beutetiere aufzuspüren.

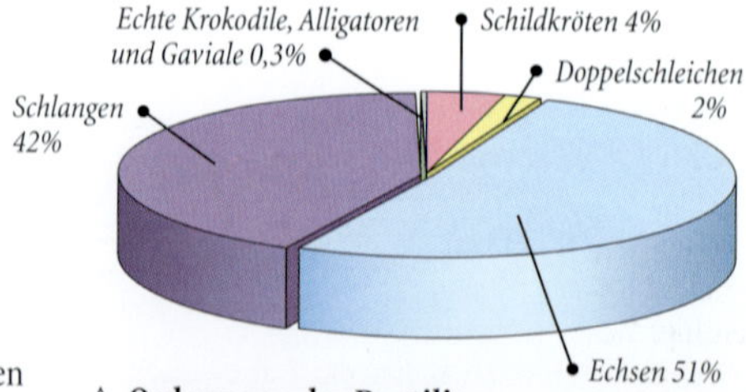

△ **Ordnungen der Reptilien**
Die zur Ordnung Squamata (Schlangen, Echsen, Doppelschleichen) gehörenden Arten umfassen 95 Prozent aller Reptilien, die Brückenechsen dagegen nur 0,03 Prozent, sodass diese sich auf dem Diagramm nicht darstellen lassen.

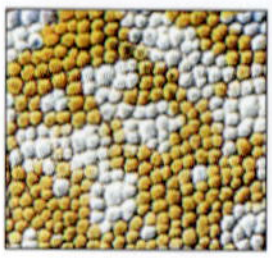

gekörnt

glatt

gekielt

△ **Schuppen**
Die Haut der Echsen kann pelzartig weich sein wie beim Gecko oder perlenartig höckerig wie bei den Krustenechsen. Schlangenschuppen sind glatt, z. B. bei Pythons, oder auch stark gekielt, z. B. bei der Sandrasselotter.

Die Häutung
Aufgrund ihres Körperwachstums müssen die meisten Reptilien regelmäßig die obere durchscheinende Hautschicht abwerfen. Schlangen streifen diese in einem Stück ab, Echsen häuten sich stückweise.

waagerecht

senkrecht

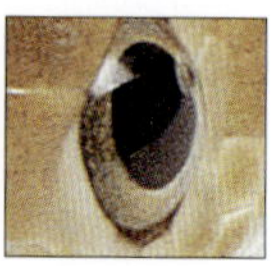

rund

△ **Augentypen**
Tagaktive Reptilien besitzen zumeist runde oder waagerechte Pupillen, die von nachtaktiven stehen in der Regel senkrecht.

Krokodile und Alligatoren

Obwohl Krokodile mit ihrer zumeist von großen, oft höckerigen Hornschilden bedeckten Haut zu einer sehr alten Tiergruppe zählen, besitzen sie ein hochentwickeltes und effizientes Herz mit vier Kammern (das der meisten anderen Reptilien ist in nur drei Kammern unterteilt). Wegen ihres kräftigen Schwanzes und des mächtigen, mit spitzen Zähnen ausgestatteten Mauls sind große Krokodile sehr gefürchtete Jäger, die fast jedes Tier erlegen können, das in ihre Nähe kommt. Allerdings stellen nicht alle Arten eine Gefahr für Menschen dar. Der in einer eigenen Familie geführte Gavial z. B. besitzt ein langes, schlankes Maul, das fast ausschließlich für den Fang von Fischen geeignet ist. Die südamerikanischen Alligatoren werden in der Regel als Kaimane bezeichnet.

△ **Nilkrokodil**
Der Oberkiefer der Krokodile weist eine Lücke auf, sodass der vierte Unterkieferzahn sichtbar ist.

▽ **Mississippi-Alligator**
Bei Alligatoren verdeckt die breite Schnauze bei geschlossenem Maul alle Zähne. Der kräftig gebaute Mississippi-Alligator, dessen schwarzbrauner Körper oft mit Algen bewachsen ist, lebt überwiegend in Sümpfen.

▷ **Jacobsonsches Organ**
Mithilfe ihrer Zunge nehmen Schlangen und viele Echsen Geruchsstoffe auf und leiten diese zum chemosensitiven Jacobsonschen Organ im Gaumen weiter.

Brückenechsen

Die beiden auf einsamen Inseln vor Neuseeland heimischen Brückenechsenarten kann man als letzte Überlebende der vor über 65 Millionen Jahren ausgestorbenen Dinosaurier betrachten. Es handelt sich um kleine, recht neugierige, langsam wachsende Reptilien mit geringen Stoffwechsel- und Fortpflanzungsraten. Trotz ihrer Ähnlichkeit mit Leguanen sind sie nicht näher mit den Echsen verwandt.

Schildkröten

Die gepanzerten Schildkröten spalteten sich in ihrer Entwicklung schon vor über 230 Millionen Jahren von den übrigen Reptilien ab. Der Panzer ist aus einem Rückenpanzer (Carapax) und einem Bauchpanzer (Plastron) aufgebaut und kann bei einigen Arten lederartig weich sein. Die meisten Schildkröten leben im Süßwasser, es gibt jedoch auch Meeresschildkröten und eine Reihe landlebender Arten. Letztere ernähren sich in der Regel von Pflanzen, während die meisten aquatischen Arten Allesfresser sind. Meeresschildkröten, die in den Ozeanen oft weite Strecken zurücklegen, haben sich auf eine bestimmte Nahrung spezialisiert.

△ **Köhlerschildkröte**
Die große, in Regenwäldern heimische Schildkröte kann sich zwar nicht schnell bewegen, ist dafür aber durch ihren starken Panzer gut geschützt.

◁ **Buchstaben-Schmuckschildkröte**
Die als Haustier beliebte Art ist eine typische Fleisch fressende Süßwasserschildkröte mit dickem Panzer.

Echsen

Die Echsen stellen die mit Abstand mannigfaltigste Unterordnung der Reptilien dar. Die kleinsten Mitglieder sind winzige Geckos, die größten riesige Warane, wie z. B. der Komodo-Waran. In dieser Gruppe herrschen große Unterschiede in Gestalt, Skelettstruktur, Färbung, Ernährungsweise, Fortpflanzung, Verteidigung und Lebensweise. Obwohl manche Echsen Furcht erregend aussehen, sind nur zwei Arten giftig; die Bisse großer Tiere können zu ernsthaften Verletzungen führen. Innerhalb der Tiergruppe gibt es die evolutionäre Tendenz zur Reduktion der Gliedmaßen bis hin zur Beinlosigkeit; Augenlider und äußere Ohröffnungen fehlen.

△ **Wüstenteufel**
Einige Echsen haben sich an extreme Bedingungen angepasst. Die hier abgebildete Art lebt in unwirtlichen Wüsten, wo sie sich von Ameisen ernährt und Tau trinkt, der sich an den dornigen Pflanzen niederschlägt.

◁ **Panthergecko**
Der gern in Terrarien gehaltene Panthergecko ist ein nachtaktiver Bewohner von Wüstenbiotopen. Wie die meisten Echsen ist die kleine Insekten fressende Art harmlos.

Schlangen

Schlangen besitzen weder Beine, Augenlider noch äußere Ohröffnungen und sind am ganzen Körper mit glatten oder gekielten Schuppen bedeckt. Sie sind Fleischfresser und haben recht unterschiedliche Methoden der Fortbewegung und der Jagd entwickelt. Einige von ihnen bringen lebende Junge zur Welt, andere legen Eier. Das wichtigste Sinnesorgan der Schlangen ist die gespaltene Zunge, mit deren Hilfe sie den Geruch der Beute wahrnehmen können. Manche Arten können die Nähe einer Beute dank bestimmter Rezeptoren an deren Körperwärme erkennen.

Puffotter
Die große kräftige Puffotter besitzt – wie die meisten Schlangen, die in sehr trockenen Biotopen leben – stark gekielte Schuppen. Ihr Biss kann tödlich sein.

GIFTIGKEIT

In diesem Buch werden Reptilien, deren Gift gefährlich oder sogar lebensgefährlich sein kann, durch Symbole gekennzeichnet.

Lebensgefährlich
Dieses Symbol warnt vor Arten, deren Bisse tödlich sein können. Dazu zählen alle Schlangen mit vorn im Maul sitzenden Giftzähnen.

Gefährlich
So werden Giftschlangen gekennzeichnet, deren Maul groß genug ist, um Menschen größere Mengen eines allerdings nicht sehr starken Giftes zu injizieren.

Strumpfbandnatter
Die flinke, ungiftige Strumpfbandnatter, die sich von Fröschen und Fischen ernährt, wird gern in Terrarien gehalten.

Doppelschleichen

Die im Boden lebenden beinlosen Doppelschleichen sind – verglichen mit Schlangen und Echsen – nahezu unbekannt; oft werden sie für Schlangen oder Würmer gehalten. Der Kopf dieser ungewöhnlichen Tiere ist gepanzert und wird zum Graben im Boden benutzt. Der schlanke Körper weist in Ringen angeordnete Schuppen auf, die das wurmartige Aussehen noch verstärken.

DIE FORTPFLANZUNG DER AMPHIBIEN

Die meisten Amphibien finden sich zu einer bestimmten Jahreszeit in größerer Zahl zusammen, um sich zu paaren. In den gemäßigten Zonen wird das Paarungsverhalten durch ansteigende Temperaturen ausgelöst, in den Tropen durch die beginnende Regenzeit. Ist es dem Männchen gelungen, ein Weibchen anzulocken, wird dieses – vor allem bei Fröschen und Kröten, aber auch bei zahlreichen Molchen und Salamandern – in einer festen Umklammerung (Amplexus) gehalten und begattet. Bei Fröschen und Kröten erfolgt die Befruchtung der Eier außerhalb, bei den meisten Salamandern, Molchen und Blindwühlen im Inneren des Körpers.

Lebenszyklus

Der Lebenszyklus der Amphibien gliedert sich in der Regel in drei Phasen: Ei, Larve und ausgewachsenes Tier. Frösche und Kröten legen ihre Eier in Klumpen oder Schnüren ab. Aus diesen schlüpfen winzige Larven, die bekannten Kaulquappen, die schnell heranwachsen und Beine entwickeln. Während dieses Gestaltwandels, der sogenannten Metamorphose, verlassen sie das Wasser und der Schwanz verkümmert. Oft verbringen die Tiere bis zur Geschlechtsreife mehrere Jahre an Land, kehren jedoch zur Fortpflanzung ins Wasser zurück. Im Folgenden wird der Lebenszyklus am Beispiel der Erdkröte (Bufo bufo) dargestellt.

das Männchen ergreift das Weibchen hinter dem Kopf

Weibchen sind oft größer als Männchen

▷ **Paarung**

Bei der Paarung klammert sich das Männchen mit seinen kräftigen Vorderbeinen auf dem Rücken des Weibchens fest, das anschließend nach einem geeigneten Eiablageplatz sucht. Mit seinen Hinterbeinen tritt das Männchen nach nahenden Rivalen. Durch die Umklammerung des Weibchens wird sichergestellt, dass sich die Eier bei der Ablage möglichst nah an der Geschlechtsöffnung des Männchens befinden und die Befruchtung erfolgen kann.

um Pflanzen gewickelte Eischnüre

runde schwarze, von einer Gallertschnur umschlossene Eier

▷ **Eier**

Kröten legen Tausende von kleinen schwarzen, Eiern in langen Schnüren ab, die sie um Pflanzen wickeln. Daraus schlüpfen winzige Kaulquappen, die sich zunächst kaum bewegen und sich vom Dotter ihres Eis ernähren. Erst nach einigen Tagen gehen sie auf Nahrungssuche, wobei sie sich durch Peitschen ihres Schwanzes fortbewegen, da sie anfangs noch keine Beine besitzen. In dieser Zeit sind sie eine leichte Beute für andere Tiere.

◁ Partnersuche

Bei vielen Frosch- und Krötenarten machen sich die Männchen zur Paarungszeit durch laute Rufe bemerkbar, um auf diese Weise ein Weibchen anzulocken. Erzeugt werden die Laute mithilfe des Kehlkopfs und der Stimmbänder sowie einer großen Schallblase, die wie ein Resonanzboden wirkt.

▽ Ausgewachsene Kröte

Zwar wachsen geschlechtsreife Kröten nur langsam, doch spielt die Größe eine wichtige Rolle bei der Fortpflanzung. Größere Weibchen können mehr Eier ablegen, größere Männchen sind erfolgreicher bei der Balz. Ins Wasser kehren ausgewachsene Kröten nur zur Fortpflanzung zurück.

◁ Junge Kröte

Während der Metamorphose wurden der Schwanz und die Kiemen vom Körper absorbiert. Die winzige junge Kröte atmet jetzt mithilfe von Lungen und beginnt, an Land nach Insekten zu jagen. Allerdings trocknen Jungtiere leicht aus, sodass sie das Wasser in der Regel nur an regnerischen Tagen verlassen.

◁ Ältere Kaulquappen

Mit zunehmendem Alter entwickeln sich die Beine der Kaulquappen, der Körper wird stromlinienförmiger, der Schwanz verkürzt sich. Kröten-Kaulquappen bilden oft große Schwärme, die ihnen nicht nur besseren Schutz vor Feinden gewähren, sondern vermutlich auch das winzige Futter aufwirbeln und damit zugänglicher machen.

Alternative Strategien

Es gibt eine Reihe von Amphibien, deren Lebenszyklus aus weniger als drei Phasen besteht. So durchlaufen einige Schwanzlurche keine Metamorphose, sondern erreichen die Geschlechtsreife schon als aquatisch lebende Larven. Bei anderen verläuft die gesamte Larvenentwicklung im Ei, sodass bereits fertig entwickelte Jungtiere schlüpfen.

Die Fürsorge und der Schutz der Nachkommen sind ebenfalls vielfältig. Viele Salamander schützen ihre Eier auf unterschiedliche Weise gegen Räuber oder vor Pilzinfektionen; einige Molche wickeln jedes Ei sorgfältig in ein gefaltetes Blatt. Manche Frösche legen ihre Eier in ein Schaumnest, sodass sie feucht bleiben und gleichzeitig vor Räubern geschützt sind; andere tragen sie mit sich herum, etwa im Maul, in Hautfalten, im Magen oder in speziellen Taschen auf dem Rücken oder den Oberschenkeln. Einige Baumsteigerfrösche transportieren ihre Kaulquappen sogar von einem Wasserloch zum nächsten.

△ **Leben in der Tasche**
Auf dem Rücken dieses weiblichen Beutelfroschs befindet sich eine Tasche, die über hundert Eier enthalten kann. Auch die Jungtiere bleiben zunächst an diesem sicheren Ort und verlassen ihn erst, wenn sie voll entwickelt sind.

▷ **Äußere Kiemen**
Die Larven von Salamandern und Molchen besitzen oft große, federartige äußere Kiemen. Die auffälligen Atemorgane dieses Tigerquerzahnmolchs verschwinden nach ca. 12 Wochen.

▷ **Weiblicher Kammmolch**
Dieses Kammmolchweibchen drückt mit seinen Hinterbeinen ein zuvor mit Haftstoff versehenes Blatt zusammen, in dem sich eines der Eier befindet. Auf diese Weise ist es besser vor Feinden und Infektionen geschützt.

△ **Schaumnest**
Männchen und Weibchen des Grauen Baumfrosches errichten oft gemeinsam ein großes Schaumnest am Teichufer, in dem sie ihre Eier verstecken.

DIE FORTPFLANZUNG DER REPTILIEN

Zwar weisen Reptilien nicht so vielfältige Fortpflanzungsstrategien auf wie Amphibien, doch finden sich auch bei ihnen einige Unterschiede: So gibt es ovipare (Eier legende) und vivipare (lebend gebärende) Arten. Die innere Befruchtung der Eier erfolgt nach der Werbung der Männchen um paarungsbereite Weibchen durch Kopulation. Um die anschließend abgelegten Eier oder um die lebend geborenen Jungen kümmern sich die Weibchen in der Regel nicht weiter.

Balz und Paarung

Die Balzrituale der verschiedenen Reptilienarten unterscheiden sich stark voneinander. Häufig finden vor der Paarung Rivalenkämpfe statt, die auf unterschiedliche Weise ausgetragen werden. Die Männchen der Madagassischen Spornschildkröte z. B. können ihre Rivalen mithilfe eines langen Sporns am Panzer umwerfen. Männliche Schlangen folgen dem Geruch der Weibchen, während Krokodilmännchen ihre Partner durch Brüllen anlocken. Krokodile gehören übrigens zu den wenigen Brut pflegenden Reptilien: Die Weibchen bewachen das Nest und sorgen auch später für ihre Jungen.

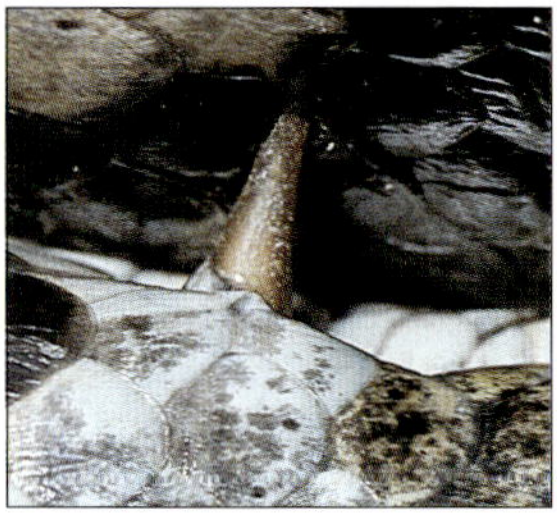

◁ **Aftersporne**
Ebenso wie andere Pythons und Boas stimuliert der männliche Tigerpython sein Weibchen während der Balz mit einem speziellen, an der Kloake sitzenden Sporn (Abbildung). Ein Tigerpythonweibchen kann mehr als 30 Eier legen.

△ **Lockmittel**
Viele Reptilien haben auffällige Rückenkämme oder eine leuchtende Färbung entwickelt, um Weibchen anzulocken. Das Pantherchamäleon (Abbildung) ist eine der farbenprächtigsten Echsen.

Eier oder lebende Junge

Krokodile, Schildkröten und Geckos legen hartschalige Eier, während die anderer Echsen und vieler Schlangen weich und lederartig sind. Die Eierschale wird von den schlüpfenden Jungen mit einem Eizahn aufgeschlitzt. Viele Schlangen- und Echsenarten bringen jedoch lebende Nachkommen zur Welt. Die die Jungen umgebende dünne Embryonalhülle platzt während der Geburt.

△ **Lebend gebärende Boa**
Das Junge einer Regenbogenboa befreit sich sofort nach der Geburt aus der Embryonalhülle.

▷ **Junge Natter**
Das weiche lederartige Ei zerbricht nicht, sondern fällt beim Schlüpfen des Jungtiers in sich zusammen.

DIE ERNÄHRUNGSWEISE DER AMPHIBIEN

Alle ausgewachsenen Amphibien ernähren sich räuberisch von Wirbellosen wie Insekten, Regenwürmern, Tausendfüßlern oder Schnecken, manchmal jedoch auch von Wirbeltieren. Viele Arten können ihr Maul sehr weit öffnen und auf diese Weise überraschend große Beutetiere verschlingen. Die meisten Amphibien sind zu langsam, um ihre Beute zu verfolgen, sodass sie ihren Opfern zumeist auflauern und im geeigneten Moment zuschnappen.

Saisonjäger

Amphibien benötigen sehr viel weniger Nahrung als Säugetiere oder Vögel vergleichbarer Größe. Nur in der warmen Jahreszeit fressen sie regelmäßig, im Winter sind sie kaum aktiv und zehren von den Fettreserven, die sie im Sommer angelegt haben. Molche, Salamander und Blindwühlen ernähren sich in der Regel von langsam kriechenden Beutetieren, etwa Würmern und Nacktschnecken; größere Amphibien, z. B. die berüchtigte Aga-Kröte, machen Jagd auf kleine Säugetiere und sogar auf Vögel. Einige Arten haben sich auf bestimmmte Nahrung spezialisiert, einige aquatische Amphibien z. B. fressen ausschließlich kleine Fische und Kaulquappen.

Geknöpfter Krokodilmolch
Dieser Krokodilmolch verschlingt einen Wurm, der beinahe so lang ist wie er selbst. Nach solch einer großen Mahlzeit braucht er mehrere Tage lang nichts zu fressen.

Dem Opfer auflauern

Einige Frösche können sehr weit springen, um ihre Beute zu ergreifen. Die meisten Amphibien lauern ihren Opfern jedoch auf und fangen sie dann mit ihrer langen, klebrigen Zunge. Durch ihre Färbung sind die Tiere meist sehr gut getarnt, außerdem können sie über einen langen Zeitraum völlig unbeweglich verharren. Bestimmte Amphibien, z. B. die Wechselkröten, suchen auf dem Boden nach Beutetieren.

Hornfrosch

△▷ Hornfrosch
Die unregelmäßige Zeichnung auf dem Körper der Hornfrösche sorgt beim Beutefang für eine perfekte Tarnung. Diese Amphibien können Tiere verschlingen, die beinahe halb so groß sind wie sie selbst, z. B. Mäuse

▽ Beutefang
Zwar bewegen sich Erdkröten nur sehr langsam, doch besitzen sie eine lange, klebrige Zunge, mit der sie ein Opfer blitzschnell fangen können.

DIE ERNÄHRUNGWEISE DER REPTILIEN

Die meisten Reptilien, darunter alle Krokodile und Schlangen, sind Fleischfresser (Karnivoren), einige Arten sind Allesfresser (Omnivoren), die wenigsten reine Pflanzenfresser (Herbivoren). Die Brückenechsen und die Mehrzahl der kleineren Echsen ernähren sich hauptsächlich von Gliederfüßern, wie Insekten und Spinnen, während größere Arten auch größere Beutetiere jagen. Doppelschleichen fressen überwiegend weiche wirbellose Tiere.

Herbivoren

Damit pflanzliche Nahrung verdaut werden kann, sind im Darm der Pflanzen fressenden Reptilien – zumeist Leguane und verwandte Gruppen – symbiotische Mikroorganismen enthalten, die die in Pflanzen enthaltene Zellulose zerlegen. Einige karibische Arten, z. B. der Salomonen-Riesenskink und der Nashornleguan, können dank eines speziell angepassten Verdauungssystems sogar Pflanzen fressen, deren Inhaltsstoffe für andere Herbivoren tödlich giftig sind. Zu den typischen Pflanzenfressern gehören die Schildkröten, wenngleich sich einige Arten, etwa die Waldbachschildkröte, z. T. auch von Pilzen ernähren. Insgesamt gibt es unter den Reptilien jedoch weitaus mehr Fleischfresser als reine Pflanzenfresser.

Im Meer lebende Herbivoren
Die Galapagos-Meerechse, die zum Meeresboden hinabtaucht, um Seetang abzugrasen, gehört sicher zu den ungewöhnlichsten Arten unter den pflanzenfressenden Reptilien.

Symbole zur Ernährungsweise

In diesem Buch wird die Nahrung der Reptilien durch elf Symbole charakterisiert, die im Folgenden erläutert werden. Informationen über spezielle Nahrungsgewohnheiten sind bei der Beschreibung der jeweiligen Art zu finden.

Säugetiere
Jagt Säugetiere wie Ratten und Mäuse, manchmal auch Antilopen und Gnus.

Vögel
Ernährt sich von Vögeln. Manche Krokodile, Schlangen und große Echsen fressen gern Watvögel.

Reptilien
Vor allem Schlangen ernähren sich häufig von kleineren Reptilien.

Amphibien
Jagt Amphibien wie Frösche und Kröten. Giftige Arten werden in der Regel gemieden.

Eier
Frisst Eier von Vögeln und Reptilien. Einige Reptilien ernähren sich ausschließlich von Eiern.

Fische
Jagt Fische. Einige Krokodile und Schildkröten ernähren sich überwiegend von Fischen.

Schnecken
Ernährt sich von Weichtieren, z. B. von Schnecken oder im Meer lebenden Weichtieren.

Würmer
Frisst Würmer. Das Symbol wird auch für andere Wirbellose ohne Gehäuse oder Schale verwendet.

Gliederfüßer
Ernährt sich von Gliederfüßern. Besonders kleine Reptilien ernähren sich überwiegend von Gliederfüßern, etwa von Insekten und Spinnen. Mit diesem Symbol werden aber auch im Meer lebende Krustentiere erfasst, z. B. Krebse.

Pflanzenfresser
Frisst Pflanzen. Viele Schildkröten sind überwiegend Pflanzenfresser.

Pilze
Einige wenige Reptilienarten ernähren sich u. a. von Pilzen.

Karnivoren

Die Spanne der Fleisch fressenden Reptilien reicht von winzigen, Insekten fangenden Geckos bis hin zu riesigen Nilkrokodilen, die Jagd auf Gnus und andere große Säugetiere machen, und Komodo-Waranen, den größten Echsen der Welt, die Rotwild und andere große Säugetiere erbeuten und sogar Menschen töten können. Die Mehrzahl der Echsen ernährt sich jedoch von Wirbellosen, kleinen Säugetieren, Reptilien, Aas oder Vogel- und Reptilieneiern. Schlangen sind stets Karnivoren, wobei sich prinzipiell zwei Gruppen unterscheiden lassen, von denen die eine Wirbeltiere, die andere Wirbellose frisst. Einige Reptilienarten haben sich auf eine bestimmte Nahrung spezialisiert, wie z. B. die Krötenechsen, die sich ausschließlich von Ameisen ernähren, oder bestimmte Schlangen, die nur Skorpione oder Hundertfüßer fressen. Die meisten Reptilien nehmen allerdings mit Beute unterschiedlichster Art vorlieb.

Mauergecko beim Fressen einer Heuschrecke
Die meisten kleinen und mittelgroßen Echsen ernähren sich hauptsächlich von für sie ungefährlichen Insekten, für deren Verzehr sie nur ihre kräftigen Kiefer benötigen. Überall, wo viele Insekten vorkommen, sind auch zahlreiche Echsen zu finden.

Spezialisierung auf Nahrung

Blindschlangen ernähren sich in erster Linie von Termiten. Dickkopfschlangen fressen überwiegend Landschnecken, die Hauptnahrung der Wasserkobras sind Fische. Die Königskobra macht hauptsächlich Jagd auf andere Schlangen, u. a. auf Pythons; Korallenschlangen fressen am liebsten zylinderförmige Beutetiere, z. B. Aale, Schlangen, Doppelschleichen und Blindwühlen. Anakondas und andere Riesenschlangen jagen Krokodile und große Säugetiere und können auch Menschen gefährden. Einige Meeresschildkröten ernähren sich ebenfalls überwiegend von ganz bestimmten Tieren, etwa von Quallen, wie die Lederschildkröte, oder von Schwämmen, wie die Karettschildkröte. Die Fransenschildkröte dagegen ist ein spezialisierter Fischfänger.

△ **Schlangen fressende Schlangen**
Eine hochgiftige Korallenschlange verschlingt eine weniger giftige Schwarzkopfschlange. Während solche Opfer entweder mit dem Kopf oder dem Schwanz zuerst verschlungen werden, würgen Schlangen eine Beute mit Beinen zumeist mit dem Kopf voran hinunter.

▽ **Afrikanische Eierschlange**
Eierschlangen können ein ganzes Vogelei verschlingen. Anschließend wird es durch abwärts gerichtete Wirbelfortsätze aufgeschlitzt, und während der Inhalt in den Magen gelangt, wird die Schale wieder ausgewürgt.

Beutefang

Manche Reptilien verfolgen ihre Beute, andere legen sich geduldig auf die Lauer. Kleine, ungefährliche Beutetiere wie Insekten, Fische, Frösche oder kleine Echsen werden lebendig verschlungen, größere müssen zuvor getötet werden, vor allem solche, die Krallen oder spitze Zähne besitzen. Große Warane schlagen ihre Beute auf den Boden oder zerquetschen sie mit ihren mächtigen Kiefern, während einige Wasserschildkröten ihre Opfer mit den Vorderbeinen zerreißen. Krokodile ertränken ihre Beute und zerlegen sie dann durch kräftiges Herumschleudern oder Schütteln. Schlangen erwürgen ihre Opfer oder töten sie durch Gift. Würgeschlangen, z. B. Pythons oder Kornottern, schlingen ihren muskulösen Körper fest um die Beute und ersticken sie. Giftschlangen, etwa Kobras und viele Ottern, schlagen ihre Zähne in die Beute und injizieren dabei ein schnell wirkendes, tödliches Gift. Schlangen können ihr Opfer nicht zerlegen, sondern müssen es ganz verschlingen. Viele Schlangenarten sind in der Lage, ihren Unterkiefer auszuhängen, und können auf diese Weise Beute hinunterwürgen, die breiter ist als ihr Kopf.

in Schleimhautfalten zurückklappbare Giftzähne

◁ **Beuteschlag**

Die Giftzähne der Schlangen können hinten im Maul sitzen oder auch vorn, wie bei dieser Klapperschlange. Sie macht ihre Beute mithilfe von wärmeempfindlichen Gruben ausfindig und schlägt, sobald das Opfer nahe genug herangekommen ist, blitzschnell ihre Giftzähne in das Tier.

▷ **Wärmegruben**

Boas, Pythons und Grubenottern besitzen auf Wärmestrahlung reagierende Sinnesorgane in Form von Gruben am Kopf, mit denen sie die Richtung und den Abstand einer Beute lokalisieren können.

◁ **Mohrenkaiman**

Der aggressive Mohrenkaiman ist mit bis zu 4,5 m Länge der größte Kaiman. Er ernährt sich hauptsächlich von Fischen und Amphibien, frisst jedoch auch Reptilien, Säugetiere und Vögel, die sich in seinem Revier aufhalten.

▷ **Afrikanische Pythons**

Afrikanische Pythons jagen große Säugetiere wie Gazellen und Hausziegen, gelegentlich sogar Menschen. Die Beute wird erstickt und dann mit dem Kopf voran verschluckt – ein Vorgang, der mehrere Stunden dauern kann. Selbst die Knochen der Opfer werden verdaut.

AKTIVITÄT UND FORTBEWEGUNG

Die Aktivität von Reptilien und Amphibien wird in der Regel durch die jeweilige Umgebungstemperatur bestimmt, die einen bestimmten Wert erreichen muss, damit die Tiere sich bewegen können. Aus diesem Grund sind in den gemäßigten Zonen heimische Arten nur während der warmen Monate aktiv. Tropische Arten sind in ihrer Aktivität nicht durch geringe Temperaturen eingeschränkt, leiden jedoch unter Trockenzeiten, in denen Wasser und Nahrung knapp werden.

Fortbewegung

Reptilien und Amphibien können sich auf vielerlei Weise fortbewegen, kriechend, laufend, springend, schwimmend oder grabend. Jede Art der Fortbewegung erfordert eine spezielle Anpassung: Eine spitze oder schaufelförmige Schnauze erleichtert das Graben in der Erde, ein seitlich abgeplatteter, paddelförmiger Schwanz, flossenartige Vorderbeine oder Spannhäute zwischen den Zehen verbessern die Fähigkeit zu schwimmen. Bei manchen Tieren sind an den Füßen Haftpolster vorhanden, die ein besseres Klettern ermöglichen. Die sehr unterschiedliche Form der Fortbewegung bei Schlangen ist nur mithilfe komplexer Muskeln möglich (s. u.).

Springen
Viele Frösche können dank ihrer langen, kräftigen Hinterbeine sehr weit springen. So rettet sich z. B. dieser Leopardfrosch bei Gefahr mit einer Reihe von Zickzacksprüngen ins Wasser.

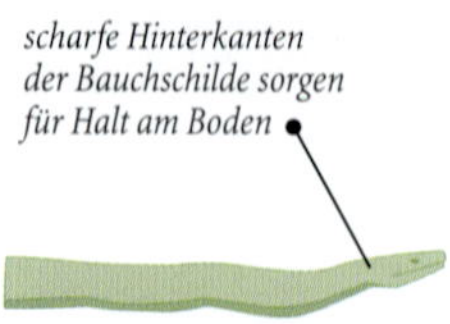

Raupen-Kriechen
Muskelkontraktionen entlang des Körpers bewegen die Schlange geradlinig vorwärts.

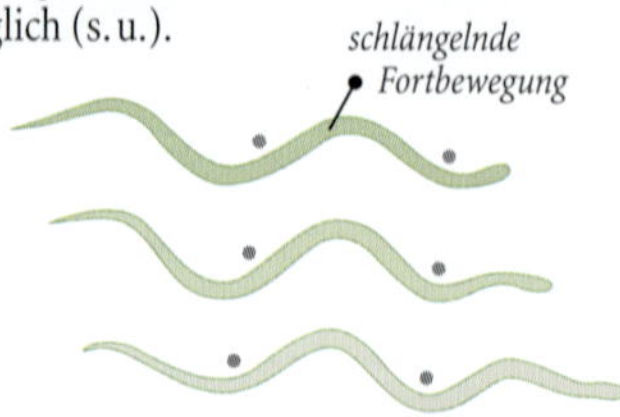

Schlängeln
Bei der häufigsten Fortbewegungsart der Schlange drückt das Tier seinen Körper gegen Unregelmäßigkeiten im Boden.

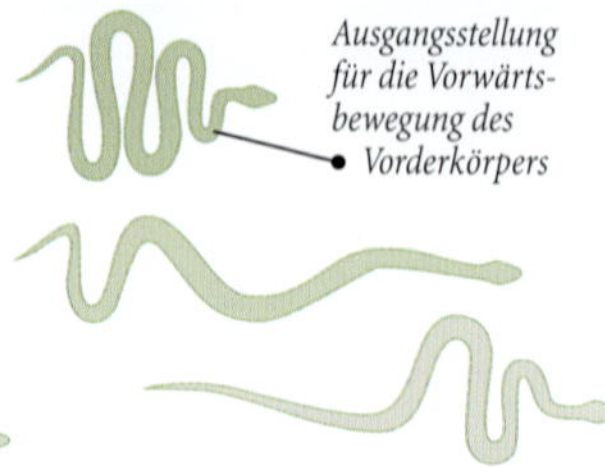

Ziehharmonika-Kriechen
Die Schlange spannt die Muskeln im hinteren Bereich des Körpers an und bewegt dann den Vorderkörper nach vorn.

Schwimmen
Molche, Leguane, Wasserschlangen und Krokodile benutzen ihre langen Schwänze zum Schwimmen. So bewegt sich dieser Feuerbauchmolch durch seitliches Peitschen des Schwanzes durch das Wasser.

Tag oder Nacht

Für Arten, die unter der Erde leben, spielt der Wechsel von Tag und Nacht keine Rolle, da sie normalerweise nur an die Oberfläche kommen, wenn ihr Bau bei Regen voll Wasser läuft. Bei vielen anderen Reptilien und Amphibien richtet sich die Aktivitätsphase nach dem Lebensrhythmus ihrer Beute. So suchen z. B. zahlreiche tropische Schlangen nachts nach schlafenden Echsen oder Vögeln, und auch Frösche und Kröten sind hauptsächlich nachtaktiv.

Nachtaktive Arten
Der Madagassische Plattschwanzgecko (Abbildung) versteckt sich tagsüber in Bäumen und macht sich nachts auf die Suche nach Insekten.

In der Sonne aufwärmen
Tagaktive Reptilien, wie diese europäische Perleidechse, sitzen gern in der Sonne, um sich aufzuwärmen. Wagen sie sich bei zu niedrigen Temperaturen hinaus, sind sie nicht beweglich genug und werden häufig selbst Opfer.

Symbole für Aktivitätsphasen

Im Artenteil des Buches werden vier Symbole zur Kennzeichnung der Aktivitätsphasen verwendet. Tropische Arten sind zumeist nachts aktiv, während Tiere aus den gemäßigten Zonen hauptsächlich tagsüber auf Futtersuche sind.

Tagaktiv
Kennzeichnet Reptilien und Amphibien, die tagsüber aktiv sind.

Nachtaktiv
Kennzeichnet Reptilien- und Amphibienarten, die hauptsächlich nachts aktiv sind.

Dämmerungsaktiv
Kennzeichnet Arten, die in der Abend- oder Morgendämmerung besonders aktiv sind.

Unbestimmt
Kennzeichnet Arten, die sowohl während des Tages als auch bei Nacht aktiv sein können.

Jahreszeitlicher Rhythmus

Tiere sind dann aktiv, wenn ausreichend Nahrung oder Geschlechtspartner zur Verfügung stehen und die äußeren Bedingungen günstig sind. In den Tropen machen sich Schlangen verstärkt in der Regenzeit auf die Jagd, weil sie dann reichlich Beute vorfinden. In gemäßigten Zonen pflanzen sich Reptilien und Amphibien im Frühjahr fort, damit die Nachkommen noch vor dem nächsten Winter heranwachsen können.

Klapperschlangen beim Winterschlaf
In den gemäßigten Zonen verringern Reptilien und Amphibien ihre Aktivität, wenn niedrige Temperaturen keinen normalen Stoffwechsel mehr zulassen.

VERTEIDIGUNG

Amphibien und Reptilien haben zahlreiche passive und aktive Verteidigungsstrategien entwickelt. Zur passiven Verteidigung gehören eine geschickte Tarnung durch Körperform und Farbe sowie eine Warnfärbung zur Abschreckung von Feinden; eine schnelle Flucht oder das beeindruckende Drohverhalten der Kobras stellen aktive Strategien dar. Puffottern, Kiefernattern und Kettenvipern zischen sehr laut, Eidechsen können bei der Flucht ihren Schwanz abwerfen. Bestimmte Frösche und Kröten blasen sich auf, um ihren Körper größer erscheinen zu lassen.

Färbung

Viele Arten tragen eine leuchtende Warnfärbung, die ihre Giftigkeit anzeigt, andere besitzen Augenflecken, mit denen Feinde erschreckt werden sollen. Oft machen sich Reptilien und Amphibien durch eine Tarnfärbung fast unsichtbar, wobei die Tarnung manchmal durch Körperanhänge und -auswüchse verstärkt wird, wie z. B. bei den Blattnasennattern, deren Schnauzenfortsätze Blattknospen ähneln. Um sich ihrer unmittelbaren Umgebung perfekt anzupassen, können Chamäleons und einige Frösche ihre Farbe verändern. Harmlose Schlangen und Frösche imitieren manchmal gefährliche Arten, indem sie eine ähnliche Warnfärbung zeigen.

◁ **Tarnung**
Die braune Färbung und die eckige Körperform machen den Zipfelkrötenfrosch zwischen den welken Blättern auf dem Waldboden beinahe unsichtbar.

△ **Warnung**
Der japanische Feuerbauchmolch hat eine auffällige rote Zeichnung auf dem Bauch, um Feinden seine Ungenießbarkeit anzuzeigen.

△ **Panzer**
Die Chinesische Dreikielschildkröte kann ihren Kopf zum Schutz vollständig in den Panzer zurückziehen.

Panzerung

Die bekanntesten gepanzerten Reptilien sind sicher die Schildkröten. Die Gelbrandscharnierschildkröte ist sogar in der Lage, Beine und Kopf völlig in den Panzer einzuziehen und die Öffnungen so zu verschließen, dass alle Weichteile für ihre Feinde unerreichbar sind. Viele Echsen ziehen sich bei der Flucht in eine Erd- oder Felsspalte zurück, aus der nur noch der stachelbewehrte Schwanz herausschaut; die Sandboas halten ihre Feinde durch starke Kiele auf ihren Schwanzschuppen fern. Krokodile, besonders kleinere Arten wie Breitstirnkaimane oder Stumpfkrokodile, besitzen schützende Hautknochen. Auch die giftige Haut vieler Amphibien stellt eine Art chemischen Panzer dar.

Thanatose

Das Sichtotstellen zum Schutz gegen Feinde wird als Thanatose bezeichnet. Molche z. B. können in eine Starre verfallen, um der Aufmerksamkeit einer Ringelnatter zu entgehen. Die Ringhalskobra legt sich bei Gefahr regungslos auf den Rücken und rollt sich sogar wieder zurück, wenn sie aus dieser Haltung auf den Bauch gedreht wird. Begleitet wird die Thanatose häufig durch eine Entleerung des Darms, was zusätzlich abschreckend wirken soll.

▷ **Thanatose**
Diese Ringelnatter stellt sich tot, indem sie sich auf den Rücken dreht und die Zunge heraushängen lässt. Sobald der Angreifer das Interesse verliert, flüchtet die Schlange.

Andere Abwehrstrategien

Neben den genannten Abwehrstrategien haben Reptilien und Amphibien noch zahlreiche andere Formen der Verteidigung entwickelt. So spritzen Krötenechsen bei Gefahr Blut aus den Augen, und einige westindische Boas bluten zur Abschreckung aus dem Maul. Viele Echsen können bei einem Angriff den Schwanz abwerfen (Schwanzautotomie) und ihren Feinden durch dieses Ablenkungsmanöver entkommen.

△ **Abwerfen des Schwanzes**
Viele Echsen, z. B. dieser Smaragdskink, werfen ihren Schwanz ab, wenn sie angegriffen werden.

△ **Nachwachsender Schwanz**
Wenn der Schwanz zur Verteidigung geopfert werden musste, dauert es viele Monate, bis er zur vollen Länge nachgewachsen ist. Anschließend kann er erneut abgeworfen werden.

Gift zur Verteidigung

Giftschlangen setzen ihr Gift hauptsächlich zum Beutefang ein. Zur Verteidigung wird es meist nur verwendet, wenn die Tiere in die Enge getrieben werden, und auch dann drohen sie normalerweise zunächst durch ein akustisches oder optisches Signal. Die meisten Schlangen injizieren das Gift durch einen Biss, während z. B. die Speikobras ihren Angreifer mit ihrem Gift bespucken, was sehr schmerzhaft ist. Neben den Schlangen stellen die beiden amerikanischen Krustenechsen die einzigen giftigen Reptilienarten dar.

Rassel
Zwar setzen Klapperschlangen ihr Gift in erster Linie bei der Jagd ein, sie können es aber auch zur Verteidigung verwenden. Davor warnt die klappernde Rassel.

VERBREITUNG UND LEBENSRÄUME

Die Amphibien benötigen ausreichend Süßwasser, vertragen keine tiefen Temperaturen, können jedoch auch in sehr heißen Gebieten nicht überleben, denn aufgrund ihrer dünnen Haut würden sie bei hoher Sonneneinstrahlung austrocknen. Meerwasser stellt für sie eine unüberwindliche Barriere dar, da sie nicht in der Lage sind, sich an die Bedingungen dieses Lebensraums anzupassen. Reptilien sind deutlich robuster, denn ihre dicke, schuppige Haut schützt sie vor Austrocknung.

Unterschiedliche Lebensräume

Die meisten Amphibien und Reptilien leben in tropischen Regenwäldern und Feuchtgebieten, viele Arten sind jedoch auch in den Wäldern, Wüsten und Steppen der gemäßigten Zonen heimisch. Einige Reptilienarten kommen im Meer oder in Gebirgsregionen vor, und manche haben sich auch dem Leben in menschlichen Siedlungen angepasst.

Grassteppen
Savannen, Pampas und Prärien können Amphibien und Reptilien als Lebensräume dienen, z. B. kleinen Fröschen, großen, gut getarnten oder bodenbewohnenden Schlangen und umherstreifenden Schildkröten. Die größte Gefahr droht den Tieren durch Trockenheit.

Verbreitung

Die Arten- und Individuenzahl der Amphibien und Reptilien in einem Biotop hängt stark von der herrschenden Temperatur ab; ein weiterer wichtiger Faktor ist die Niederschlagsmenge.

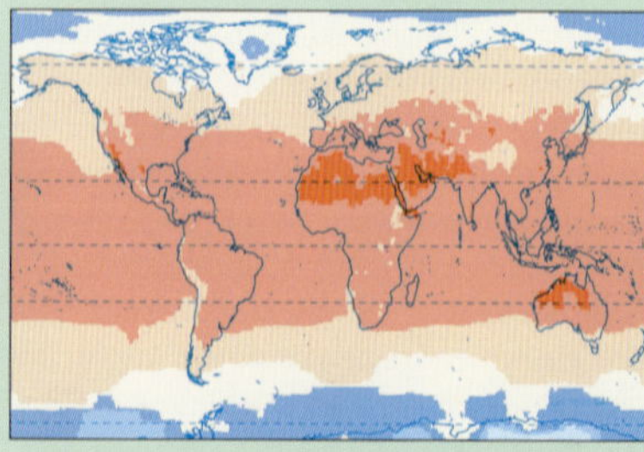

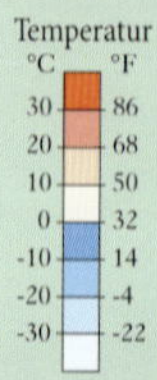

Temperatur
Diese Karte zeigt die Durchschnittstemperaturen auf der Erde. Die höchste Individuenzahl und die größte Variationsbreite der Reptilien und Amphibien sind in heißen, feuchten Regionen zu finden.

Wüsten
Selbst in den ungastlichsten Wüsten leben Schlangen, die sich an geringe Wassermengen und die Fortbewegung auf losem Sand angepasst haben. Sie sind zumeist nachtaktiv und fressen hauptsächlich Echsen, die sich wiederum von Insekten ernähren.

Feuchtbiotope
Viele Reptilien und Amphibien bewohnen Sumpfgebiete, Seen und Flüsse. Einige Blindwühlen verlassen das Wasser nie, Kröten halten sich nur während des Larvenstadiums und zur Fortpflanzung darin auf. Große Krokodile, Schnappschildkröten und die seltenen Wasserkobras sind in der Regel nur in größeren Gewässern beheimatet.

Kreuzkröte

Wälder der gemäßigten Zonen

In den Wäldern der gemäßigten Zonen leben zwar auch zahlreiche Molche, Salamander, Echsen und Schlangen, aber deutlich weniger Arten als in Tropenwäldern.

Tropische Wälder

In Tropenwäldern gibt es die vielfältigste Amphibien- und Reptilienfauna, darunter zahlreiche Arten mit besonderen Nahrungsgewohnheiten oder in ganz speziellen Biotopen. Die Tiere besiedeln alle Ebenen, vom Waldboden bis in die Baumkronen.

Inseln

Auf isolierten Inseln ist die Artenvielfalt oft recht gering, vor allem bei Amphibien, die dort nur schlecht hingelangen. Häufig tritt bei den Tieren Riesen- oder Zwergwuchs auf, auch gibt es manchmal ungewöhnlich viele Individuen einer einzelnen Art.

Ozeane

Amphibien können nicht in Salzwasser leben. Einige wenige Reptilienarten sind Meeresbewohner.

Echte Karettschildkröte

Gebirge

Echsen kommen bis in mittlere Höhen regelmäßig vor. Einige besonders angepasste Schlangen, z. B. die Sandotter, sind auch noch in höheren Lagen heimisch.

Sandotter

Menschliche Siedlungen

Viele Arten kommen auch an von Menschen bewohnten Orten vor, manche fühlen sich dort sogar besonders wohl. So besiedeln Amphibien häufig Gartenteiche, was wiederum Reptilien anlockt, sodass sogar in Großstädten manchmal recht große Giftschlangen zu finden sind.

ARTENSCHUTZ

Viele Reptilien und Amphibien sind in ihrem Bestand gefährdet, und jedes Jahr sterben einige Arten aus. Wenn sie auch normalerweise nur selten bemerkt werden, so spielen viele dieser Tiere doch eine wichtige Rolle im ökologischen Gleichgewicht, und nicht selten ist eine Verringerung der Individuenzahl ein Anzeichen für eine zunehmende Umweltverschmutzung. Sind die Reptilien und Amphibien ausgestorben, folgen auch bald die anderen Tierarten. Deshalb ist es notwendig, für die Erhaltung von Reptilien und Amphibien zu sorgen.

Rückgang der Populationen

Amphibien, darunter bekannte Arten wie die Goldkröte aus Costa Rica, verschwinden heute in beunruhigender Zahl aus den Ökosystemen der Erde. Auch ist zu beobachten, dass weit voneinander entfernt lebende Populationen in den letzten Jahren übereinstimmend stark abgenommen haben. Die genauen Gründe dafür sind nicht bekannt, es wird jedoch angenommen, dass die erhöhte UV-Strahlung aufgrund der reduzierten Ozonschicht, die globale Erwärmung, der saure Regen und andere Formen der Umweltverschmutzung einige der Auslöser sind. Für die meisten Reptilienarten ist allerdings die Zerstörung ihrer Lebensräume am bedrohlichsten, ebenso wie die Jagd auf ihre noch immer begehrten Häute und die Gefährdung durch eingeschleppte Raubtiere.

◁ **Chuckwalla**
Auf kleinen Inseln lebende Arten, z. B. die Pflanzen fressenden Chuckwallas, sind durch illegalen Fang, Zerstörung ihres Lebensraums und eingeschleppte Katzen oder Ratten besonders gefährdet. Die hier abgebildete geschützte Art kommt auf nur zwei mexikanischen Inseln vor.

△ **Lemuren-Greiffrosch**
Die Bestände dieses Lurches nahmen in den letzten Jahren immer weiter ab, sodass er z. B. in Costa Rica, wo die Art einst häufig war, heute fast ausgestorben ist. Dabei ist besonders beunruhigend, dass es keinen offensichtlichen Grund für den Rückgang der Tiere gibt, da sie in einem noch sehr ursprünglich erhaltenen Biotop leben.

▽ **Kammmolch**
Der Kammmolch benötigt zur Fortpflanzung bestimmte Arten von Teichen oder Tümpeln. Sie dürfen nicht zu tief sein und müssen gelegentlich austrocknen, damit sich dort keine Fische und andere Feinde ansiedeln können. Leider werden solche Teiche und Tümpel in unserer Landschaft immer seltener.

Kommerzielle Verwertung

Jedes Jahr werden Hunderttausende von Reptilien getötet, um die Lederindustrie mit Häuten und die Touristikbranche mit Souvenirs zu versorgen. Obwohl es inzwischen Handelsbeschränkungen gibt, werden in asiatischen Touristikläden immer noch ausgestopfte Reptilien verkauft, wie auch viele exklusive Geschäfte in den Industrieländern weiterhin aus Reptilienhäuten gefertigte Taschen, Schuhe und Ähnliches anbieten. Einige dieser Produkte stammen von Krokodilfarmen, oft handelt es sich jedoch auch um gewilderte Tiere. Schlangen und Echsen z. B. werden nicht zu kommerziellen Zwecken gehalten, Schildkröten nur in sehr geringer Zahl, sodass solche Produkte praktisch immer von wilden Tieren stammen.

▽ **Suppenschildkröten**
Das Fleisch und die Eier der Suppenschildkröten gelten als Delikatesse. Meeresschildkröten kehren zur Eiablage jedes Jahr an denselben Strand zurück, sodass sie leicht zu fangen sind.

△ **Krokodilleder**
Diese Tasche wurde aus der Haut eines geschützten Stumpfkrokodils hergestellt, wobei Kopf und Beine mitverwertet wurden. Heute gelten mindestens 13 der 23 Krokodilarten als gefährdet. Die Hauptursache für den Rückgang der Artenzahl ist die Nachfrage nach Häuten.

Artenschutz

Zur Zeit ist nur eine kleine Zahl bekannter Arten gesetzlich geschützt, doch da sich immer mehr Menschen für die Erhaltung gefährdeter Tiere einsetzen, wird sich der Schutz auch bald auf kleinere, unbekanntere Arten ausweiten. Neuere Verbote richten sich hauptsächlich gegen den Fang zur Verwertung der Häute und den Verkauf für die Terrarienhaltung. Aufgrund internationaler Artenschutzabkommen ist der Handel mit bedrohten Tierarten oder aus ihnen hergestellten Produkten verboten oder unterliegt zumindest einer strengen Kontrolle. Solche Verbote sind jedoch gerade in den Regionen besonders schwer durchzusetzen, in denen die Artenvielfalt am größten ist, da dort häufig große Armut und politische Instabilität herrschen oder logistische Probleme bei der Durchführung der Schutzmaßnahmen auftreten.

Mauritius-Boa
Diese ungewöhnliche, nur auf kleinen Inseln beheimatete Schlange wurde gerade noch vor dem Aussterben gerettet, nachdem ausgesetzte Ziegen ihren natürlichen Lebensraum weitgehend zerstört hatten. Inzwischen werden die Tiere nachgezüchtet, um sie in ihren angestammten Biotopen wieder auszusetzen.

BEOBACHTUNG UND HALTUNG

Reptilien und Amphibien kann man nicht nur im Zoo beobachten. Wenn Sie die richtigen Voraussetzungen geschaffen haben, finden Sie einige sogar im eigenen Garten. Andere können Sie am besten in der freien Natur ferner Länder betrachten, oder Sie halten sie in einem Terrarium im Wohnzimmer. Was auch immer Sie bevorzugen – wichtig ist in jedem Fall der verantwortungsvolle Umgang mit den Tieren.

Beobachtung

Verglichen mit Säugetieren und Vögeln ist über die Anatomie und das Verhalten der Reptilien und Amphibien recht wenig bekannt. Daher können sogar Amateur-Herpetologen noch wichtige Beobachtungen machen. Die Kartierung einheimischer Arten mit Angaben zur Individuenzahl und die Beobachtung einer Art über einen längeren Zeitraum hinweg können wichtige Erkenntnisse liefern, z. B. über die Zu- oder Abnahme einer Population. Wer Interesse am Austausch mit Gleichgesinnten hat, kann einem Tierschutzverein beitreten, der sich vor allem für den Erhalt von Amphibien- und Reptilienarten einsetzt.

△ **Gartenteich**
Sogar ein kleiner Gartenteich kann Tiere anlocken. In einem Amphibienteich sollten jedoch keine Fische gehalten werden, da sie die Eier und Larven fressen.

◁ **Skizzieren**
Eine Skizze von Körperfärbung und Zeichnung des Tieres kann bei der Bestimmung der Art helfen. Manchmal lassen sich auf diese Weise sogar einzelne Exemplare wiedererkennen.

△ **Ferngläser**
Mit Ferngläsern können Reptilien und Amphibien unbemerkt beobachtet werden. Gute Beobachtungsplätze für Amphibien sind Teichufer, Eidechsen finden sich häufig auf sonnigen Mauern oder warmen Felsen.

◁ **Fotografie**
Reptilien und Amphibien lassen sich am besten mit einer Spiegelreflexkamera fotografieren. Für Nahaufnahmen empfiehlt sich ein Makroobjektiv (gegebenenfalls mit Blitzgerät), für sehr scheue Tiere ein Tele- und für Biotopaufnahmen ein Weitwinkelobjektiv.

Anfassen

Sie sollten Reptilien und Amphibien nur anfassen, wenn es unbedingt notwendig ist und Sie sicher sind, dass es sich um eine harmlose Art handelt. Eidechsen werfen bei Berührung oft den Schwanz ab, und Schildkröten oder Schlangen können kräftig zubeißen, auch wenn sie keine Giftzähne haben. Halten Sie die Tiere gut fest und stützen Sie dabei ihren Körper. Kaulquappen lassen sich vorübergehend in einem Glas unterbringen, Schlangen und Eidechsen in einer Baumwolltasche.

△ **Schildkröten richtig festhalten**
Selbst kleine Schildkröten können kräftig zubeißen. Daher sollten Sie sie stets nur am hinteren Bereich des Körpers festhalten.

◁ **Schlangen richtig festhalten**
Mit der einen Hand wird der Vorderkörper der Schlange fest – aber nicht zu fest – umfasst, während die andere Hand den hinteren Teil des Körpers stützt. Erlauben Sie dem Tier, durch Ihre Finger zu kriechen.

Ein geeignetes Heim
Terrarien gibt es in unterschiedlichen Ausführungen. In diesem werden Baumsteigerfrösche mit besonderen Bedürfnissen gehalten: Sie benötigen lebende Pflanzen für die Eiablage.

Haltung

Die Haltung von Reptilien und Amphibien erfordert viel Erfahrung, daher sollten Sie sich zunächst eine pflegeleichte Art anschaffen. Es ist empfehlenswert, stets in Gefangenschaft geborene Tiere zu kaufen, da sie bereits an die Bedingungen in einem Terrarium gewöhnt sind – außerdem werden auf diese Weise die natürlichen Bestände nicht dezimiert. Wichtig bei der Haltung sind das richtige Licht und die passende Temperatur, einige Arten brauchen sogar eine möglichst naturnahe Nachbildung ihres angestammten Lebensraumes, da sie sonst kränkeln oder eingehen. Aktiven Tieren muss ausreichend Platz zur Verfügung stehen, manche Arten brauchen die Möglichkeit, Winterschlaf zu halten. Werden die Bedürfnisse der Tiere berücksichtigt, pflanzen sich einige Arten sogar im Terrarium fort.

Hinweise für die Beobachtung

Viele Reptilien und Amphibien stehen ihrer Seltenheit wegen unter regionalem, landesweitem oder internationalem Schutz oder leben in Naturparks, wo auch die Pflanzen geschützt sind. Diese Reptilien und Amphibien dürfen nur aus der Entfernung beobachtet werden, außerdem ist darauf zu achten, dass ihr natürlicher Lebensraum nicht zerstört wird. Wenn Sie in fremde Länder reisen, sollten Sie sich vorher unbedingt über die Gefährlichkeit der dort lebenden Arten informieren.

BESTIMMUNGSSCHLÜSSEL

Dieser Schlüssel ermöglicht Ihnen die Bestimmung der wichtigsten Reptilien- und Amphibienfamilien. Aus dem Hauptschlüssel (s. u.) können Sie ersehen, ob es sich beim untersuchten Tier um einen Lurch oder ein Kriechtier handelt und welchen Schlüssel Sie anschließend verwenden müssen. Zur Familienbestimmung werden hauptsächlich äußere Merkmale herangezogen, gegebenenfalls kann die geographische Verbreitung die Identifizierung erleichtern. Da es über 11 000 Reptilien- und Amphibienarten gibt, konnte natürlich ein nur sehr allgemeiner Bestimmungsschlüssel erstellt werden.

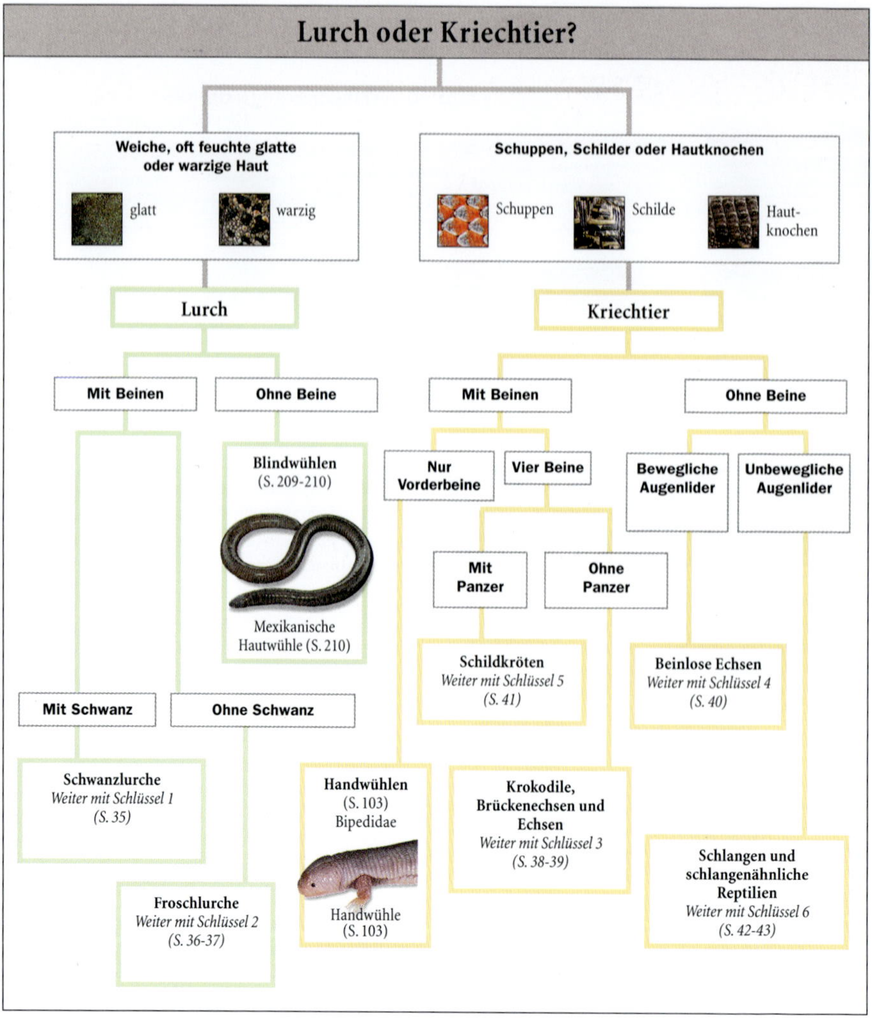

Schlüssel 1: Schwanzlurche

- **Plumper oder schlanker Körper mit deutlichen Gliedmaßen**
  - **Äußere Kiemen**

    - **Olme**
      Proteidae
      (S. 197-198)

      Gefleckter Furchenmolch (S. 197)
    - **Larvenstadien anderer Familien, vor allem der Querzahnmolche** (Ambystomatidae, S. 205–206) **und Salamanderverwandten** (Salamandridae, S. 199–204)
  - **Ohne äußere Kiemen**
    - **Auffällige Hautwülste an den Seiten**
      - **Riesensalamander**
        Cryptobranchidae
        (S. 197)

        Schlammteufel (S. 197)
    - **Plumper Körper**
      - NW-USA, SW–Kanada
        - **Riesenquerzahnmolche**
          Dicamptodontidae
          (S. 198)

          Pazifischer Riesen-Querzahnmolch (S. 198)
      - N-Amerika
        - **Querzahnmolche**
          (Ambystomatidae, S. 205–206)

          Tigerquerzahnmolch (S. 205)
      - Europa, N-Afrika, W-Asien
        - **Feuersalamander**
          Gehören zu den Salamandridae (S. 202)

          Feuersalamander (S. 202)
    - **Schlanker Körper**
      - Nur Asien
        - **Winkelzahnmolche**
          Hynobiidae
      - Amerika, Europa
        - **Lungenlose Salamander**
          Plethodontidae
          (S. 206–208)

          Waldsalamander (S. 207)
      - N-Amerika, Europa, N-Afrika, W-Asien
        - **Warzenmolche***
          Gehören zu den Salamandridae (S. 200-201, 203-204)

          Honkongmolch (S. 201)

          **Männchen bei einigen Arten zur Paarungszeit mit Kamm*
- **Langer, dünner Körper mit kaum sichtbaren Gliedmaßen**
  - **Zwei kleine Gliedmaßen**
    - **Armmolche**
      Sirenidae
      (S. 196)

      Großer Armmolch (S. 196)
  - **Vier kleine Gliedmaßen**
    - **Aalmolche**
      Amphiumidae
      (S. 199)

      Dreizehen-Armmolch (S. 199)

Schlüssel 2: Froschlurche

Ausschließlich aquatisch, große Hinterfüße mit Schwimmhäuten

Krallenfrösche, Wabenkröten
Pipidae
(S. 214)

Glatter Krallenfrosch
(S. 214)

Feuchte Haut

Warzige Haut, leuchtend gefärbte Unterseite

Unken
Gehören zu den Discoglossidae
(S. 213)

Gelbbauchunke
(S. 213)

Trockene warzige Haut

Echte Kröten
Gehören zu den Bufonidae
(S. 222–226)

Sattelkröten
Brachycephalidae

Wechselkröte (S. 225)

Glatte Haut

Leuchtend gefärbt, Haftpolster an den Zehen klein oder fehlend

Baumsteigerfrösche
Dendrobatidae
(S. 232–234)

Stummelfußfrösche
Einige Bufonidae (S. 222)

Goldfröschchen
Einige Ranidae (S.236)

Goldbaumsteiger
(S. 232)

Unauffällige saugnapfartige Polster an den Zehen

Kleiner, fast durchsichtiger Körper

Glasfrösche
Centrolenidae
(S. 232)

La-Palma-Armdornfrosch
(S. 232)

Gespenstfrösche
Heleophrynidae (S. 218)

Einige Laubfrösche
Gehören zu den Hylidae (S. 227–231),

Bananenfrösche, Rennfrösche, Riedfrösche
Hyperoliidae (S. 240–241)

Einige Echte Frösche
Ranidae (S. 234–239)

Ruderfrösche
Rhacophoridae (S.242–243)

Riesenlaubfrosch (S. 230)

Rundlicher kompakter Körper mit kurzem Kopf

Weiter auf S. 37 (oben)

Stromlinienförmiger Körper mit langem Kopf und großen kräftigen Hinterbeinen

Weiter auf S. 37 (Mitte)

Rundlicher kompakter Körper mit kurzem Kopf
Fortsetzung von S. 36

Amerika, Asien, Madagaskar (meist klein und unauffällig gefärbt)

Engmaulfrösche
Gehören zu den Microhylidae
(S. 244–245)

Indischer Ochsenfrosch (S. 245)

Nur Afrika

Kurzkopffrösche
Gehören zu den Microhylidae
(S. 243)

Gesprenkelter Kurzkopffrosch (S. 243)

N-Amerika, Europa, Asien

Krötenfrösche
Gehören zu den Pelobatidae
(S. 214–215)

Südlicher Schaufelfrosch (S.215)

Nur Australien und Ozeanien

Australische Südfrösche
Myobatrachidae
(S. 216–217)

Zirpfrosch (S. 216)

NO-Mexiko, SO-Texas

Nasenkröten
Rhinophrynidae
(S. 243)

Nasenkröte (S. 243)

Stromlinienförmiger Körper mit langem Kopf und großen kräftigen Hinterbeinen
Fortsetzung von S. 36

Nur Amerika

Südfrösche
Leptodactylidae
(S. 219–221)

Túngara-Frosch (S. 219)

Bestimmte Echte Frösche
Gehören zu den Ranidae
(S. 234–239)

Springfrosch (S. 238)

Bestimmte Laubfrösche
Gehören zu den Hylidae
(S. 227–231)

Westlicher Grillenfrosch (S.227)

Harlekinfrösche
Pseudidae
(S. 226)

Harlekinfrosch (S. 226)

Andere Frösche und Kröten, die im Bestimmungsschlüssel nicht enthalten sind

Silber- und Haarfrösche
(nur Afrika)
Arthroleptidae
(S. 242)

***Colostethus*-Arten**
(M- und S-Amerika)
Gehören zu den Dendrobatidae

Neuseeländische Urfrösche
(nur Neuseeland)
Leiopelmatidae

Nasenfrösche
(Südliches S-Amerika)
Rhinodermatidae

Schwanzfrosch
Ascaphidae
(S. 211)

Geburtshelferkröten
Gehören zu den Discoglossidae
(S. 212-213)

Krötenfrösche
(nur Europa)
Gehören zu den Pelobatidae
(S. 216)

Seychellenfrösche
(nur Seychellen)
Sooglossidae
(S. 218)

Schlüssel 3: Krokodile, Brückenechsen und Echsen

Großer stromlinienförmiger Körper, dicke lederartige Haut mit Hornschildern auf dem Rücken, Höcker auf dem Schwanz, auffällige Schnauze

Krokodile

Breites Maul

Alligatoren,
Alligatoridae
(S. 190–192)

Mississippi-Alligator
(S. 190)

Schmales Maul

Echte Krokodile
Crocodylidae
(S. 193–195)

Nilkrokodil
(S. 193)

Sehr schmales Maul

Gaviale
Gavialidae
(S. 193)

Ganges-Gavial
(S. 193)

Echsenartig mit Rückenkamm, nur auf kleinen neuseeländischen Inseln

Brückenechsen

Brückenechsen
Sphenodontidae
(S. 57)

Brückenechse (S. 57)

In der Regel vier gut entwickelte Beine, bewegliche Augenlider, langer Schwanz und äußere Ohröffnungen.

Achtung: *Echsen können sehr unterschiedlich aussehen, z. B. gibt es einige wenige beinlose Arten (weiter mit Schlüssel 4, S. 40)*

Echsen

Viele kleine perlenartige Schuppen

Weiter auf S. 39 (oben)

Große Schuppen

Weiter auf S. 39 (Mitte)

Kleine Schuppen

Weiter auf S. 39 (unten)

Drachenartig, großer Kopf, langer Schwanz, häufig Kamm oder Kehlsack

O-Europa, Afrika, Asien, Australien und Ozeanien

Agamen
Agamidae
(S. 74–77)

Siedleragame (S. 74)

N- und S-Amerika, Galapagos- und Fidschi-Inseln

Leguane
Iguanidae
(S. 65–73)

Grüner Leguan (S. 70)

Viele kleine perlenartige Schuppen
Fortsetzung von S. 38

- **Langer Hals, gespaltene Zunge, kräftige Beine, kräftiger Schwanz**
  - **Warane**
    Varanidae
    (S. 98–100)

    Nilvaran
    (S. 100)
- **Schmaler hoher Körper, Greifschwanz, häufig horn- oder helmartige Kopfauswüchse**
  - **Chamäleons**
    Chamaeleonidae
    (S. 78–80)
    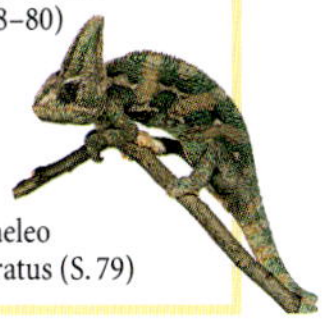
    Chamaeleo calyptratus (S. 79)
- **Stämmiger rundlicher Körper, kurze Beine, kräftiger Schwanz**
  - **Krustenechsen**
    Helodermatidae
    (S. 96–97)

    Gila-Krustenechse (S. 97)

Große Schuppen
Fortsetzung von S. 38

- **In Reihen angeordnete rechteckige Schuppen**
  - Nur Afrika
    - **Schildechsen**
      Gehören zu den Cordylidae (S. 87)

      Braune Schildechse
      (S. 87)
  - Nur Amerika
    - **Krokodilschleichen**
      Gehören zu den Anguidae
      (S. 94)
      Höckerechsen
      Xenosauridae (S. 95)

      Krokodilschwanz-Höckerechse (S. 95)
  - Nur Australien und Ozeanien
    - **Bestimmte Glattechsen**
      Gehören zu den Scincidae
      (S. 81–86)

      Krokodilskink
      (S. 86)
- **Überlappende glatte Schuppen**
  - **Kopf, Augen und Gliedmaßen klein**
    - **Weitere Glattechsen**
      Gehören zu den Scincidae
      (S. 81–86)

      Tüpfelskink
      (S. 83)
  - **Kopf, Augen und Gliedmaßen groß**
    - **Wundergeckos**
      Gehören zu den Gekkonidae
      (S. 63)

      Wundergecko
      (S. 63)

Kleine Schuppen
Fortsetzung von S. 38

- **Körper und Schwanz abgeplattet**
  - **Nachtechsen**
    Xantusiidae
    (S. 65)

    Krokodilnachtechse
    (S. 65)
- **Körper und Schwanz zylindrisch**
  - N- und S-Amerika
    - **Schienenechsen**
      Teiidae
      (S. 90–93)
  - Europa, Afrika, Asien
    - **Mauer- und Zauneidechsen sowie Verwandte**
      Lacertidae (S. 90)
- **Weiche Haut mit unregelmäßigen großen Schuppen, Füße häufig mit Haftlamellen, meist große Augen**
  - **Die meisten Geckos**
    Gehören zu den Gekkonidae
    (S. 58–64)

    Asiatischer Halbzehergecko
    (S. 60)

Schlüssel 4: Beinlose Echsen

Beinlose Echsen können leicht mit Schlangen oder schlangenähnlichen Reptilien verwechselt werden
(siehe Schlüssel 6, S. 42).
Sie lassen sich jedoch gut an ihren beweglichen Augenlidern erkennen.

Glatte, glänzende Schuppen

Gekielte, in geraden Reihen angeordnete Schuppen

Nur Afrika

Gürtelechsen
Gehören zu den Cordylidae

N-Amerika, Europa

Blindschleichen und Verwandte
Gehören zu den Anguidae (S. 94)

Scheltopusik (S. 94)

Nur Australien und Ozeanien

Flossenfüße
Pygopodidae
(S. 64)

Spitzkopf-Flossenfuß
(S. 64)

Nur SO-Asien

Schlangenschleichen
Dibamidae
(S. 87)

Dibamus nicobaricus
(S. 87)

Kalifornien, Baja California (Mexiko)

Ringelschleichen
Anniellidae
(S. 95)

Geronimo-Ringelschleiche (S. 95)

Europa, Afrika

Einige afrikanische und europäische Glattechsen
Gehören zu den Scincidae
(S. 81–86)
Schleichen
Gehören zu den Anguidae
(S. 94)

Melanoceps occidentalis
(S. 83)

Schlüssel 5: Schildkröten

Im Meer lebende Arten mit Flossen

Meeresschildkröten
Chelonidae
(S. 49)
Dermochelydidae
(S. 48)

Suppenschildkröte (S. 49)

Harter Rückenpanzer

Weicher Rückenpanzer

Paddelförmige Vorderbeine
N-Australien und S-Neuguinea

Papua-Weichschildkröten
Carettochelyidae
(S. 47)

Papua-Schildkröte
(S. 47)

Krallenfüße

Weichschildkröten
Trionychidae
(S. 48)

Chinesische Weichschildkröte (S. 48)

Gewölbter Rückenpanzer

Stromlinienförmiger Rückenpanzer, Zehen zumindest z. T. mit Schwimmhäuten

Rauer Rückenpanzer

Kräftiger, nicht einziehbarer Kopf

Großkopfschildkröten
Platysternidae
(S. 51)

Großkopfschildkrote
(S. 51)

Kopf kann in den Panzer eingezogen werden

Sumpfschildkröten und Verwandte
Gehören zu den Emydidae
(S. 51–52)

Kopf und Hals können seitlich unter den Panzer gelegt werden

Pelomedusen-Schildkröten
Pelomedusidae
(S. 44–45)

Terekay-Schildkröte
(S. 45)

Zehen z. T. mit Schwimmhäuten, kleiner Bauchpanzer,
nur Amerika

Schlammschildkröten
Kinosternidae
(S.46)

Gelbliche Klappschildkröte (S. 46)

Keulenartig geformte Füße

Landschildkröten
Testudinidae
(S. 53–56)

Pantherschildkröte
(S. 54)

Beweglicher Bauchpanzer (kann bei Gefahr geschlossen werden)

Scharnierschildkröten
Gehören zu den Emydidae
(S. 51–52)

Gelbrandscharnierschildkröte (S. 51)

Abgeplatteter dreieckiger Kopf, Hals mit Fransen

Fransenschildkröten
Gehören zu den Chelidae
(S.45)

Fransenschildkröte (S. 45)

Großer Kopf, der sich oft nicht einziehen lässt

Alligatorschildkröten
Chelydridae
(S. 50)

Schnappschildkröte
(S. 50)

Schlüssel 6: Schlangen und schlangenähnliche Reptilien

Schlangen können mit beinlosen Echsen *(s. Schlüssel 4, S. 40)* **verwechselt werden. Letztere sind jedoch an ihren beweglichen Augenlidern zu erkennen.**

Wurmartige, ringförmig angeordnete Schuppen, Augen nicht sichtbar

Doppelschleichen

Doppelschleichen
Amphisbaenidae
(S. 101–103)

Rote Doppelschleiche
(S. 101)

Langer schlanker Körper mit überlappenden oder gekörnten Schuppen

Schlangen

Kleiner wurmartiger Körper, oft silberfarben oder braun

Blindschlangenähnliche Anomalepidae
Leptotyphlopidae
Typhlopidae
(S. 104–105)

Gewöhnliche
Blindschlange (S. 104)

Nur im Meer, mit abgeplattetem, paddelförmigem Schwanz

Seeschlangen,
Gehören zu den Elapidae
(S. 156, 161, 162, 171)

Natternplattschwanz
(S. 162)

Kopf mit großen plattenartigen Schuppen

Rollschlangen
Aniliidae (S. 107)

Erdottern
Atractaspidae (S. 155)

Bolyer-Schlangen
Bolyeridae (S. 108)

Nattern
Colubridae (S. 125–155)

Kobras, Korallenschlangen, Mambas, einige Seeschlangen und ihre Verwandten
Elapidae (S. 156–174)

Spitzkopfpythons
Loxocemidae (S. 106)
Bestimmte Pythons
Gehören zu den Pythonidae
(S. 117–124)

Schildschwänze
Uropeltidae (S. 107)
Bestimmte Vipern
Gehören zu den Viperidae
(S. 175–189)

Erdschlangen
Xenopeltidae (S. 106)

Königskobra (S. 169)

Kopf mit kleinen gekörnten Schuppen
Weiter auf S. 43

Kopf mit kleinen gekörnten Schuppen
Fortsetzung von S. 42

Körper ebenfalls mit gekörnten Schuppen

Warzenschlangen
Acrochordidae
(S. 124–25)

Arafura-Warzenschlange
(S. 124)

Körper mit überlappenden Schuppen

Wärmegruben

Wärmegruben an den Maulrändern

Bestimmte Pythons
Gehören zu den
Pythonidae
(S. 117–124)

Bestimmte Boas
gehören zu den Boidae
(S. 109–116)

Grüner Baumpython
(S. 121)

Zwei Wärmegruben zwischen Nasenlöchern, Augen und Maul

Rassel am Schwanzende

Echte Klapperschlangen
Gehören zu den
Viperidae
(S. 175–189)

Texas-Klapperschlange
(S. 183)

Ohne Rassel

Bestimmte Grubenottern
Gehören zu den
Viperidae
(S. 175–189)

Malayen-Mokassinschlange
(S. 182)

Keine Wärmegruben

Die meisten Vipern
Gehören zu
den Viperidae
(S. 175–189)

Ägyptische
Sandrasselotter (S. 186)

Verkümmerte Gliedmaßen

Bestimmte Boa-Schlangen
Gehören zu den
Boidae (S. 109–116)

Bestimmte Pythonschlangen
Gehören zu den
Pythonidae
(S. 117–124)

Zwergboas
Tropidopheidae (S. 108)

Kubanische Zwergboa
(S. 108)

REPTILIEN

Schildkröten

In den gemäßigten und tropischen Zonen kommen mehr als 270 Schildkrötenarten vor, die entweder an Land oder in Süßwasser- bzw. Meerwasserbiotopen leben. Zusammengefasst werden sie in der Ordnung Testudines (oder Chelonia), die sich wiederum aus zwei Unterordnungen zusammensetzt.

Die primitiveren Halswender-Schildkröten (Unterordnung Pleurodira) stellen eine dieser beiden Gruppen dar. Sie können ihren langen Hals nicht oder nur teilweise einziehen und legen ihn statt dessen seitlich in die vordere Panzeröffnung. Zu der Unterordnung zählen ca. 70 Arten, die ausschließlich im Süßwasser leben. Die Angehörigen der artenreicheren und höher entwickelten Halsberger-Schildkröten (Unterordnung Cryptodira) kommen dagegen sowohl an Land als auch in Süß- und Meerwasser vor. Sie können den Kopf und den Hals zur Verteidigung vollständig in den Panzer einziehen, wobei die Halswirbelsäule S-förmig gekrümmt wird.

Die einzelnen Schildkrötenarten variieren in der Größe sehr stark. So wird die winzige Gesägte Flachschildkröte (*Homopus signatus*) höchstens 9,5 cm groß, während die weltweit verbreitete, massige Lederschildkröte (*Dermochelys coriacea*, S. 48) eine Länge von bis zu 1,8 m erreichen kann.

Familie	Art	Bestand
PELOMEDUSIDAE	*Pelomedusa subrufa*	häufig

Starrbrust-Pelomeduse

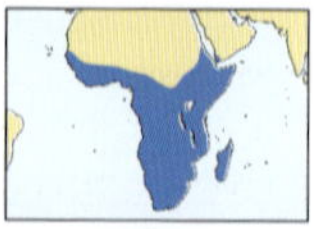

Afrika, Mittlerer Osten

Diese Halswender-Schildkröte ist olivgrün oder braun gefärbt, die Hornschilde können manchmal schwarz gesäumt sein. Unter dem Kinn sitzen zwei kleine Knötchen, das Rückenschild ist zur Feindabschreckung mit stark riechenden Moschusdrüsen versehen. Anders als ihre nächsten Verwandten, die Klappbrust-Pelomedusen (*Pelusios* species), können Starrbrust-Pelomedusen die Vorderseite ihres Panzers bei Gefahr nicht schließen, da die dafür nötigen Quergelenke fehlen. Die Nahrungspalette der Tiere reicht von Pflanzen bis hin zu Fröschen, die sie mit ihren Klauen zerkleinern. Es wurde auch schon beobachtet, wie sie trinkende Tauben gepackt und ertränkt haben – eine Jagdmethode, die an Krokodile erinnert. Die Schildkröten sind häufig in regelmäßig austrocknenden Wasserlöchern zu finden, wo sie sich während der Trockenzeit im Schlamm vergraben.

Verbreitung: Afrika, Madagaskar und Jemen. In Flüssen, Seen und Wasserlöchern.

Fortpflanzung: Legt 10–40 Eier.

Ähnliche Arten: Klappbrust-Pelomedusen (*Pelusios* species).

Länge	Ernährungsweise	Aktivitätsphase
30 – 32 cm		

Familie PELOMEDUSIDAE	Art *Podocnemis unifilis*	Bestand gefährdet

Terekay-Schildkröte

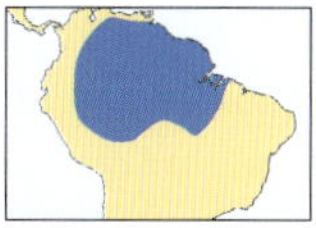

Südamerika

Die große südamerikanische Flussschildkröte lässt sich gut an ihrem ovalen, schwarzen oder braunen Rückenpanzer erkennen, der auf dem zweiten und dritten Schildpaar bucklige Erhebungen aufweist. Der Kopf zeigt eine gelbe Zeichnung, die vor allem bei Jungtieren gut zu sehen ist (Abbildung). Die Weibchen werden oft doppelt so groß wie die Männchen.
Verbreitung: Amazonasbecken (Südamerika). In Mündungsdeltas und großen Seen.
Fortpflanzung: Legt 4–35 Eier.
Ähnliche Arten: Arrauschildkröte *(Podocnemis expansa)*.

Länge 33 – 65 cm	Ernährungsweise	Aktivitätsphase

Familie CHELIDAE	Art *Chelodina longicollis*	Bestand häufig

Glattrückige Schlangenhalsschildkröte

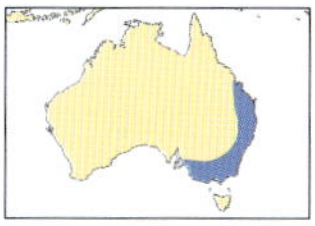

Australien

Charakteristisch für diese Art ist der lange Hals und der braune, breite und flache Rückenpanzer mit schwarz gesäumten Hornschilden. Die Tiere lassen sich oft auf dem Grund seichter Gewässer nieder und halten mit herausgestrecktem Kopf Ausschau nach Feinden.
Verbreitung: Ostaustralien. In langsam fließenden Flüssen und Bächen sowie in Sümpfen und Lagunen.
Fortpflanzung: Legt 2–10 Eier.
Ähnliche Arten: Neuguinea-Schlangenhalsschildkröte *(Chelodina novaeguineae)*.

Länge 20 – 25 cm	Ernährungsweise	Aktivitätsphase

Familie CHELIDAE	Art *Chelus fimbriatus*	Bestand stellenweise häufig

Fransenschildkröte

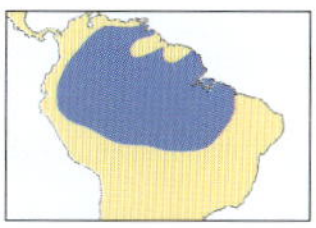

Südamerika

Diese Halswender-Schildkröte unterscheidet sich durch ihren langen, durch Hautlappen verdickten Hals und den dreieckigen Kopf deutlich von anderen Arten. Die Augen sind klein, die äußeren Trommelfelle dagegen recht groß. Das Maul ist für die Atmung an der Wasseroberfläche rüsselartig zugespitzt. Die Tiere wagen sich nur selten an Land und meiden die Sonne. Sie halten sich vorzugsweise am Grund von Gewässern auf, wo sie durch plötzliches Aufreißen des Mauls ihre Beute fangen. Durch den so entstehenden Sog gelangen vorbeischwimmende Fische in ihr Maul.
Verbreitung: Nördliches Südamerika. In langsam fließenden Bächen, Altarmen und Teichen.
Fortpflanzung: Legt 12–28 Eier.

Länge 30 – 40 cm	Ernährungsweise	Aktivitätsphase

Familie CHELIDAE	Art *Emydura subglobosa*	Bestand häufig

Rotbauch-Spitzkopfschildkröte

Die Meeresschildkröte besitzt einen flachen braunen Rücken- und einen purpurroten Bauchpanzer, dessen Farbe mit zunehmendem Alter jedoch verblasst. Der Hals ist recht kurz, die Schnauze läuft spitz zu. Am Kopf sind gelbe oder rote Streifen zu erkennen, die Beine tragen rote Punkte.
Verbreitung: Neuguinea und Nordostaustralien. In Flüssen, Seen und Lagunen.
Fortpflanzung: Legt 5–11 Eier.
Ähnliche Arten: Kreffts Spitzkopfschildkröte (*Emydura krefftii*).

Ozeanien

Länge 20–25 cm	Ernährungsweise	Aktivitätsphase

Familie KINOSTERNIDAE	Art *Kinosternon flavescens*	Bestand häufig

Gelbliche Klappschildkröte

Diese Wasserschildkröte verdankt ihren Namen ihrer gelben Kehle. Der flache, ovale, olivbraune Rückenpanzer ist oben abgeplattet, die Hornschilde sind dunkel gesäumt. Der Kopf ist klein und spitz.
Verbreitung: Südliches Nordamerika. In flachen, langsam fließenden Gewässern.
Fortpflanzung: Legt 1–9 Eier.
Ähnliche Arten: Pennsylvania-Klappschildkröte (*Kinosternon subrubrum*).

Nordamerika

Länge 12–16 cm	Ernährungsweise	Aktivitätsphase

Familie KINOSTERNIDAE	Art *Kinosternon oderatum*	Bestand häufig

Gewöhnliche Moschusschildkröte

Zwei helle Streifen auf dem Kopf und paarige Kinnanhänge unterscheiden diese Art von der nah verwandten Pennsylvania-Klappschildkröte (*Kinosternon subrubrum*). Die olivbraunen bis schwarzen Tiere halten sich gern auf im Wasser treibenden sonnenbeschienenen Baumstämmen auf. Bei Gefahr können sie einen durchdringenden Moschusgeruch verbreiten, sodass sie auch als „Stinktöpfe" bezeichnet werden.
Verbreitung: Östliches Nordamerika. In Seen, Teichen und Flüssen.
Fortpflanzung: Legt 1–9 Eier.
Ähnliche Arten: Kleine Moschusschildkröte (*Kinosternon minor*).

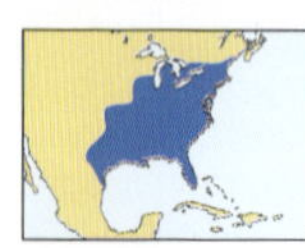
Nordamerika

Länge 11–14 cm	Ernährungsweise	Aktivitätsphase

Familie DERMATEMYDIDAE	Art *Dermatemys mawii*	Bestand gefährdet

Tabasco-Schildkröte

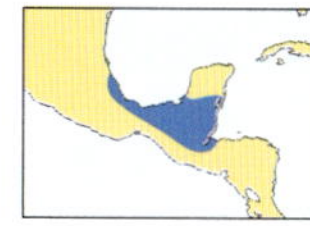

Mittelamerika

Diese große, braun oder grau gefärbte Art besitzt einen breiten, stromlinienförmigen Panzer, der bei ausgewachsenen Exemplaren lederartig erscheint. Die Schnauze ist kurz und rüsselartig. Die Tiere leben in der Regel im Flüssen und Seen, manchmal auch in Brackwasser. An Land wagen sie sich nur selten.
Verbreitung: Südostmexiko, Guatemala und Belize. In großen Flüssen und Seen.
Fortpflanzung: Legt 10–20 Eier.
Anmerkung: Dies ist die einzige lebende Art einer Familie, die schon in der Kreidezeit existierte, also vor rund 65 Millionen Jahren.

Länge 50–65 cm	Ernährungsweise	Aktivitätsphase

Familie CARETTOCHELYIDAE	Art *Carettochelys insculpta*	Bestand selten

Papua-Schildkröte

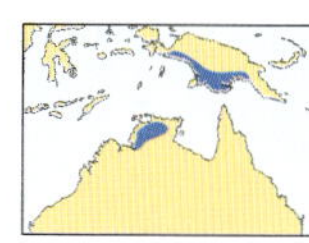

Australien, Ozeanien

Diese Schildkröte hat einen lederartigen, graugrünen Rücken- und einen vergleichsweise kleinen Bauchpanzer. Der Rückenpanzer der Jungtiere ist am Rand gezackt und besitzt einen Kiel in der Mitte. Die flossenartigen, mit Krallen ausgestatten Beine erinnern an die Gliedmaßen von Meeresschildkröten, der kurze Kopf endet in einer röhrenförmigen Schnorchelnase, die Augen sind recht groß. Die scheuen Tiere bevorzugen flache, träge fließende Gewässer mit Sand- oder Schlammboden, in den sie sich mithilfe ihrer Vorderbeine eingraben können. Manchmal sind sie auch in Brackwasser zu finden.
Verbreitung: Südneuguinea und Nordaustralien. In großen Flüssen und Lagunen.
Fortpflanzung: Legt 15–22 Eier.
Anmerkung: Aus Neuguinea ist die Art seit dem 19. Jahrhundert bekannt, in Australien wurde sie erst 1969 entdeckt.

Länge 70–75 cm	Ernährungsweise	Aktivitätsphase

Familie	Art	Bestand
TRIONYCHIDAE	*Pelodiscus sinensis*	stellenweise häufig

Chinesische Weichschildkröte

Asien

Wie bei allen Weichschildkröten sind auch bei dieser Art Rücken- und Bauchpanzer nicht mit Hornschilden, sondern mit einer lederartigen Haut bedeckt. Der Körper wird durch den darunter liegenden Knochenpanzer geschützt, der Bauchpanzer ist jedoch stark rückgebildet. Hals und Kopf sind lang; die Schnauze hat die Form eines Rüssels, sodass die Tiere auch dann atmen können, wenn sie sich auf dem Grund seichter Gewässer niedergelassen haben.

Verbreitung: Ostasien (nach Hawaii eingeschleppt). In Seen und Flüssen.

Fortpflanzung: Legt 12–30 Eier.

Ähnliche Arten: Nackendornen-Weichschildkröte (*Palea steindachneri*).

Länge	Ernährungsweise	Aktivitätsphase
15–30 cm		

Familie	Art	Bestand
DERMOCHELYIDAE	*Dermochelys coriacea*	gefährdet

Lederschildkröte

weltweit

Diese Meeresschildkröte besitzt einen birnenförmigen, stark gefurchten lederartigen Panzer. Am Vorderende geht die Lederhaut in den Hals und den großen rundlichen Kopf über, der sich nicht einziehen lässt. Die Tiere haben lange flossenartige Beine, denen die Krallen fehlen – eine Ausnahme unter den Meeresschildkröten. Lederschildkröten, die meist auf dem offenen Meer nach Quallen, ihrer Hauptnahrung, suchen, können bis zu 1 000 m tief tauchen und entfernen sich oft bis zu 5 000 km weit von ihren angestammten Nistplätzen.

Verbreitung: Weltweit in den gemäßigten und tropischen Meereszonen.

Fortpflanzung: Legt 50–160 Eier.

Anmerkung: Die Lederschildkröte ist die größte Meeresschildkröte der Erde.

Länge	Ernährungsweise	Aktivitätsphase
1,5–1,8 m		

Familie CHELONIIDAE	Art *Chelonia mydas*	Bestand gefährdet

Suppenschildkröte

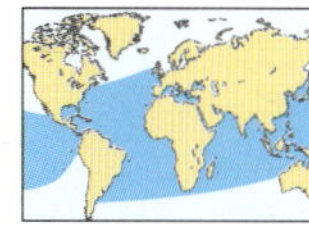

weltweit

An ihrem grün oder braun gesprenkelten Panzer und den großen hell gesäumten Knochenplatten auf Kopf und Beinen kann die wohl bekannteste Meeresschildkröte leicht erkannt werden. Die Tiere können sechsmal so schnell schwimmen wie Süßwasserarten. Als Einzige unter den Meeresschildkröten verlassen sie regelmäßig das Wasser, um sich in die Sonne zu legen und aufzuwärmen. Die Jungtiere fressen hauptsächlich Wirbellose, während ausgewachsene Exemplare sich von Pflanzen ernähren. Oft sind sie bis zu 1 000 km weit von ihren Nistplätzen entfernt zu finden.

Verbreitung: Weltweit in den gemäßigten und tropischen Meereszonen.

Fortpflanzung: Legt 100–200 Eier.

Ähnliche Arten: Unechte Karettschildkröte (*Caretta caretta*).

glatter schildförmiger Rückenpanzer

stromlinienförmiger Kopf

kräftige, flossenartige Beine

Länge 80–100 cm	Ernährungsweise	Aktivitätsphase

Familie CHELONIIDAE	Art *Eretmochelys imbricata*	Bestand gefährdet

Echte Karettschildkröte

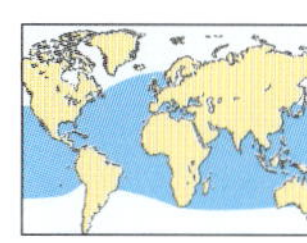

weltweit

Diese recht kleine Meeresschildkröte ist an ihrer langen, raubvogelartigen Schnauze und dem braunen, schildförmigen, gezackten Rückenpanzer erkennbar. Die Art legt jedes Jahr nur wenige hundert Kilometer im Meer zurück, zieht also nicht so weit umher wie viele ihrer Verwandten. Im Gegensatz zu anderen Meeresschildkröten, die sich an Land nur mit ihren Vorderextremitäten vorwärts ziehen, bewegt sie zur Fortbewegung gleichzeitig das linke Vorder- und das rechte Hinterbein bzw. das rechte Vorder- und das linke Hinterbein. Der Bestand dieser Art leidet sehr unter der Meeresverschmutzung, weil dadurch viele Schwämme – ihr Hauptnahrungsmittel – absterben.

Verbreitung: Meist in den tropischen, manchmal auch in den gemäßigten Meereszonen.

Fortpflanzung: Legt 32–200 Eier.

Ähnliche Arten: Unechte Karettschildkröte (*Caretta caretta*).

flossenartige Beine mit Krallen

raubvogelartige Schnauze

Rückenpanzer am Rand gezackt

Länge 80–100 cm	Ernährungsweise	Aktivitätsphase

Familie CHELYDRIDAE	Art *Chelydra serpentina*	Bestand häufig

Schnappschildkröte

Nord-, Mittel- und Südamerika

Die unscheinbar olivgrün gefärbte kräftige Art besitzt einen gewölbten, leicht gefurchten Rückenpanzer, einen massigen Kopf, kräftige Beine und einen langen Schwanz. Außer Alligatoren haben diese Tiere praktisch keine Feinde, abgesehen von Nesträubern, wie z. B. Waschbären. Sie selbst sind gefürchtete Räuber.

Verbreitung: Östliches und mittleres Nordamerika, Mittelamerika und nordwestliches Südamerika. In nahezu allen Süßwasserbiotopen und in Brackwasser.

Fortpflanzung: Legt 20–40 Eier.

Ähnliche Arten: Geierschildkröte (*Macroclemys temminckii*, s. u.).

Anmerkung: Ein Biss dieser Tiere kann schwere Verletzungen an Fingern und Zehen verursachen.

Länge 20–40 cm	Ernährungsweise	Aktivitätsphase

Familie CHELYDRIDAE	Art *Macroclemys temminckii*	Bestand gefährdet

Geierschildkröte

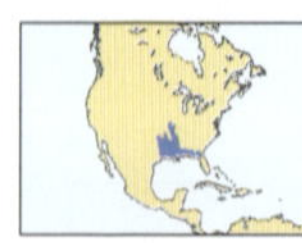

Nordamerika

Bei dieser Art handelt es sich um die größte Süßwasserschildkröte Amerikas. Sie besitzt einen stark rückgebildeten Bauchpanzer, der ausreichend Platz für die massigen krallenbewehrten Beine lässt, und einen höckerigen Rückenpanzer. Der große Kopf ist mit kräftigen Kiefern ausgestattet, der wurmartige, rosafarbene Zungenfortsatz dient dem Anlocken von Fischen. Die Tiere können 40 bis 50 Minuten lang unter Wasser bleiben, erst dann kehren sie zum Atmen an die Wasseroberfläche zurück; an Land gehen sie nie. Die Männchen werden deutlich größer als die Weibchen.

Verbreitung: Südosten der USA. In Flüssen, Sümpfen und Altarmen.

Fortpflanzung: Legt 10–60 Eier.

Ähnliche Arten: Schnappschildkröte (*Chelydra serpentina*, s. o.).

Anmerkung: Bereits mittelgroße Exemplare können Menschen einen Finger abbeißen.

Länge 40–80 cm	Ernährungsweise	Aktivitätsphase

Familie PLATYSTERNIDAE	Art *Platysternon megacephalum*	Bestand gefährdet

Großkopfschildkröte

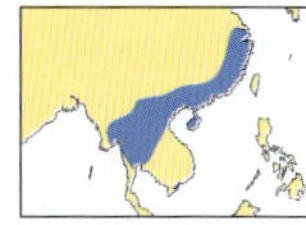
Asien

Diese Art besitzt einen abgeplatteten Körper, einen kräftigen Kopf, der sich nicht in den Panzer einziehen lässt. Vor allem große Exemplare sind sehr wehrhaft und können mit ihren starken Kiefern ernste Verletzungen verursachen. Die Tiere sind schlechte Schwimmer, können sich jedoch in die Erde eingraben und klettern gern auf Baumstämme und Felsen, um sich in der Sonne zu wärmen oder nach Nahrung zu suchen.
Verbreitung: Nördliches Südost- und Südasien. In flachen Bergbächen.
Fortpflanzung: Legt 2 Eier.

Länge 14–20 cm	Ernährungsweise	Aktivitätsphase

Familie EMYDIDAE	Art *Clemmys insculpta*	Bestand stellenweise häufig

Waldbachschildkröte

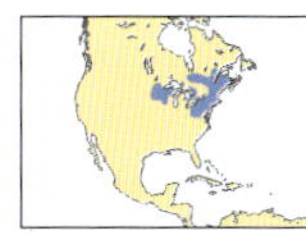
Nordamerika

Der Rückenpanzer dieser Wasserschildkröte ist graubraun, der Bauchpanzer gelblich und dunkel gefleckt, der Kopf schwarz. Die Tiere gehen häufig an Land, um dort nach Nahrung zu suchen, die hauptsächlich aus Pflanzen, Pilzen und Wirbellosen besteht. Sie ernähren sich jedoch auch von Würmern, die sie durch Stampfen mit den Vorderbeinen aus der Erde treiben.
Verbreitung: Nordöstliches Nordamerika. In Waldflüssen, Bächen und Sümpfen.
Fortpflanzung: Legt 4–18 Eier.
Ähnliche Arten: Mühlenberg-Schildkröte (*Clemmys muhlenbergii*), Tropfenschildkröte (*C. guttata*).

Länge 12–23 cm	Ernährungsweise	Aktivitätsphase

Familie EMYDIDAE	Art *Cuora flavomarginata*	Bestand häufig

Gelbrandscharnierschildkröte

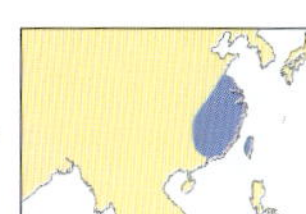
Asien

Wie die Dosenschildkröten (z. B. *Terrapene carolina*, S. 52) kann auch diese asiatische Art ihren Panzer mithilfe eines Quergelenks am Plastron verschließen, um Kopf und Gliedmaßen zu schützen. Rücken- und Bauchpanzer sind glatt und abgerundet und der Kopf ist mit markanten gelben Streifen verziert. Die Tiere schwimmen auch ohne Schwimmhäute recht gut.
Verbreitung: Ostasien. In allen Süßwasserbiotopen.
Fortpflanzung: Legt 1–4 Eier.
Ähnliche Arten: Amboina-Scharnierschildkröte (*Cuora amboinensis*).

Länge 10–12 cm	Ernährungsweise	Aktivitätsphase

Familie EMYDIDAE	Art *Cyclemys dentata*	Bestand selten

Malayische Dornschildkröte

Diese Wasserschildkröte besitzt einen flachen, an der Rückseite gezackten, schwarzbraunen Rücken- und einen ovalen, braunen, mit feinen Linien verzierten Bauchpanzer. Jungtiere leben überwiegend im Wasser, ältere halten sich häufig auch an Land auf.
Verbreitung: Südostasien.
In schattigen Süßwasserbiotopen.
Fortpflanzung: Legt 2–4 Eier.
Ähnliche Arten: *Cyclemys tcheponensis.*

Asien

Länge 24–26 cm	Ernährungsweise	Aktivitätsphase

Familie EMYDIDAE	Art *Emys orbicularis*	Bestand stellenweise häufig

Europäische Sumpfschildkröte

Der Rückenpanzer dieser Art ist oval, schwarz oder dunkelbraun gefärbt und gelb gestreift, der schwarze Kopf weist ebenfalls gelbe Streifen oder Flecken auf. Die Tiere liegen gern in der Sonne, gehen bei Gefahr aber sofort ins Wasser.
Verbreitung: Europa, Nordwestafrika und Nordwestasien. In stehenden oder langsam fließenden Gewässern.
Fortpflanzung: Legt 10–16 Eier.
Ähnliche Arten:
Maurische Bachschildkröte (*Mauremys leprosa*).

Europa, Afrika, Asien

Länge 20–30 cm	Ernährungsweise	Aktivitätsphase

Familie EMYDIDAE	Art *Terrapene carolina*	Bestand häufig

Carolina-Dosenschildkröte

Diese Schildkröte kann ihren Panzer mithilfe beweglicher Quergelenke am Plastron vollkommen verschließen. Es gibt sechs Unterarten; *Terrapene carolina major* (Abbildung) unterscheidet sich von den anderen Subspezies durch ihren eintönig braun gefärbten, am hinteren Rand ausgestellten Rückenpanzer.
Verbreitung: Östliches Nordamerika und Mexiko.
In Wäldern, Sümpfen und auf Weiden.
Fortpflanzung: Legt 1–11 Eier.
Ähnliche Arten: Schmuck-Dosenschildkröte (*T. ornata*).

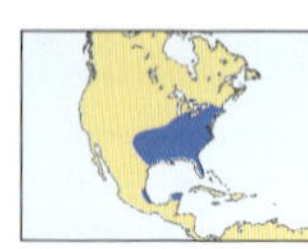

Nordamerika

Länge 16–21 cm	Ernährungsweise	Aktivitätsphase

Familie EMYDIDAE	Art *Trachemys scripta*	Bestand häufig

Buchstaben-Schmuckschildkröte

Von dieser grün gefärbten Art gibt es 16 Unterarten, die sich anhand ihrer gelben Zeichnung unterscheiden lassen. Die Unterart *T. s. elegans* (Abbildung) trägt außerdem einen leuchtend roten Streifen auf dem Nacken.
Verbreitung: Nord-, Mittel- und Südamerika (heute weltweit eingeschleppt). In allen Süßwasserbiotopen.
Fortpflanzung: Legt 6–11 Eier.
Ähnliche Arten: Schmuckschildkröten aus der Gattung *Pseudemis.*

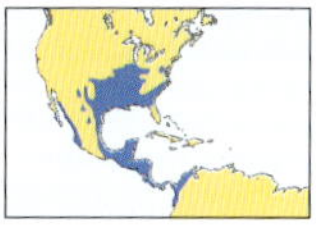

Nord-, Mittel und Südamerika

Länge 20–28 cm	Ernährungsweise	Aktivitätsphase

Familie TESTUDINIDAE	Art *Geochelone carbonaria*	Bestand häufig

Köhlerschildkröte

Die Art lässt sich leicht anhand der roten Schuppen auf den Vorderbeinen erkennen. Der Panzer ist schwarzbraun, jedes Hornschild ist mit einem mittigen gelben Fleck versehen. Der Bestand ist etwas zurückgegangen, da die Tiere aufgrund ihres schmackhaften Fleisches gejagt werden und häufig auch bei Brandrodungen sterben.
Verbreitung: Nördliches Südamerika. In Savannen.
Fortpflanzung: Legt 4–15 Eier.
Ähnliche Arten: Waldschildkröte (*Geochelone denticulata*).

Südamerika

Länge 40–50 cm	Ernährungsweise	Aktivitätsphase

Familie TESTUDINIDAE	Art *Geochelone elegans*	Bestand gefährdet

Sternschildkröte

Diese Schildkröte verdankt ihren umgangssprachlichen Namen dem Sternmuster auf ihren Hornschildern, die bei ausgewachsenen Exemplaren kuppelartig aufgewölbt sind. Die für Landschildkröten typischen keulenförmigen Beine sind gut zum Graben geeignet.
Verbreitung: Südasien. In Wüsten und anderen trockenen Biotopen.
Fortpflanzung: Legt 2–20 Eier.
Ähnliche Arten: Burma-Landschildkröte (*Geochelone platynota*).

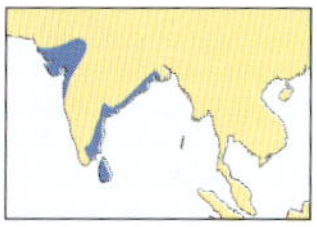

Asien

Länge 30–38 cm	Ernährungsweise	Aktivitätsphase

Familie	Art	Bestand
TESTUDINIDAE	*Geochelone nigra*	gefährdet

Galapagos-Riesenschildkröte

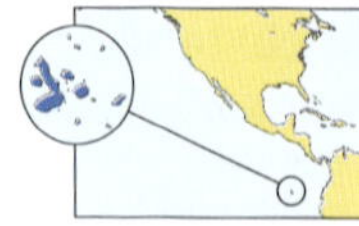

Galapagosinseln

Die früher auch *Geochelone elephantopus* genannte Art besitzt einen sehr großen grauen Panzer, einen langen Hals, kräftige Beine und ist an das Leben auf den verschiedenen Galapagosinseln hervorragend angepasst. Tiere auf den Inseln mit viel Regen und üppiger Vegetation haben einen sattelartigen Panzer mit einem hoch aufgewölbten Vorderrand, sodass sie auch hochwachsende Pflanzen erreichen können. Der Panzer der Schildkröten auf Inseln mit wenig Niederschlag und niedrigem Pflanzenwuchs ist dagegen herkömmlich geformt.

Verbreitung: Galapagosinseln (Pazifik). In felsigen Vulkanlandschaften.

Fortpflanzung: Legt 10 Eier.

Ähnliche Arten: Seychellen-Riesenschildkröte (*G. gigantea*).

Anmerkung: Das größte lebende Exemplar wird in Florida gehalten und wiegt mehr als 400 kg.

Länge	Ernährungsweise	Aktivitätsphase
80–110 cm		

Familie	Art	Bestand
TESTUDINIDAE	*Geochelone pardalis*	stellenweise häufig

Pantherschildkröte

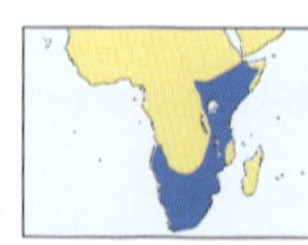

Afrika

Jungtiere dieser auffälligen Art haben gelbe, schwarz gesäumte Hornschilde. Die 13 großen Rückenschilde sind jeweils in der Mitte schwarz gefärbt, diese Zeichnung löst sich jedoch mit zunehmendem Wachstum in ein unregelmäßiges Fleckenmuster auf. Die Tiere sind Pflanzenfresser, werden gelegentlich aber auch beim Abnagen von Knochen und Fressen von Hyänenkot beobachtet; möglicherweise führen sie sich so Calcium für ihre Eierschalen zu. Manche Exemplare können ein Gewicht von 20 bis 40 kg erreichen.

Verbreitung: Ost- und Südafrika. In Savannen.

Fortpflanzung: Legt 5–30 Eier.

Ähnliche Arten: Höckerschildkröte (*Psammobates tentorius*).

Länge	Ernährungsweise	Aktivitätsphase
45–72 cm		

Familie TESTUDINIDAE | Art *Kinixys erosa* | Bestand unbekannt

Stachelrand-Gelenkschildkröte

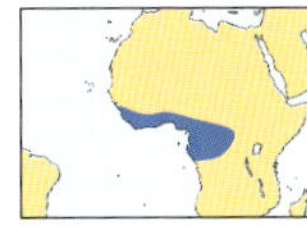

Der Rückenpanzer dieser großen Gelenkschildkröte ist mit einem Scharnier versehen, sodass sich der hintere Teil wie ein Visier herunterklappen lässt. Die Hornschilde am hinteren Rand sind stachelartig aufgebogen.
Verbreitung: Westafrika. In Regenwäldern.
Fortpflanzung: Legt 2–10 Eier.
Ähnliche Arten: Stutz-Gelenkschildkröte (*Kinixys homeana*).

Länge 20–30 cm | Ernährungsweise | Aktivitätsphase

Familie TESTUDINIDAE | Art *Malacochersus tornieri* | Bestand gefährdet

Spatenschildkröte

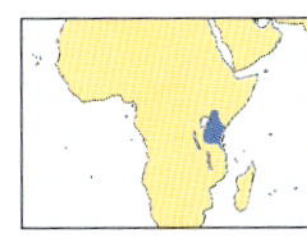

Diese braunschwarze Art ist vielleicht die Ungewöhnlichste aller afrikanischen Schildkröten. Der bei den Jungtieren gewölbte Rückenpanzer wird mit zunehmendem Alter vollkommen flach, sodass die Tiere bei Gefahr schnell in engen Felsspalten verschwinden können. Die Schildkröten leben in Gebirgsregionen und ernähren sich von Sukkulenten.
Verbreitung: Ostafrika. In felsigen Biotopen.
Fortpflanzung: Legt 1–4 Eier.

Länge 10–15 cm | Ernährungsweise | Aktivitätsphase

Familie TESTUDINIDAE | Art *Testudo graeca* | Bestand stellenweise häufig

Maurische Landschildkröte

Große Höckerschuppen auf den Beinen und ein ungeteilter Randschild über dem Schwanz unterscheiden diese Art von der Griechischen Landschildkröte (*Testudo hermanni*, S. 56). Jungtiere sind gelbbraun, ältere haben braune Schilde mit einer gelben Mitte.
Verbreitung: Südeuropa, Nordafrika und Westasien. In trockenen, strauchbewachsenen Biotopen.

Fortpflanzung: Legt 2–12 Eier.
Ähnliche Arten: Griechische Landschildkröte (*T. hermanni*, S. 56), Breitrandschildkröte (*T. marginata*).

Länge 20–25 cm | Ernährungsweise | Aktivitätsphase

Familie TESTUDINIDAE	Art *Testudo hermanni*	Bestand selten

Griechische Landschildkröte

Europa

Diese Schildkröte besitzt einen gelb- bis dunkelbraunen Rückenpanzer mit einer hellen Zeichnung, die mit zunehmendem Alter jedoch immer mehr von dunklen Flecken überlagert wird. Die Art wird oft mit der Maurischen Landschildkröte (*T. graeca,* S. 55) verwechselt; der Panzer der Griechischen Landschildkröte ist allerdings stärker gewölbt, außerdem fehlen ihr die Höckerschuppen auf den Oberschenkeln und sie trägt einen geteilten Randschild über dem Schwanz (der der Maurischen Landschildkröte ist ungeteilt). Wie alle europäischen Schildkröten steht auch diese Art unter strengem Schutz. Ihr Bestand ging stark zurück, da sie gern als Haustier gehalten und aufgrund ihres schmackhaften Fleisches auch in großem Umfang verzehrt wurde. Heute sind die Tiere hauptsächlich durch die zunehmende Zerstörung ihrer Lebensräume und durch den starken Autoverkehr bedroht.
Verbreitung: Europa. In trockenen, strauchbewachsenen Biotopen.
Fortpflanzung: Legt 2–10 Eier.
Ähnliche Arten: Breitrandschildkröte (*T. marginata*), Maurische Landschildkröte (*T. graeca,* S. 55).

Länge 15–20 cm	Ernährungsweise	Aktivitätsphase

Brückenechsen

Die außergewöhnlichen Brückenechsen, auch Tuataras genannt, stellen die einzige noch lebende Ordnung der Rhynchocephalia (Schnabelköpfe) dar, eine alte Gruppe von Reptilien, deren übrige Mitglieder im Mesozoikum vor über 65 Millionen Jahren ausstarben.
Wenn sich das Skelett der Brückenechsen im Aufbau auch deutlich von dem der herkömmlichen Echsen unterscheidet, so sind die beiden Gruppen einander im Aussehen doch recht ähnlich. Wie viele Echsen besitzen auch die Tuataras das sogenannte dritte Auge auf der Kopfoberseite, mit dem sie vermutlich Helligkeitsunterschiede erkennen und die Körpertemperatur regulieren können. Bei Jungtieren ist es sichtbar, später wächst es jedoch zu.
Einige Zoologen betrachten Brückenechsen als eine Schwestergruppe der Echsen, Schlangen und Doppelschleichen, andere glauben nicht an solch eine enge Verwandtschaft und halten die Tuataras für sehr viel älter als die anderen Reptilien, ausgenommen Schildkröten. Der Körperbau der heute lebenden Brückenechsen ähnelt Fosilien, die aus dem Jura (vor 170 Millionen Jahren) bekannt sind, woraus zu schließen ist, dass diese Tiere die langsamste Evolutionsrate aller landlebenden Wirbeltiere aufweisen. Daher gehören die beiden noch existierenden Arten zu den primitivsten Reptilien.

Familie SPHENODONTIDAE	Art *Sphenodon punctatus*	Bestand gefährdet

Brückenechse

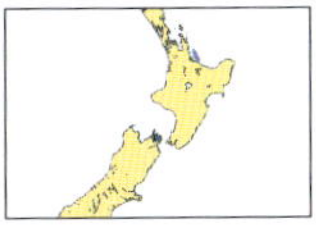
Neuseeland

Auf den ersten Blick erinnert die Brückenechse an Leguane oder Agamen. Sie besitzt einen breiten Kopf, große Augen, kräftige krallenbewehrte Beine und einen über Rücken und Schwanz verlaufenden Kamm, dessen Stacheln sich bei Gefahr aufrichten. Mit ihren geringen Stoffwechselraten sind die Tiere hervorragend an das kühle Klima ihrer Lebensräume angepasst. Sie ernähren sich hauptsächlich von Wirbellosen und teilen sich ihre Höhlen mit Sturmvögeln. Da sie äußerst langsam wachsen, erreichen sie die Geschlechtsreife erst im Alter von ca. 20 Jahren. Die Jungen schlüpfen ungefähr 15 Monate nach der Eiablage.
Verbreitung: Inseln vor Neuseeland. An Felsküsten.
Fortpflanzung: Legt 12–17 Eier.
Ähnliche Arten: *Sphenodon guentheri.*
Anmerkung: Männliche Brückenechsen können über 100 Jahre alt werden.

Länge 50–65 cm	Ernährungsweise	Aktivitätsphase

Echsen

Die Echsen stellen zwar keine natürliche biologische Gruppe dar, werden aber dennoch in der Ordnung Squamata (Schuppenkriechtiere) und dort wiederum in der Unterordnung Sauria zusammengefasst, zu der auch Schlangen und Amphibien zählen.

Es gibt mehr als 3 400 Echsenarten, die sich in Aussehen und Verhalten beträchtlich unterscheiden können. Die meisten besitzen vier gut entwickelte Beine, einen langen Schwanz, bewegliche Augenlider und äußere Ohröffnungen. Einige Arten jedoch haben stark verkümmerte oder gar keine Beine, ein starres unteres Augenlid oder keine sichtbaren äußeren Ohröffnungen. Die Zunge kann schlangenartig gespalten sein, wie z. B. bei den Waranen, oder aufrollbar und klebrig, wie z. B. bei den Chamäleons. Zahlreiche Echsen können bei einem Angriff ihren Schwanz abwerfen (Schwanzautotomie), der dann meist wieder nachwächst, wenn auch nicht in der ursprünglichen Länge.

Bis auf die Skorpions-Krustenechse (*Heloderma horridum*, S. 96) und die Gila-Krustenechse (*H. suspectum*, S. 97) sind die meisten Echsen ungiftig. Der Speichel des Komodo-Warans (*Varanus komodoensis*, S. 98–99) enthält allerdings Bakterien, die eine tödliche Infektion verursachen können, und viele große Arten können kräftig zubeißen.

Diesem Buch liegt die traditionelle Einteilung der Echsen in 17 Familien zugrunde, wenn auch eine Reihe von Taxonomen heute bis zu 30 Familien unterscheidet; nach der neuen Einteilung würde z. B. die Familie Iguanidae, zu der mehr als 800 Arten gehören, in acht kleinere Familien unterteilt werden.

Familie	Art	Bestand
GEKKONIDAE	*Coleodactylus septentrionalis*	stellenweise häufig

Coleodactylus septentrionalis

Südamerika

Dieser winzige Gecko besitzt einen zylindrischen Körper, einen kurzen Schwanz und recht kurze Beine. Er ist grau bis bräunlich gefärbt, der Rücken weist weiße bis hellbraune Querbänder und dunkle oder auch helle Flecken auf. In seiner nordbrasilianischen Heimat, der Ilha de Maracá, wo diese Art zu den häufigsten Landreptilien gehört, dient er vielen anderen Reptilien – besonders Schlangen – als willkommene Beute. Normalerweise leben die Tiere in Regenwäldern zwischen Blättern am Boden, um dort Jagd auf kleine Wirbellose zu machen, z. B. auf Springschwänze und andere Insekten.

Verbreitung: Nördliches Südamerika. In tropischen Regenwäldern.

Fortpflanzung: Legt 1 Ei.

Länge	Ernährungsweise	Aktivitätsphase
4–5 cm	(Insekt-Symbol)	(Sonnen-Symbol)

Familie GEKKONIDAE	Art *Coleonyx variegatus*	Bestand häufig

Gebänderter Krallengecko

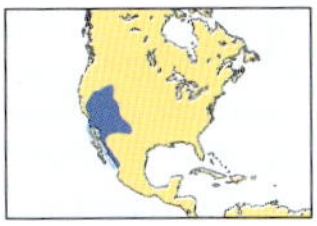

Nordamerika

Anhand seiner weichen Haut und den beweglichen Augenlidern lässt sich dieser sandfarbene, mit dunklen Querbändern gezeichnete Gecko leicht von anderen in amerikanischen Wüsten lebenden Arten unterscheiden. Der Schwanz ist an der Basis eingeschnürt, Haftlamellen an den Füßen fehlen. Da die nachtaktiven Tiere sich tagsüber in Felsspalten und Höhlen verstecken, können sie auch in heißen Regionen leben.

Verbreitung: Südwesten der USA und Nordwestmexiko. In Wüsten.

Fortpflanzung: Legt 1–3 Eier.

Ähnliche Arten: *Coleonyx switaki, C. brevis.*

Länge 8–12 cm	Ernährungsweise	Aktivitätsphase

Familie GEKKONIDAE	Art *Cyrtodactylus louisiadensis*	Bestand selten

Cyrtodactylus louisiadensis

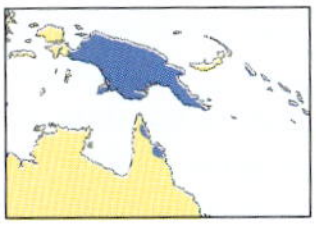

Ozeanien

Der große schlanke Gecko besitzt lange Beine und lange mit Krallen ausgestattete Zehen ohne Haftlamellen, der hellbraune Körper zeigt eine dunkle Bandzeichnung. Die nachtaktive Art lebt auf Bäumen, wo sie Insekten, Spinnen und kleinere Geckos jagt. Tagsüber verstecken sich die Tiere unter lockeren Rindenstücken.

Verbreitung: Nordostaustralien, Neuguinea und Salomoninseln (Pazifik). In Regenwäldern.

Fortpflanzung: Legt 1–2 Eier.

Ähnliche Arten: *Cyrtodactylus biordinis.*

Länge 30–34 cm	Ernährungsweise	Aktivitätsphase

Familie GEKKONIDAE	Art *Eublepharis macularius*	Bestand stellenweise häufig

Panthergecko

Diese, auch Leopardgecko genannte Art verdankt ihren Namen der dunklen Fleckenzeichnung auf gelbbraunem Untergrund. Die Tiere sind sehr robust und können selbst unter schwierigen Lebensbedingungen existieren. Wie bei vielen anderen Geckos legen die Weibchen fünf- bis sechsmal pro Jahr jeweils zwei Eier. Die Jungtiere unterscheiden sich im Aussehen beträchtlich von ihren Eltern, sodass sie leicht für eine andere Art gehalten werden könnten.

Verbreitung: Südliches Mittelasien. In strauchbewachsenen, felsigen Biotopen bis zu 2 500 m Höhe.

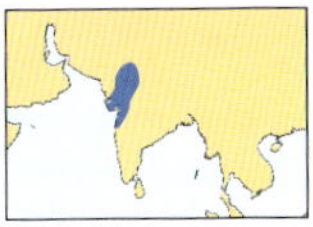

Asien

Fortpflanzung: Legt 2 Eier.

Ähnliche Arten: *Eublepharis angramainyu, E. turcmenicus.*

Länge 20–25 cm	Ernährungsweise	Aktivitätsphase

Familie GEKKONIDAE	Art *Gekko gecko*	Bestand häufig

Tokeh

Der größte asiatische Gecko kann an seinem Ruf – ein sich wiederholendes „To-keh“ – erkannt werden. Der Körper dieser Tiere ist blaugrau gefärbt und weist auffällige orangefarbene und hellblaue Flecken auf. Die Zehen tragen Haftlamellen, die Augen sind groß und orangefarben.

Verbreitung: Südostasien. In Wäldern und in der Nähe menschlicher Siedlungen.
Fortpflanzung: Legt 2–3 Eier.
Ähnliche Arten: Smiths Grünaugengecko (*Gekko smithii*).

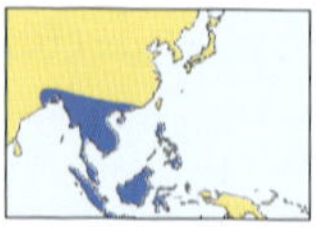
Asien

Länge 18–35 cm	Ernährungsweise	Aktivitätsphase

Familie GEKKONIDAE	Art *Gekko vittatus*	Bestand häufig

Gekko vittatus

Der Körper dieses Geckos ist kräftig und mit einem hellen, dunkel gesäumten, sich auf dem Nacken verzweigenden Rückenstreifen versehen. Der Kopf ist recht breit, die Zehen sind zum Klettern mit Haftlamellen ausgestattet. Die Art lebt hauptsächlich auf Palmen und anderen Bäumen, wo ihnen ihre Zeichnung eine gute Tarnung verschafft.

Verbreitung: Indonesien, Neuguinea und Salomoninseln (Pazifik). In Regenwäldern.
Fortpflanzung: Legt 2 Eier.
Anmerkung: Manchmal legen mehrere Weibchen ihre Eier gemeinsam in Palmenkronen ab.

Asien, Ozeanien

Länge 27–29 cm	Ernährungsweise	Aktivitätsphase

Familie GEKKONIDAE	Art *Hemidactylus frenatus*	Bestand häufig

Asiatischer Halbzehergecko

Dieser Gecko ist rosafarben und wirkt manchmal fast durchsichtig. Sein Rücken ist mit kleinen Knötchen bedeckt. Er lebt gern in menschlichen Behausungen und pflanzt sich dort auch fort. Unverkennbar ist sein nächtlicher „Tschick-Tschack“-Ruf.

Verbreitung: Weltweit. In Gebäuden.
Fortpflanzung: Legt 2 Eier.
Ähnliche Arten: Indopazifischer Halbzehergecko (*Hemidactylus garnotti*), Brauner Halbzehergecko (*H. mabouia*).
Anmerkung: Die ursprünglich aus Asien stammende Art wurde in viele Teile der Erde eingeschleppt.

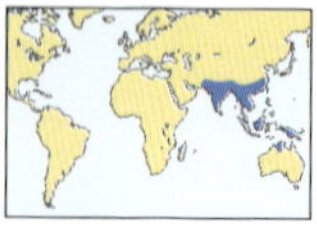
weltweit

Länge 12–15 cm	Ernährungsweise	Aktivitätsphase

Familie	Art	Bestand
GEKKONIDAE	*Hemitheconyx caudicinctus*	stellenweise häufig

Afrikanischer Krallengecko

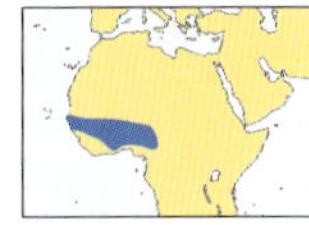

Afrika

Der Körper dieses Geckos ist dunkel gefärbt und mit rosafarbenen Querbändern versehen, die Haftlamellen an den Zehen fehlen. Im Gegensatz zu vielen anderen Arten besitzen die Tiere bewegliche Augenlider. Der dicke Schwanz, der bei einem Angriff abgeworfen werden kann, dient möglicherweise als Fettspeicher.
Verbreitung: Westafrika. In trockenen, strauchbewachsenen, felsigen Biotopen.
Fortpflanzung: Legt 2 Eier.
Ähnliche Arten:
Hemitheconyx taylori.

Länge	Ernährungsweise	Aktivitätsphase
18–20 cm		

Familie	Art	Bestand
GEKKONIDAE	*Nactus pelagicus*	häufig

Nactus pelagicus

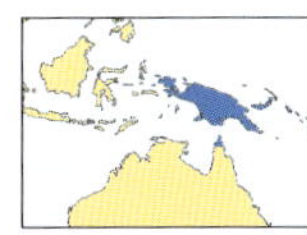

Ozeanien

Die kleine, dunkel gefärbte und nur schwach gezeichnete Art besitzt eine körnige Haut und Reihen von Knötchen auf dem Rücken. Der Schwanz ist recht lang, Haftlamellen an den Zehen sind nicht vorhanden. Nachts suchen die Tiere auf dem Boden oder auf Bäumen nach Insekten, während sie sich tagsüber unter Blättern verstecken. Sie bewegen sich manchmal sprunghaft fort.
Verbreitung: Nordostaustralien und Südwestpazifik. In Wäldern und auf Plantagen.
Fortpflanzung: Legt 2 Eier.
Ähnliche Arten: *Nactus vankampeni.*
Anmerkung: Der Artname bezieht sich auf die meeresnahe Verbreitung („pelagos" bedeutet Meer).

Länge	Ernährungsweise	Aktivitätsphase
10–16 cm		

Familie	Art	Bestand
GEKKONIDAE	*Palmatogekko rangei*	selten

Wüstengecko

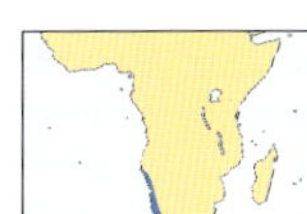

Afrika

Dieser mittelgroße schlanke Gecko hat einen kräftigen Kopf und sehr große Augen mit senkrechten Pupillen, die sich bei heller Sonne bis auf einen kleinen Spalt schließen. Die schlanken Zehen sind durch Spannhäute verbunden und mit langen Krallen ausgestattet, die Haftlamellen fehlen. Die Tiere vergraben sich tagsüber im Sand und gehen erst in der Dunkelheit auf Nahrungssuche.
Verbreitung: Südwestafrika. In Wüsten.
Fortpflanzung: Legt 2 Eier.
Ähnliche Arten: *Kaokogecko vanzyli.*

Länge	Ernährungsweise	Aktivitätsphase
12–14 cm		

Familie GEKKONIDAE	Art *Phelsuma standingi*	Bestand stellenweise häufig

Standings Taggecko

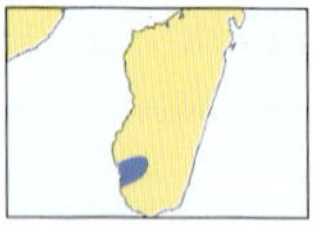
Madagaskar

Nach dem Großen Madagassischen Taggecko (*P. madagascariensis grandis*) stellt der Standings Taggecko die zweitgrößte *Phelsuma*-Art dar. Ausgewachsene Exemplare besitzen einen blaugrauen Körper und einen gelblichen bis grünen Kopf mit einer braunen netzartigen Zeichnung, wobei sich die Gelb- und Grüntöne in der Sonne noch verstärken können. Jungtiere sind zunächst hell gestreift und nehmen erst allmählich die Farbe ihrer Eltern an.
Verbreitung: Madagaskar. In trockenen Wäldern.
Fortpflanzung: Legt 2 Eier.
Anmerkung: Die Art ist geschützt und darf nicht ausgeführt werden.

Länge 25–28 cm	Ernährungsweise	Aktivitätsphase

Familie GEKKONIDAE	Art *Ptychozoon kuhli*	Bestand häufig

Faltengecko

Durch seine unregelmäßige Form und seine Tarnfärbung ist dieser Gecko auf einem mit Flechten bewachsenen Baumstamm fast unsichtbar. Breitet er seine großen Hautsäume an Kopf, Körper, Beinen und Schwanz sowie die Spannhäute zwischen den Zehen aus, kann er von hohen Ästen sanft auf den Boden gleiten.

Asien

Verbreitung: Südostasien. In Regenwäldern.
Fortpflanzung: Legt 2 Eier.
Ähnliche Arten: *Ptychozoon lionotum.*

Länge 18–20 cm	Ernährungsweise	Aktivitätsphase

Familie GEKKONIDAE	Art *Rhacodactylus leachianus*	Bestand selten

Kaledonischer Riesengecko

Diese unauffällig grau, grün oder braun gemusterte Echse mit schmalen Hautsäumen an den Flanken lebt überwiegend in Baumwipfeln oder im Inneren hohler Bäumen, sodass sie nur selten zu sehen ist. Die Tiere ernähren sich hauptsächlich von Früchten, z. B. Bananen und Papayas, aber auch von Insekten; große Exemplare fressen manchmal kleine Vögel und Säugetiere. In ihrem natürlichen Lebensraum hat die Art wahrscheinlich nur wenige natürliche Feinde.

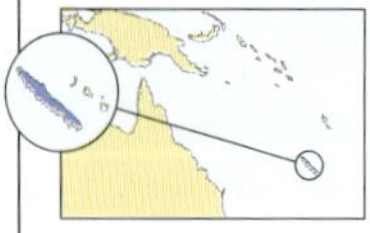
Neukaledonien

Verbreitung: Neukaledonien (Pazifik). In Regenwäldern.
Fortpflanzung: Legt 2 Eier.
Ähnliche Arten: *Rhacodactylus chahoua.*
Anmerkung: Der Kaledonische Riesengecko ist der größte Gecko der Erde.

Länge 34–38 cm	Ernährungsweise	Aktivitätsphase

Familie GEKKONIDAE	Art *Tarentola mauritanica*	Bestand häufig

Mauergecko

Diese robuste Art – die größte Europas – besitzt einen graubraun gefärbten abgeplatteten Körper und einen breiten Kopf. In Längsreihen angeordnete Knötchen an Körper, Schwanz und Beinen lassen den Gecko stachelig aussehen. Die breiten Zehen sind mit Haftlamellen ausgestattet, die jeweils dritte und vierte Zehe ist mit Krallen versehen. Die Tiere jagen in der Dunkelheit oft an beleuchteten Fenstern nach Insekten.
Verbreitung: Südeuropa, Nordafrika und Kanarische Inseln. In warmen, trockenen Küstenbiotopen, auf der Iberischen Halbinsel auch im Landesinneren.
Fortpflanzung: Legt 2 Eier.
Ähnliche Arten: *Tarentola deserti.*

Europa, Afrika

Länge 10–15 cm	Ernährungsweise	Aktivitätsphase

Familie GEKKONIDAE	Art *Teratoscincus scincus*	Bestand stellenweise häufig

Wundergecko

Der Körper dieses recht großen Geckos ist zylindrisch geformt und zeigt dunkle Bänder oder Streifen auf sandfarbenem Untergrund. Der Kopf ist groß, die Beine sind lang, die Augen hervorstehend. Da es sich um eine grabende Art handelt, fehlen die Haftlamellen an den Zehen. Bei Gefahr richten sich die Tiere auf, zischen laut und kreisen langsam mit dem Schwanz, wobei die zu Hornplatten vergrößerten Schwanzschuppen ein unüberhörbares, rasselndes Geräusch erzeugen.
Verbreitung: Mittlerer Osten und Südwestasien. In Sand-, Lehm- und Halbwüsten.
Fortpflanzung: Legt 2 Eier.

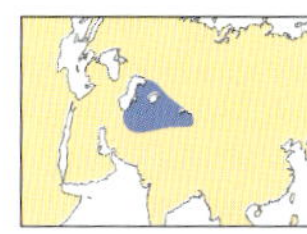

Mittlerer Osten, Asien

Länge 15–20 cm	Ernährungsweise	Aktivitätsphase

Familie GEKKONIDAE	Art *Thecadactylus rapicauda*	Bestand stellenweise häufig

Rübenschwanzgecko

Diese Art verdankt ihren Namen dem rübenartig verdickten Schwanz, der allerdings bei einem Angriff abgeworfen wird und somit fehlen kann. Der unauffällige graubraune Körper ist mit gekörnten Schuppen bedeckt. Am breiten Kopf sitzen große Augen mit senkrechten Pupillen, die Zehen sind zum Klettern mit Haftlamellen versehen. Im Gegensatz zu vielen anderen kleinen Arten geben Rübenschwanzgeckos nur selten Laute von sich.
Verbreitung: Mexiko, nördliches Südamerika und Antillen. In Regenwäldern und menschlichen Siedlungen.
Fortpflanzung: Legt 1 Ei.

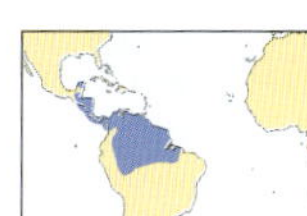

Nord-, Mittel- und Südamerika

Länge 14–18 cm	Ernährungsweise	Aktivitätsphase

Familie GEKKONIDAE	Art *Uroplatus fimbriatus*	Bestand häufig

Madagassischer Plattschwanzgecko

Madagaskar

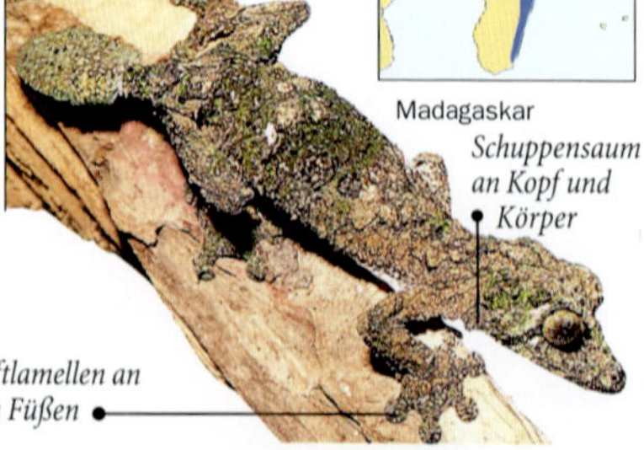

Ein flacher blattartiger Schwanz, ein langer schlanker Körper und ein großer abgeplatteter Kopf mit vorstehenden Augen kennzeichnen diese Art. Die gesprenkelte, braune und graue Färbung variiert je nach Tageszeit und sorgt für eine gute Tarnung, ebenso wie der Schuppensaum entlang dem Körper, der den Körperumriss auflöst.
Verbreitung: Ostmadagaskar. In Regenwäldern.
Fortpflanzung: Legt 2 Eier.
Ähnliche Arten: *Uroplatus phantasticus.*

Länge 22–30 cm	Ernährungsweise	Aktivitätsphase

Familie PYGOPODIDAE	Art *Delma fraseri*	Bestand häufig

Frasers Flossenfuß

Diese grau bis grünlich braun gefärbte, schwarz gezeichnete Art ähnelt aufgrund der Körperform und der lidlosen Augen zwar einer Schlange, ist aber in Wahrheit eine grabende Echse, was auch an den äußeren Ohröffnungen zu erkennen ist. Auf den ersten Blick scheint das Tier beinlos zu sein, bei genauem Hinsehen bemerkt man jedoch zwei rückgebildete kurze Beinstummel an der Kloake.

Australien

Verbreitung: West- und Südaustralien. In Küstenwäldern und sandigen oder steinigen Biotopen.
Fortpflanzung: Legt 2 Eier.
Ähnliche Arten: *Delma borea.*

Länge 30–45 cm	Ernährungsweise	Aktivitätsphase

Familie PYGOPODIDAE	Art *Lialis burtonis*	Bestand häufig

Spitzkopf-Flossenfuß

Australien, Ozeanien

Die größte und am weitesten verbreitete Flossenfußart des Südwestpazifik ist braun oder grau gefärbt. Diese Echsen lassen sich von anderen Flossenfüßen anhand ihrer langen Schnauze, von Schlangen anhand der kleinen schuppenartigen Beinstummel unterscheiden. Die Tiere ernähren sich vor allem von kleinen Echsen.
Verbreitung: Australien und Südneuguinea. Sowohl in feuchten Biotopen als auch in Wüsten.
Fortpflanzung: Legt 2 Eier.
Ähnliche Arten: Neuguinea-Flossenfuß (*Lialis jicari*).

Länge 50–60 cm	Ernährungsweise	Aktivitätsphase

Familie XANTUSIIDAE	Art *Lepidophyma flavimaculatum*	Bestand selten

Krokodilnachtechse

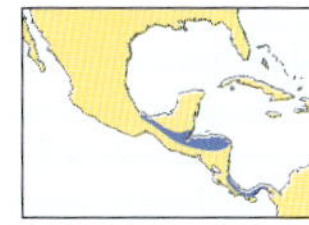

Mittelamerika

Diese mittelgroße schlanke Echse besitzt anstelle von Augenlidern eine flexible „Brille“ – eine durchsichtige Membran, die die Augen schützt. Der Rücken weist zahlreiche große, in Reihen angeordnete Knötchen auf. Die Färbung ist braun oder grau mit gelben Punkten auf den Flanken; einige Schuppen weisen eine dunkle Linierung auf.
Verbreitung: Mittelamerika. In Regenwäldern.
Fortpflanzung: Lebend gebärend, 5–6 Junge.
Ähnliche Arten: *Lepidophyma mayae.*

Länge 20–30 cm	Ernährungsweise	Aktivitätsphase

Familie IGUANIDAE	Art *Amblyrhynchus cribestand*	Bestand stellenweise häufig

Meerechse

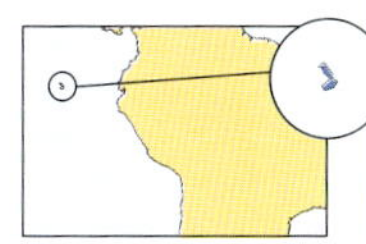

Galapagosinseln

Diese Art ist normalerweise graugrün, verfärbt sich zur Paarungszeit jedoch rötlich. Die Körperfarbe ist zudem von der Temperatur abhängig; nach einem Aufenthalt im kalten Meerwasser sind die Tiere oft fast schwarz und erhalten ihre normale graugrüne Färbung erst nach dem Aufwärmen in der Sonne zurück. Der Körperbau entspricht dem anderer großer Leguane, doch der Schwanz ist kräftiger und abgeplattet, da er zum Schwimmen benutzt wird. Die Tiere leben von Seetang, den sie unter Wasser abgrasen. Das dabei in großer Menge aufgenommene Salz wird an Land durch spezielle Nasendrüsen wieder ausgeschieden, häufig in Form weißer Sprühnebel.
Verbreitung: Galapagosinseln (Pazifik). An Felsküsten.
Fortpflanzung: Legt 2–3 Eier.
Ähnliche Arten: Drusenköpfe (*Conolophus* species).
Anmerkung: Dies ist die einzige echte Meerechse auf der Erde.

Länge 1–1,7 m	Ernährungsweise	Aktivitätsphase

Familie IGUANIDAE	Art *Anolis allisoni*	Bestand häufig

Allisons Anolis

Die Färbung dieser recht kräftigen Echse variiert von hellgrün bis dunkelbraun. Kopf und Rumpf sind bei den Männchen leuchtend blau, der Rücken der Weibchen weist einen hellen Streifen auf. Der Kehlsack ist bei beiden Geschlechtern dunkelrot gefärbt.

Verbreitung: Kuba, Belize und Honduras. In trockenem, offenem Gelände, in Gärten und auf Plantagen.

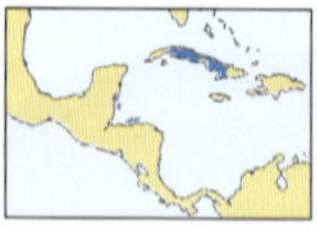
Karibik

Fortpflanzung: Legt 1 Ei.
Ähnliche Arten: Baumstamm-Anolis (*Anolis porcatus*).

Länge 10–15 cm	Ernährungsweise	Aktivitätsphase

Familie IGUANIDAE	Art *Anolis carolinensis*	Bestand gefährdet

Rotkehl-Anolis

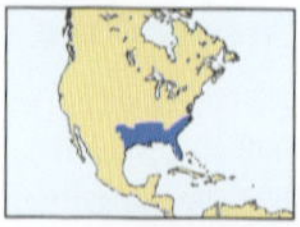
Nordamerika

Diese Echse, die einzige im Südosten der USA heimische *Anolis*-Art, wird oft auch als amerikanisches Chamäleon bezeichnet. An der lebhaften grünen Färbung beider Geschlechter und dem roten Kehlsack der Männchen sollten die Tiere leicht zu erkennen sein, einige wenige Männchen besitzen jedoch rosafarbene, weiße oder grüne Kehlsäcke, außerdem können beide Geschlechter die Farbe wechseln. Die einstmals weit verbreitete Art gilt inzwischen als gefährdet.
Verbreitung: Südosten der USA. In Gärten und lichten Wäldern.
Fortpflanzung: Legt 1 Ei.
Ähnliche Arten: *Anolis sagrei.*

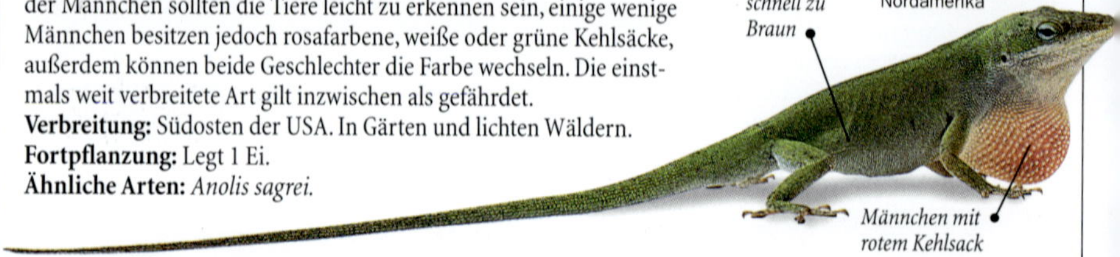

Länge 12–20 cm	Ernährungsweise	Aktivitätsphase

Familie IGUANIDAE	Art *Anolis equestris*	Bestand stellenweise häufig

Ritter-anolis

Kuba, Nordamerika

Der Ritteranolis ist die größte Art aus der Gattung *Anolis*. Der Körper der Tiere ist hellgrün, gelegentlich braun oder dunkelgrün gesprenkelt und weist unter den Augen und an den Schultern jeweils einen gelben Streifen auf. Kennzeichnend sind außerdem der große Kopf, die spitze Schnauze und der rosafarbene Kehlsack der Männchen. Der Ritter-Anolis lebt vorzugsweise auf Palmen, ist manchmal jedoch auch auf anderen großen Bäumen zu finden. In Florida – wohin die Art eingeschleppt wurde – ernährt er sich von anderen, kleineren *Anolis*-Arten sowie von Insekten und Laubfröschen.
Verbreitung: Kuba (nach Florida eingeschleppt). Auf großen Bäumen in Wäldern, manchmal auch in offenem Gelände.
Fortpflanzung: Legt 2 Eier.

Länge 33–49 cm	Ernährungsweise	Aktivitätsphase

Familie IGUANIDAE	Art *Basilicus plumifrons*	Bestand häufig

Stirnlappen-Basilisk

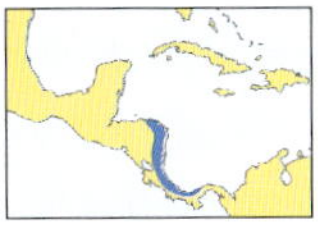

Diese Art ist leuchtend grün gefärbt und mit hellblauen oder gelben Punkten versehen. Besonders bei den Männchen fallen der hohe helmartige Kopfauswuchs und der Rücken- und Schwanzkamm auf, die von Knochenspangen gestützt werden. Nachts schlafen Basilisken am Ende dünner Zweige über Gewässern, um nicht von Schlangen überrascht zu werden. Droht Gefahr, springen sie ins Wasser und verstecken sich dort auf dem Grund.
Verbreitung: Südöstliches Mittelamerika. An Flüssen in tropischen Regenwäldern.
Fortpflanzung: Legt 15–20 Eier.
Ähnliche Arten: Helmbasilisk (*Basilicus basiliscus*).
Anmerkung: Basilisken können mithilfe verbreiterter Hautsäume an den Zehen auf den Hinterbeinen über das Wasser laufen.

Länge 60–70 cm	Ernährungsweise	Aktivitätsphase

Familie IGUANIDAE	Art *Brachylophus fasciatus*	Bestand gefährdet

Kurzkammleguan

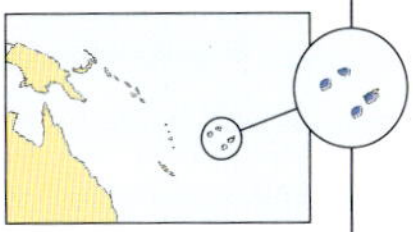

Auf den ersten Blick ähnelt diese Art dem Grünen Leguan (*Iguana iguana*, S. 70), sie besitzt jedoch keinen so hohen Rückenkamm, außerdem fehlen ihr die großen weißen Schuppen unterhalb der Ohren. Die Männchen sind grün und leuchtend blau gebändert, beide Geschlechter sind mit einem Kehlsack ausgestattet.
Verbreitung: Fidschi-Inseln und Tonga (Pazifik; nach Vanuatu eingeschleppt). In Regenwäldern.
Fortpflanzung: Legt 3–6 Eier.
Ähnliche Arten: Kurzkammleguan (*Brachylophus vitiensis*).

Länge 50–60 cm	Ernährungsweise	Aktivitätsphase

Familie IGUANIDAE	Art *Corytophanes cribestand*	Bestand stellenweise häufig

Helmleguan

Diese Echse besitzt einen seitlich zusammengedrückten Körper, der wie beim Chamäleon verschiedene Farben annehmen kann – von Grün über Hell- und Dunkelbraun bis Schwarz. Der helmartige knöcherne Kamm auf dem recht kleinen Kopf unterscheidet die Art von anderen Echsen des tropischen Amerika. Werden Helmleguane erschreckt, hüpfen sie auf ihren Hinterbeinen davon.
Verbreitung: Mittelamerika. In Tieflandregenwäldern.
Fortpflanzung: Legt 6–8 Eier.
Ähnliche Arten: *Corytophanes hernandezii.*

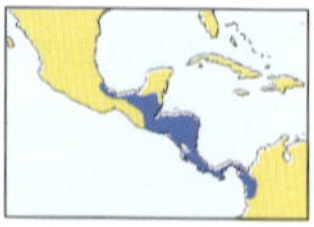

Mittelamerika

Länge 30–40 cm	Ernährungsweise	Aktivitätsphase

Familie IGUANIDAE	Art *Crotaphytus collaris*	Bestand häufig

Halsbandleguan

Der schwarzweiß gebänderte Hals ist ein unveränderliches Merkmal dieser Echse, wohingegen Färbung und übrige Zeichnung stark variieren können; die Tiere sind gelblich, grün oder braun und mit zahlreichen hellen Flecken versehen. Halsbandleguane sind geschickte Räuber, die sich von großen Wirbellosen und kleineren Echsen, aber auch Blüten und Beeren ernähren.
Verbreitung: Westliches Nordamerika. In halbtrockenen Biotopen.
Fortpflanzung: Legt 2–11 Eier.
Ähnliche Arten: *Crotaphytus reticulatus.*

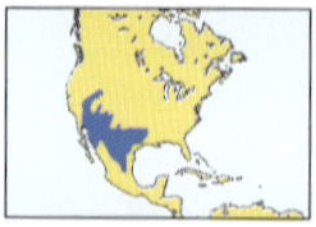

Nordamerika

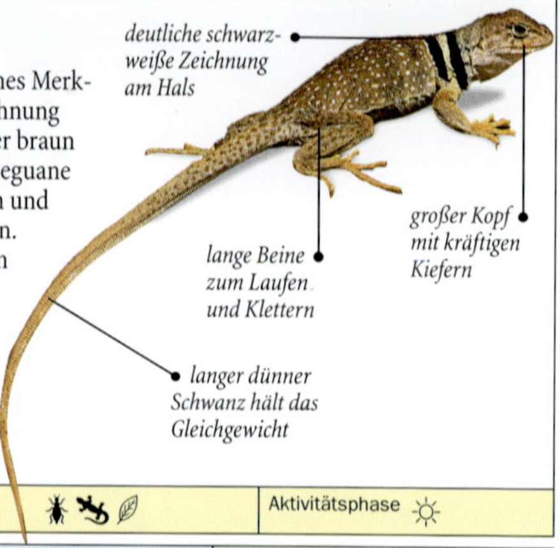

Länge 20–35 cm	Ernährungsweise	Aktivitätsphase

Familie IGUANIDAE	Art *Ctenosaura similis*	Bestand häufig

Schwarzer Leguan

Typisch für diese Art sind die zahlreichen Wirbel aus Stachelschuppen auf dem Schwanz. Die zunächst graubraunen Jungtiere verfärben sich später hellgrün, ausgewachsene Exemplare sind hellgrau mit unregelmäßigen dunkelgrauen Querbändern. Geschlechtsreife Tiere ernähren sich fast ausschließlich von Pflanzen, Jungtiere fressen außerdem Insekten und kleine Echsen.
Verbreitung: Mittelamerika. In halbtrockenen Biotopen, z.B. Felsküsten und Kahlschlägen.
Fortpflanzung: Legt 15–25 Eier.
Ähnliche Arten: *Ctenosaura hemilopha.*

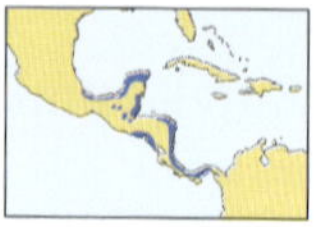

Mittelamerika

Länge 70–100 cm	Ernährungsweise	Aktivitätsphase

Familie IGUANIDAE	Art *Cyclura cornuta*	Bestand gefährdet

Nashornleguan

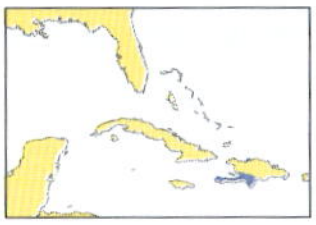

Diese große, kräftig gebaute Echse ist mit ihrem mächtigen Körper, den kraftvollen Beinen, dem großen Kopf und dem dicken Schwanz eine beeindruckende Erscheinung. Ausgewachsene Exemplare sind nahezu einheitlich grau, bei Jungtieren sind manchmal undeutliche Querbänder zu erkennen. Der Name der Tiere rührt von den drei oder fünf Hornhöckern auf der Stirn her, die bei den größeren und kräftigeren Männchen – die außerdem oft stark entwickelte Fettwülste am Hinterkopf besitzen – besonders deutlich ausgeprägt sind. Die Männchen leben in Revieren und vertreiben eindringende Rivalen mit seitlicher Drohstellung und heftigem Kopfwackeln und -rollen. Zur Nahrung der Tiere gehören die Früchte und Blätter des Manzinellabaums (*Hippomane mancinellas*) und anderer Wolfsmilchgewächse. Diese Pflanzen enthalten giftigen Milchsaft, an den die Echsen sich aber angepasst haben, sodass ihnen der Verzehr nicht schadet.
Verbreitung: Hispaniola (Haiti und Dominikanische Republik). In trockenen, felsigen und strauchbewachsenen Biotopen.
Fortpflanzung: Legt 5–19 Eier.
Ähnliche Arten: *Cyclura nubila.*

Länge 100–120 cm	Ernährungsweise	Aktivitätsphase

Familie IGUANIDAE	Art *Dipsosaurus dorsalis*	Bestand häufig

Wüstenleguan

Die kräftige Echse besitzt einen langen Schwanz und einen kleinen Kopf, der Rücken ist mit kleinen, gekörnten Schuppen und einer Reihe größerer Schilde besetzt. Die Tiere vertragen Hitze recht gut, sodass sie auch während der heißesten Tageszeiten aktiv sein können. Wüstenleguane fressen hauptsächlich Pflanzen, aber auch Wirbellose, Aas und manchmal ihre eigenen Ausscheidungen.
Verbreitung: Westliches Nordamerika. In trockenem Buschland und Wüsten.
Fortpflanzung: Legt 3–8 Eier.
Ähnliche Arten: Leopardleguan (*Gambelia silus*).

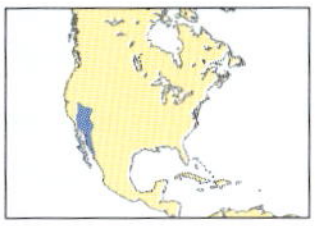

Länge 15–30 cm	Ernährungsweise	Aktivitätsphase

Familie IGUANIDAE	Art *Hoplocercus spinosus*	Bestand selten

Stachelschwanzleguan

Südamerika

Aufgrund seiner unauffälligen dunklen Färbung mit hellen Bändern wird der Stachelschwanzleguan leicht übersehen. Typisch für die Art ist der ungewöhnlich kurze, flache, dornige Schwanz, mit dem die Tiere den Eingang zu ihrem Bau verschließen. Im Gegensatz zu vielen anderen Echsen, die gern Besitz von verlassenen Erdbauten anderer Tiere nehmen, gräbt sich diese seltene und wenig bekannte Art ihre eigene Wohnröhre, z. B. unter Sträuchern. In der Abenddämmerung jagen die Tiere Ameisen oder Termiten, aber auch größere Wirbellose, etwa Skorpione.
Verbreitung: Mittleres Südamerika. In trockenen Savannenwäldern.
Fortpflanzung: Legt Eier (Menge unbekannt).
Ähnliche Arten: Azurblauer Dornschwanzleguan (*Uracentron azureum*).

Länge 12–15 cm	Ernährungsweise	Aktivitätsphase

Familie IGUANIDAE	Art *Iguana iguana*	Bestand häufig

Grüner Leguan

Nord-, Mittel- und Südamerika

Die wahrscheinlich bekannteste Echse der Erde ist in der Jugend hellgrün gefärbt und zeigt eine blaue Zeichnung, die mit zunehmendem Alter immer mehr verblasst. Bei dominanten Männchen tönen sich die Vorderbeine oft leicht orangefarben und der Kopf bekommt eine hellere Färbung. Es gibt zwei Unterarten des grünen Leguans: *Iguana iguana rhinolopha* (Mittelamerika), deren Schnauze kleine, hornähnliche Auswüchse aufweist, und die hier abgebildete Subspezies *I. iguana iguana* (Südamerika), der diese Wucherungen fehlen. Die Männchen leben in Revieren und vertreiben Rivalen, indem sie sich mithilfe des Schwanzes möglichst hoch aufrichten, dabei mit dem Kopf wackeln und den Kehlsack schwenken. Der lange Schwanz kann auch als eine Art Peitsche und zum Schwimmen benutzt werden, bei Gefahr wird er abgeworfen. Ausgewachsene Exemplare fressen hauptsächlich Pflanzen, Jungtiere jagen auch Insekten.
Verbreitung: Mexiko bis Südamerika. An bewaldeten Flussufern.
Fortpflanzung: Legt 20–40 Eier.
Ähnliche Arten: Grüner Inselleguan (*I. delicatissima*).

Länge 1,5–2 m	Ernährungsweise	Aktivitätsphase

Familie IGUANIDAE	Art *Laemanctus longipes*	Bestand selten

Kronenbasilisk

Dieser Baselisk gehört zu den selteneren Bewohnern tropischer Wälder. Der Körper ist hellgrün und weist eine schwarzgrüne Zeichnung auf. Der meist deutlich kegelförmige Kopf hat eine gelbgrüne Färbung, von der Maulspitze bis zu den Schultern verläuft jeweils ein grünlicher Streifen.
Verbreitung: Mexiko bis Honduras. In Tieflandregenwäldern.
Fortpflanzung: Legt 3–4 Eier.
Ähnliche Arten: Helmkopfbasilisk (*Laemanctus serratus*).

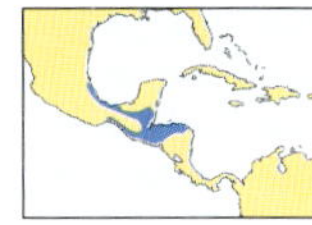

Nord- und Mittelamerika

Länge 40–70 cm	Ernährungsweise	Aktivitätsphase

Familie IGUANIDAE	Art *Oplurus cuvieri*	Bestand häufig

Oplurus cuvieri

Diese flinke Art ist rotbraun und zeigt zahlreiche dunkle, hell gesäumte Streifen auf dem Rücken. Im Gegensatz zu den anderen Leguanen auf Madagaskar, die überwiegend in Felsbiotopen vorkommen, leben diese Echsen auf Bäumen. Die Tiere lassen sich von der ähnlichen Art *Oplurus cyclurus* anhand der unterschiedlich großen Dornen auf dem Schwanz unterscheiden.
Verbreitung: Madagaskar. In trockenen Wäldern.
Fortpflanzung: Legt 4–6 Eier.
Ähnliche Arten: *Oplurus cyclurus.*

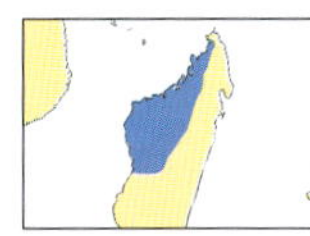

Madagaskar

Länge 30–37 cm	Ernährungsweise	Aktivitätsphase

Familie IGUANIDAE	Art *Phrynosoma platyrhinos*	Bestand häufig

Wüstenkrötenechse

Die Krötenechse besitzt einen stark abgeplatteten Körper, einen kurzen Schwanz und einen von Stachelschuppen umrahmten Kopf. Die Färbung ist gelbbraun, cremefarben oder grau und weist ein grauweißes, kieselartiges Muster auf. Die Tiere ernähren sich ausschließlich von Ameisen.
Verbreitung: Südwestliches Nordamerika. In Sandwüsten.
Fortpflanzung: Legt 2–16 Eier.
Ähnliche Arten: Kronenkrötenechse (*Phrynosoma coronatum*).

Nordamerika

Länge 8–11 cm	Ernährungsweise	Aktivitätsphase

Familie	Art	Bestand
IGUANIDAE	*Sauromalus varius*	gefährdet

San-Esteban-Chuckwalla

Diese kräftige Echse – die Größte unter den Chuckwalla-Arten – ist gelblich weiß gefärbt und zeigt unregelmäßige graue Flecken. Die eher plumpen Tiere wärmen sich nur morgens in der Sonne auf, bei zunehmender Hitze ziehen sie sich in den Schatten zurück.
Verbreitung: San-Esteban-Insel (Golf von Kalifornien). In mit Kakteen bewachsenen Biotopen.
Fortpflanzung: Legt 15–22 Eier.
Ähnliche Arten: Chuckwalla (*Sauromalus obesus*).

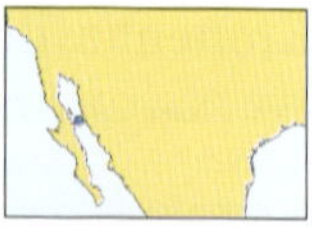

Nordamerika

Länge	Ernährungsweise	Aktivitätsphase
50–60 cm		

Familie	Art	Bestand
IGUANIDAE	*Sceloporus occidentalis*	häufig

Zaunleguan

Kennzeichnend für diesen Leguan sind das graue oder braune Punktmuster, die orangefarbene Zeichnung unter den Beinen und die leuchtend blauen Flecken auf den Körperflanken; die Kehle der Männchen ist ebenfalls blau gefärbt. Die Tiere können sich mit einer erstaunlichen Geschwindigkeit fortbewegen und sind oft in der Nähe menschlicher Siedlungen auf Zäunen zu finden – daher ihr Name.
Verbreitung: Westliches Nordamerika. In den meisten Biotopen, außer in Wüsten.
Fortpflanzung: Legt 3–17 Eier.
Ähnliche Arten: Beifuß-Stachelleguan (*Sceloporus graciosus*).

Nordamerika

Länge	Ernährungsweise	Aktivitätsphase
6–9 cm		

Familie	Art	Bestand
IGUANIDAE	*Tropidurus hispidus*	häufig

Tropidurus hispidus

Diese Echse ist dunkelbraun, manchmal fast schwarz gefärbt und somit auf den dunklen Steinen, auf denen sie sich gern aufhält, kaum zu sehen. Rivalen werden von den Männchen mit Liegestützen ähnelnden Bewegungen und heftigem Kopfwackeln vertrieben. Die Weibchen legen oft dreimal im Jahr Eier ab.
Verbreitung: Nordöstliches Südamerika. In Savannen und an felsigen Flussufern.
Fortpflanzung: Legt 4–6 Eier.
Ähnliche Arten: *Tropidurus oreadicus.*

Südamerika

Länge	Ernährungsweise	Aktivitätsphase
13–18 cm		

Familie IGUANIDAE | Art *Tropidurus plica* | Bestand häufig

Stelzenläuferleguan

Diese Art besitzt einen sehr flachen Körper und lange schlanke Beine. Der Schwanz ist lang und dünn, am kurzen Kopf sitzen große Augen. Die Tiere sind zur Tarnung graugrün gefärbt und zeigen eine unregelmäßige Zeichnung. Sie sind oft paarweise auf der Schattenseite von Bäumen zu finden, wo sie Baumameisen, ihre Hauptnahrung, jagen.
Verbreitung: Nördliches Südamerika.
In Regenwäldern.
Fortpflanzung: Legt 2–4 Eier.
Ähnliche Arten: *Tropidurus umbra.*

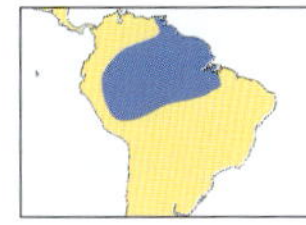
Südamerika

Länge 30–40 cm | Ernährungsweise | Aktivitätsphase

Familie IGUANIDAE | Art *Uranoscodon superciliosus* | Bestand häufig

Mopskopfleguan

Die unauffällige, olivgrün bis bräunlich gefärbte Art lebt an schattigen Fluss- und Seeufern. Körper, Beine und Schwanz sind sehr lang, der Kopf dagegen ist unverhältnismäßig kurz. Vom Nacken bis zur Schwanzspitze verläuft ein niedriger Kamm. Bei Gefahr laufen die Tiere blitzschnell und ohne zu sinken über das Wasser oder tauchen auf den Grund um sich zu verstecken.
Verbreitung: Nördliches Südamerika. In Regenwäldern, meist in gewässernahen Biotopen mit niedriger Vegetation oder Schlingpflanzen.
Fortpflanzung: Legt 3–12 Eier.

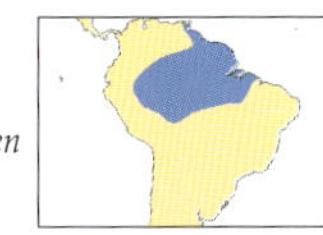
Südamerika

Länge 30–45 cm | Ernährungsweise | Aktivitätsphase

Familie IGUANIDAE | Art *Uta tumidarostra* | Bestand stellenweise häufig

Uta tumidrostra

Der Körper dieser Echse ist auf der Oberseite dunkelgrau und weist helle Flecken auf, die Unterseite ist blaugrau gefärbt. Die Art lebt an Inselküsten und ernährt sich von Meeresasseln, den einzigen Wirbellosen in ihrem Lebensraum. Die Tiere nehmen gleichzeitig mit ihrer Nahrung eine große Menge Salzwasser auf, das sie durch spezielle Nasendrüsen wieder ausscheiden, häufig in Form weißer Sprühnebel.
Verbreitung: Golf von Kalifornien.
In der Spritzwasserzone.
Fortpflanzung: Legt Eier (Menge unbekannt).
Ähnliche Arten: Seitenfleckleguan (*Uta stansburiana*).

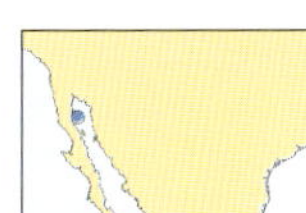
Nordamerika

Länge 13–15 cm | Ernährungsweise | Aktivitätsphase

Familie AGAMIDAE	Art *Agama agama*	Bestand häufig

Siedleragame

Nachts ist diese Agame unauffällig graubraun gefärbt, nach dem Aufwärmen in der Sonne nimmt sie jedoch eine viel hellere und auffälligere Farbe an. Die Männchen weisen einen orangefarbenen oder roten Kopf und purpurfarbene oder blaue Beine und Flanken mit gelben Punkten oder Flecken auf (Abbildung), während sich die Weibchen am ganzen Körper grünlich gelb verfärben. Der Kopf der kräftigen Tiere ist dreieckig, der spitz zulaufende Schwanz und die Beine sind vergleichsweise lang. Gut sichtbar sind meist auch der kleine Rückenkamm und die äußeren Ohröffnungen.

Verbreitung: West- und Zentralafrika. In offenem Gelände, in felsigen Biotopen und in der Nähe menschlicher Siedlungen.

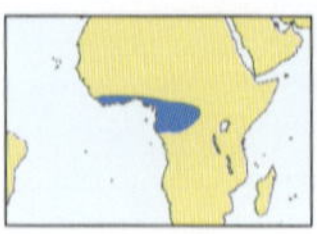

Afrika

Fortpflanzung: Legt 3–8 Eier.

Ähnliche Arten: Blaukehlagame (*Agama atricollis*).

Länge 30–40 cm	Ernährungsweise	Aktivitätsphase

Familie AGAMIDAE	Art *Calotes versicolor*	Bestand häufig

Indische Schönechse

Diese schlanke Echse mit ihren zarten Beinen und dem langen Schwanz gehört zu den häufigsten Arten Südostasiens. Die Färbung ist sehr unterschiedlich, was auch im wissenschaftlichen Namen *versicolor* (= variabel gefärbt) zum Ausdruck kommt. Normalerweise zeigen die Tiere eine graue, braune oder gelbe Färbung, die jedoch von grünen, schwarzen oder roten Farbtönen überlagert sein kann. Bei der Revierverteidigung und während der Balz färbt sich der Kopf der Männchen prächtig scharlachrot.

Verbreitung: Südostasien. In offenem Gelände, an Hängen und in Gärten.

Fortpflanzung: Legt 10–25 Eier.

Ähnliche Arten: Sägerückenagame (*Calotes calotes*).

Anmerkung: Die Art wird manchmal als „Blutsauger" bezeichnet, was wohl auf die rote Kopffärbung der Männchen zurückgeht, denn die Tiere saugen kein Blut, sondern ernähren sich von kleinen Insekten, hauptsächlich Ameisen.

Asien

Länge 30–40 cm	Ernährungsweise	Aktivitätsphase

Familie AGAMIDAE	Art *Chlamydosaurus kingii*	Bestand stellenweise häufig

Kragenechse

Diese ungewöhnliche Echse entfaltet bei Gefahr oder während der Balz einen großen kragenartigen Hautlappen am Hals, gleichzeitig stößt sie ein lautes Zischen aus und schlägt mit dem Schwanz. Die Färbung der Tiere reicht von Orange über Braun bis fast Schwarz, der „Kragen" zeigt eine verschiedenfarbige Fleckenzeichnung. Die baumbewohnenden Tiere laufen bei Gefahr oft auch auf den Hinterbeinen davon.

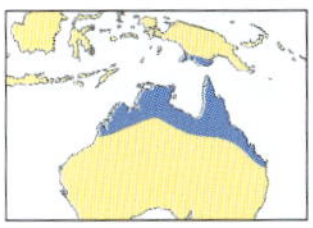

Australien, Ozeanien

Verbreitung: Nordaustralien und Südneuguinea. In trockenen Savannenwäldern.
Fortpflanzung: Legt 10–13 Eier.

Länge 60–90 cm	Ernährungsweise	Aktivitätsphase

Familie AGAMIDAE	Art *Draco volans*	Bestand häufig

Gewöhnlicher Flugdrache

Mithilfe der beiden seitlich am Körper sitzenden „Flügel" kann diese kleine schlanke Echse von Baum zu Baum gleiten. Die Körperfärbung ist grau bis braun, die Flügel sind orangefarben und schwarz gefleckt. Die Männchen (Abbildung) besitzen einen gelben, die Weibchen einen blauen Kehlsack.
Verbreitung: Südostasien. In Regenwäldern.

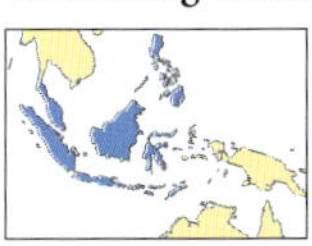

Asien

Fortpflanzung: Legt 2–5 Eier.
Ähnliche Arten: *Draco taeniopterus*.

Länge 15–20 cm	Ernährungsweise	Aktivitätsphase

Familie AGAMIDAE	Art *Hydrosaurus pustulatus*	Bestand häufig

Philippinische Segelechse

Diese Echse ist eintönig grau gefärbt und fällt vor allem durch ihren großen seitlich abgeplatteten Schwanz auf, der bei ausgewachsenen Exemplaren noch wesentlich länger ist als bei dem hier abgebildeten Jungtier. Geschlechtsreife Echsen besitzen außerdem einen sehr auffälligen Rückenkamm.
Verbreitung: Philippinen. In Wäldern, an Fluss- und Bachufern.
Fortpflanzung: Legt Eier (Menge unbekannt).
Ähnliche Arten: Soa-Soa (*Hydrosaurus amboinensis*).

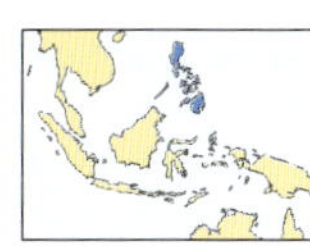

Philippinen

Länge 80–100 cm	Ernährungsweise	Aktivitätsphase

Familie AGAMIDAE | Art *Hypsilurus spinipes* | Bestand selten

Hypsilurus spinipes

Diese Art ist braun gefärbt und mit grünen Flecken und unregelmäßigen, schwarzen Bändern auf Rücken und Schwanz versehen. Der Kopf ist groß und keilförmig. Am Hinterkopf tragen die Tiere einen auffälligen rundlichen Dornenkamm, ein weiterer, aber kleinerer Kamm ist auf dem Rücken zu erkennen und auf den Beinen sitzen kurze Dornen. Alle Schuppen sind gekielt.

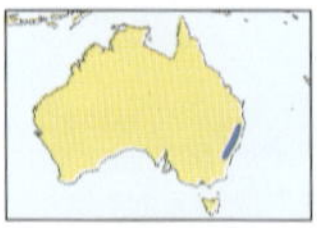

Australien, Ozeanien

Verbreitung: Südostaustralien. In Regenwäldern.
Fortpflanzung: Legt 3–6 Eier.
Ähnliche Arten: *Hypsilurus boydii.*

Länge 20–30 cm | Ernährungsweise | Aktivitätsphase

Familie AGAMIDAE | Art *Moloch horridus* | Bestand selten

Wüstenteufel

Australien

Diese Echse, auch Dornteufel genannt, zeigt eine rotbraune Färbung und unregelmäßige gelbbraune Streifen. Der gesamte Körper ist mit langen Stachelschuppen bedeckt, was den Tieren ein kaktusartiges Aussehen verleiht. Die beiden längsten Stacheln sitzen direkt über den Augen, im Nacken ist eine Art stacheliger Fettbuckel zu erkennen.
Verbreitung: West- und Zentralaustralien. In Wüsten.
Fortpflanzung: Legt 3–10 Eier.
Ähnliche Arten: Wüstenkrötenechsen (*Phrynosoma* species, S. 71).

Länge 15–18 cm | Ernährungsweise | Aktivitätsphase

Familie AGAMIDAE | Art *Physignathus cocincinus* | Bestand stellenweise häufig

Cochinchina-Wasserdrache

Die Echse kann in grünen, olivgrünen oder braunen Schattierungen gefärbt sein. Der seitlich abgeplattete Schwanz ist dunkel geringelt, die vergrößerten Schuppen an der Kehle sind weiß gefärbt. Vom Nacken bis über die Schwanzwurzel hinaus verläuft ein Kamm aus langen Schuppen. Die Tiere können nicht nur gut klettern, sondern auch ausgezeichnet schwimmen und tauchen. Ihre Nahrung besteht hauptsächlich aus Wirbellosen, sie fressen jedoch auch Frösche, kleine Echsen, Vögel und Obst.
Verbreitung: Südostasien. An bewaldeten Flussufern.
Fortpflanzung: Legt 8–12 Eier.
Ähnliche Arten: Gewöhnlicher Wasserdrache (*Physignathus lesueuri*).

Asien

Länge 80–100 cm | Ernährungsweise | Aktivitätsphase

Familie AGAMIDAE	Art *Pogona vitticeps*	Bestand häufig

Streifenköpfige Bartagame

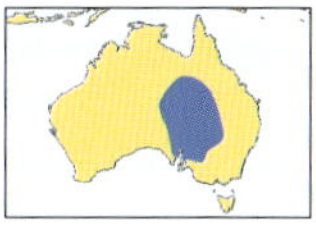

Australien

Die Grundfärbung dieser Art reicht von Gelb bis Rotbraun, die Zeichnung ist etwas dunkler. Der Körper ist recht flach, am Hals ist ein Kamm aus Stachelschuppen zu erkennen. Bei Gefahr reißt die Echse das Maul auf und droht mit ihrem ebenfalls aus Stachelschuppen bestehenden „Bart“, dem die Gattung ihren umgangssprachlichen Namen verdankt. Von anderen Arten lassen sich die Tiere durch die in regelmäßigen Reihen angeordneten, vergrößerten, kegelförmigen Stacheln an den Flanken und die fransigen Stachelschuppen an der Kehle unterscheiden. Sie kommen vor allem in trockenen Biotopen vor, wo sie gern in der Rinde umgestürzter Bäume nach Insekten suchen.

Verbreitung: Östliches Zentralaustralien. In trockenen Wäldern und Wüsten.

Fortpflanzung: Legt 11–16 Eier.

Ähnliche Arten: *Pogona barbata.*

Länge 30–50 cm	Ernährungsweise	Aktivitätsphase

Familie AGAMIDAE	Art *Uromastyx acanthinurus*	Bestand stellenweise häufig

Afrikanischer Dornschwanz

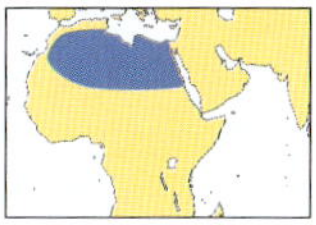

Afrika

Diese Echse, auch Veränderlicher Dornschwanz genannt, ist nachts eintönig grau, nimmt jedoch nach dem Aufwärmen in der Sonne am Morgen eine lebhafte Färbung aus gelben, orangefarbenen, roten oder grünen Tönen mit schwarzen Flecken und Querbändern an. Der kräftige Schwanz ist recht kurz und zur Feindabwehr mit bis zu 20 dicken Schuppenringen gepanzert. Während sich die Tiere in ihrer Wohnröhre aufhalten, wird er zum Verschließen des Eingangs benutzt. Afrikanische Dornschwänze sind tagaktive Tiere, die sich überwiegend von Pflanzen ernähren, Jungtiere jagen auch Insekten.

Verbreitung: Nordafrika. In Wüsten, an strauchbewachsenen Hängen.

Fortpflanzung: Legt 10–23 Eier.

Ähnliche Arten: *Uromastyx geyri.*

Anmerkung: Die Tiere werden gern als Haiköder benutzt, aber auch zum Verzehr gejagt – ihre Schwänze gelten als Delikatesse.

Länge 30–40 cm	Ernährungsweise	Aktivitätsphase

Familie CHAMAELEONIDAE	Art *Calumna parsonii*	Bestand selten

Parsons Chamäleon

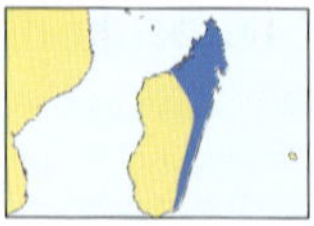

Wie viele andere Arten der Gattung *Calumna* besitzt dieses Chamäleon einen kräftigen Kopf mit einer helmartigen, flachen Verlängerung; die Schnauze ist häufig mit zwei aufwärts gerichteten Fortsätzen versehen. Die Tiere sind normalerweise türkisfarben bis grün, der helmartige Auswuchs und Teile des Rückens zeigen eine braune Färbung. Im Gegensatz zu kleineren, aktiveren Chamäleons sitzt diese Art oft stundenlang regungslos auf einem Ast.

Verbreitung: Nord- und Ostmadagaskar. In Bergwäldern mit hohen Bäumen.

Fortpflanzung: Legt 30–60 Eier.

Ähnliche Arten: *Calumna oshaughnessyi*.

Länge 40–70 cm	Ernährungsweise	Aktivitätsphase

Familie CHAMAELEONIDAE	Art *Chamaeleo jacksonii*	Bestand stellenweise häufig

Ostafrikanisches Dreihornchamäleon

Die Männchen dieser Art lassen sich leicht anhand der drei auffallenden, hornartigen Auswüchse an der Vorderseite des Kopfes erkennen, die bei ausgewachsenen Weibchen sehr viel kürzer oder kaum vorhanden sind. Die sehr variable Färbung der in Bergwäldern vorkommenden Tiere reicht von Gelbgrün bis Dunkelgrün, teilweise mit einer schwarzen oder gelben Zeichnung. Die Männchen verteidigen ihr Revier vehement; die Weibchen können zweimal pro Jahr Junge werfen.

Verbreitung: Kenia und Tansania (nach Hawaii und Kalifornien eingeschleppt). In Bergwäldern zwischen 1 500–2 500 m Höhe.

Fortpflanzung: Lebend gebärend, 5–50 Junge.

Ähnliche Arten: Johnstons Chamäleon (*Chamaeleo johnstoni*).

Anmerkung: Diese Art gehörte zu den beliebtesten Terrarientieren, bis Kenia den Export einschränkte.

Länge 20–30 cm	Ernährungsweise	Aktivitätsphase

Familie CHAMAELEONIDAE	Art *Chamaeleo calyptratus*	Bestand stellenweise häufig

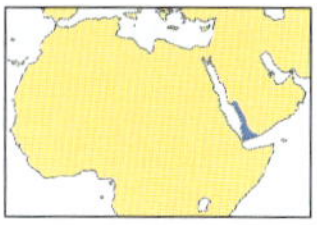

Mittlerer Osten

Chamaeleo calyptratus

Kennzeichnend für diese Art ist der hohe helmartige Auswuchs – eine Eigentümlichkeit vieler arabischer Chamäleons. Die Tiere leben in feuchten Küstenbiotopen, aber auch an Berghängen und auf hohen Bergplateaus im Südwesten der arabischen Halbinsel. Es wird vermutet, dass sich auf dem großen Kopfauswuchs Tau niederschlägt, der dann durch Hautfalten zum Maul gelangt; einer anderen Theorie zufolge dient der gut durchblutete Körperteil der Kühlung – lebenswichtig in heißen Klimazonen. Der Körper der Tiere ist auf extreme Weise seitlich abgeplattet, was ihnen ein blattartiges Aussehen verleiht. Die Oberseite ist leuchtend gelb und mit grünen Querbändern versehen, die Unterseite zeigt eine blaugrüne Färbung mit gelben Bändern. Es gibt zwei Unterarten, wobei die südlich vorkommende Subspezies (*Chamaeleo calyptratus calyptratus*) einen höheren Kopfauswuchs aufweist als die nördliche Unterart (*C. calyptratus calcarifer*). Die Weibchen beider Gruppen besitzen deutlich kleinere Auswüchse als die Männchen.

Verbreitung: Jemen und südwestliches Saudi-Arabien. An Berghängen und im Küstentiefland.

Fortpflanzung: Legt 27–80 Eier.

Männchen

Weibchen

Länge 25–60 cm	Ernährungsweise	Aktivitätsphase

Familie CHAMAELEONIDAE	Art *Furcifer oustaleti*	Bestand gefährdet

Riesenchamäleon

Die größte madagassische Chamäleon-Art hat sich als eine von Wenigen an die Lebensbedingungen im trockenen Südwesten angepasst. Die Jungtiere sind rotbraun, ausgewachsene Männchen graubraun gefärbt; die Weibchen besitzen oft einen roten Kopf und rote Vorderbeine. Auswüchse auf dem Kopf sowie niedrige Kämme sind bei beiden Geschlechtern vorhanden.
Verbreitung: Madagaskar.
In unterschiedlichsten Biotopen.
Fortpflanzung: Legt 50–60 Eier.

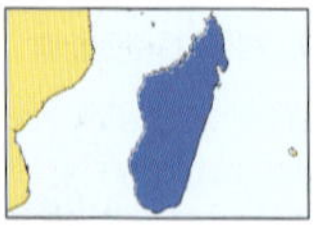
Madagaskar

Länge 50–68 cm	Ernährungsweise	Aktivitätsphase

Familie CHAMAELEONIDAE	Art *Furcifer pardalis*	Bestand gefährdet

Pantherchamäleon

Diese Art gehört zu den variabelsten und farbigsten Chamäleons, denn die Tiere können nahezu jede Farbkombination annehmen. Am Kopf der Männchen sind auf beiden Seiten Kämme zu erkennen, die sich über der Schnauze treffen. Der helmartige Kopfauswuchs ist recht klein.
Verbreitung: Madagaskar (nach Mauritius und Réunion eingeschleppt). In feuchten Wäldern.
Fortpflanzung: Legt 12–50 Eier.

Madagaskar

Länge 40–56 cm	Ernährungsweise	Aktivitätsphase

Familie CHAMAELEONIDAE	Art *Rhampholeon spectrum*	Bestand unbekannt

Blattchamäleon

Dieses kleine Chamäleon kann aufgrund seiner Färbung und Zeichnung leicht mit einem welken Blatt verwechselt werden. Es weist einen dunklen „Mittelnerv“ auf dem Rücken und „Seitennerven“ an den Flanken auf. Wird es gestört, während es auf einem Strauch sitzt, lässt es sich wie ein welkes Blatt auf den Waldboden herabfallen und bleibt regungslos liegen.
Verbreitung: Zentralafrika.
Im Unterwuchs von Regenwäldern.
Fortpflanzung: Legt 12–18 Eier.
Ähnliche Arten:
Marshalls Zwergchamäleon (*Rhampholeon marshalli*).

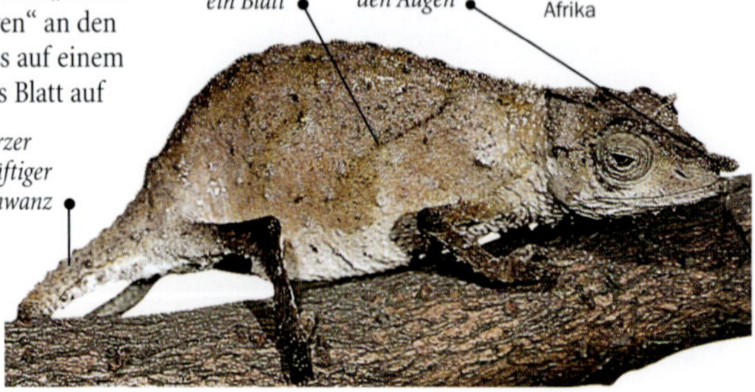

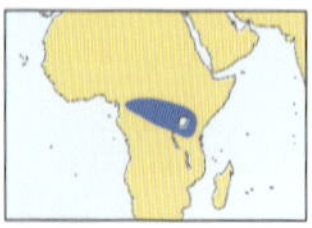
Afrika

Länge 8–10 cm	Ernährungsweise	Aktivitätsphase

Familie SCINCIDAE	Art *Chalcides ocellatus*	Bestand häufig

Gefleckter Walzenskink

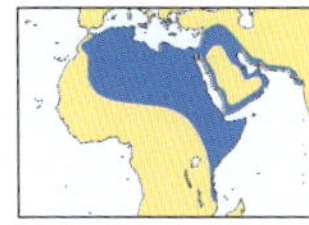

Europa, Afrika, Asien

Diese lange zylinderförmige Echse, die sich schlängelnd-pressend im Boden fortbewegen kann, besitzt kurze Beine mit fünfzehigen Füßen. Andere Arten dieser Gruppe dagegen tragen an jedem Fuß nur drei Zehen oder sind beinlos. Ungewöhnlich ist außerdem, dass der Gefleckte Walzenskink im Gegensatz zu den meisten seiner Verwandten Augenlider besitzt.
Verbreitung: Südeuropa, Nordafrika und Südwestasien. In sandigen und felsigen Biotopen.
Fortpflanzung: Lebend gebärend, 3–10 Junge.

Länge 18–30 cm	Ernährungsweise	Aktivitätsphase

Familie SCINCIDAE	Art *Corucia zebrata*	Bestand häufig

Salomonen-Riesenskink

Die große, robuste Echse besitzt einen mächtigen Kopf und einen langen kräftigen Greifschwanz, der stark genug ist, um die Tiere beim Klettern in den Baumkronen zu unterstützen. Nachts suchen die Echsen nach Früchten und Lianenblättern, tagsüber verstecken sie sich in Baumlöchern oder unter welkem Laub.

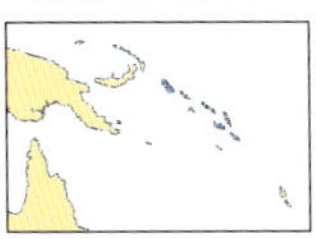

Ozeanien

Verbreitung: Salomoninseln (Pazifik). In Regenwäldern.
Fortpflanzung: Lebend gebärend, 1–2 Junge.

Länge 75–80 cm	Ernährungsweise	Aktivitätsphase

Familie SCINCIDAE	Art *Dasien smaragdina*	Bestand häufig

Smaragdskink

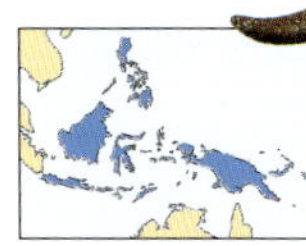

Asien, Ozeanien

Die hellgrüne Färbung und die schwarze Zeichnung machen diese Echse in den Baumkronen, in denen sie lebt, nahezu unsichtbar. Die aktiven und agilen Tiere wärmen sich morgens gern in der Sonne auf, um sich dann auf die Suche nach Früchten oder Wirbellosen zu machen, von denen sie sich hauptsächlich ernähren. Auf den Boden kommen sie nur, um ihre Eier zwischen herabgefallenen Blättern abzulegen.
Verbreitung: Südwestpazifik, Südost- und Ostasien. In Wäldern und auf Plantagen.
Fortpflanzung: Legt 2 Eier.

Länge 18–22 cm	Ernährungsweise	Aktivitätsphase

Familie SCINCIDAE	Art *Egernia frerei*	Bestand häufig

Stachelschwanzskink

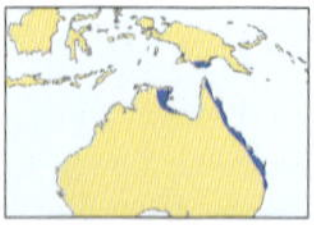
Australien, Ozeanien

Diese Art lässt sich anhand des hellbraunen Rückens und der dunkelbraunen Flanken vom ähnlich aussehenden Australischen Skink (*E. major*) unterscheiden, der gleichmäßig dunkelbraun gefärbt ist. Der Stachelschwanzskink besitzt einen langen, etwas eckigen Körper, eine spitze Schnauze und gut entwickelte, aber ziemlich kurze Beine.

Verbreitung: Nordaustralien und Südneuguinea. In Wäldern und felsigen Biotopen.

Fortpflanzung: Lebend gebärend, 4–6 Junge.

Ähnliche Arten: Australischer Skink (*Egernia major*).

Länge 30–36 cm	Ernährungsweise	Aktivitätsphase

Familie SCINCIDAE	Art *Emoia caeruleocauda*	Bestand häufig

Emoia caeruleocauda

Asien, Ozeanien

Diese weit verbreitete Art ist schwarz gefärbt und mit goldenen Streifen versehen. Der lange türkisfarbene bis leuchtend blaue Schwanz wird von den Tieren manchmal in Form einer Acht eingerollt und dann hin und herbewegt – möglicherweise eine Drohgebärde, die sich gegen ins Revier eindringende Rivalen richtet.

Verbreitung: Indonesien, Malaysia, Philippinen, Neuguinea und Südwestpazifik. In strauchbewachsenen Biotopen, Gärten und auf Plantagen.

Fortpflanzung: Legt 2 Eier.

Ähnliche Arten: Blauschwanz-Schlankskink (*Emoia cyanura*).

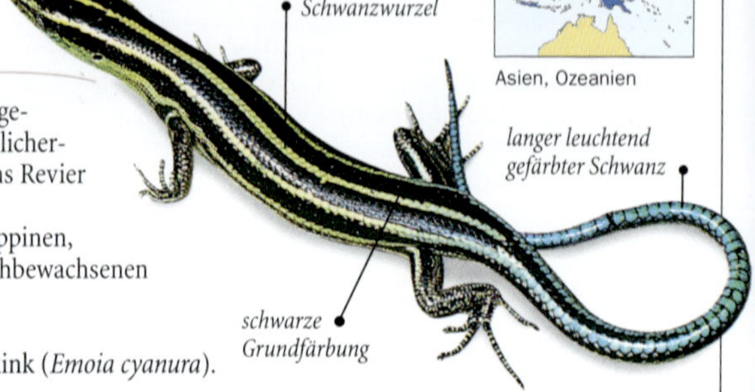

Länge 10–12 cm	Ernährungsweise	Aktivitätsphase

Familie SCINCIDAE	Art *Eugongylus rufescens*	Bestand stellenweise häufig

Eugongylus rufescens

Australien, Ozeanien

Dieser kräftig gebaute Skink besitzt einen relativ eckigen Körper, einen langen Schwanz und kurze Beine. Ausgewachsene Exemplare sind auf der Oberseite rotbraun, am Bauch gelblich braun und an den Flanken hellbraun gefärbt; das Maul ist mit einer Zeichnung aus Querbändern versehen. Jungtiere zeigen eine braune bis schwarze Färbung mit weißen Streifen.

Verbreitung: Neuguinea und äußerstes Nordostaustralien. In Regenwäldern.

Fortpflanzung: Legt 2–4 Eier.

Ähnliche Arten: *Eugongylus albofasciolatus.*

Länge 25–29 cm	Ernährungsweise	Aktivitätsphase

Familie	Art	Bestand
SCINCIDAE	*Eumeces schneideri*	häufig

Tüpfelskink

Die manchmal auch Schneiders Skink genannte, aktive, glattschuppige Echse hat eine braune, orangefarben gefleckte Ober- und eine cremefarbene Bauchseite. Vom Maul bis zu den Hinterbeinen verläuft entlang den Flanken ein breiter orangegelber Streifen.

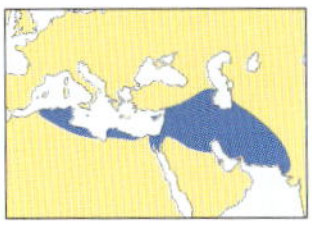

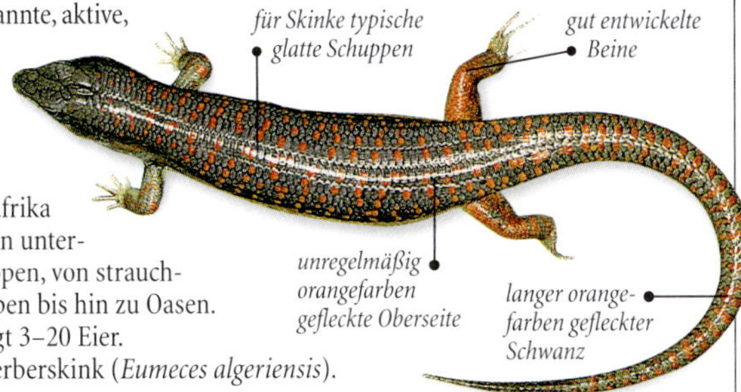

Afrika, Asien

Verbreitung: Nordafrika und Südwestasien. In unterschiedlichsten Biotopen, von strauchbewachsenen Biotopen bis hin zu Oasen.
Fortpflanzung: Legt 3–20 Eier.
Ähnliche Arten: Berberskink (*Eumeces algeriensis*).

Länge	Ernährungsweise	Aktivitätsphase
36–42 cm		

Familie	Art	Bestand
SCINCIDAE	*Mabuya striata*	häufig

Zweistreifenskink

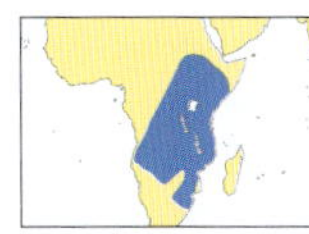

Afrika

Die Färbung dieser Echse ist sehr variabel, was die Abgrenzung zu nah verwandten, ebenfalls in Afrika vorkommenden Arten erschwert, denn alle sind kräftig gebaut und besitzen eine spitze Schnauze sowie gut entwickelte Beine. Normalerweise ist der Zweistreifenskink orange bis braun oder gar schwarz gefärbt und weist zwei hellere Streifen auf dem Rücken auf.
Verbreitung: Ost- und Südafrika. In unterschiedlichsten Biotopen, häufig auch in Gärten und in der Nähe bewohnter Gebäude.
Fortpflanzung: Lebend gebärend, 3–9 Junge.
Ähnliche Arten: *Mabuya varia.*

Länge	Ernährungsweise	Aktivitätsphase
22–25 cm		

Familie	Art	Bestand
SCINCIDAE	*Melanoceps occidentalis*	stellenweise häufig

Melanoceps occidentalis

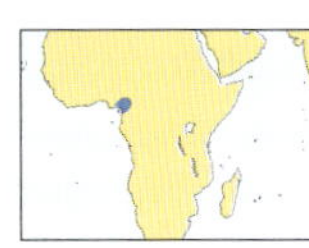

Afrika

Dieser kleine, beinlose Skink wird oft mit Blindschlangen oder Schlankblindschlangen (Typhlopidae oder Leptotyphlopidae, S. 104–105) verwechselt. Allerdings besitzen die hier vorgestellten Tiere – anders als alle Schlangen – voll entwickelte untere Augenlider. Die Schuppen am Vorderkörper sind braun, die im hinteren Bereich dagegen durchscheinend; der Schwanz endet in einem winzigen Dorn, der zum Graben und zur Fortbewegung in unterirdischen Gängen benutzt wird.
Verbreitung: Westafrika. An bewaldeten Flussufern.
Fortpflanzung: Unbekannt.
Ähnliche Arten: *Melanoceps ater.*

Länge	Ernährungsweise	Aktivitätsphase
10–12 cm		

Familie SCINCIDAE	Art *Panaspis reichenowi*	Bestand stellenweise häufig

Panaspis reichenowi

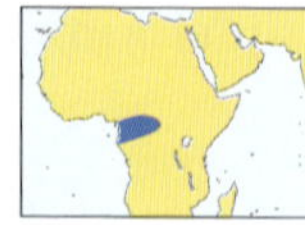

Dieser schlanke Skink weist einen braunen Rücken mit dunkelbraunen und gelben Flecken auf, einen grünlich grauen Kopf und einen grau oder gelb gefärbten Bauch; die Flanken sind jeweils mit einem dunklen Längsstreifen versehen. Im Gegensatz zu vielen anderen westafrikanischen Skinken besitzt diese Art anstelle von beweglichen Augenlidern eine „Brille“.
Verbreitung: Kamerun, Gabun, Fernando Poo und Äquatorialguinea. In Regenwäldern.
Fortpflanzung: Legt Eier (Menge unbekannt).
Ähnliche Arten: *Panaspis rohdei.*

Länge 10–15 cm	Ernährungsweise	Aktivitätsphase

Familie SCINCIDAE	Art *Prasinohaema semoni*	Bestand selten

Prasinohaema semoni

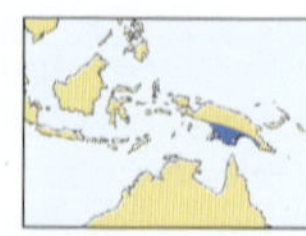

Diese baumbewohnende Art besitzt einen hellbraun gefärbten Rücken mit mittel- und dunkelbraunen Querbinden, cremefarbene Flanken und einen hellen Bauch. Der Körper ist schlank, die Beine sind lang und kräftig; der Greifschwanz wird zum Klettern verwendet. Diese Art stellt mit ihren nächsten Verwandten die einzigen terrestrischen grünblütigen Wirbeltiere dar.
Verbreitung: Südneuguinea. In Wäldern und auf Kokosnussplantagen.
Fortpflanzung: Legt Eier (Menge unbekannt).
Ähnliche Arten: *Prasinohaema flavipes.*

Länge 10–15 cm	Ernährungsweise	Aktivitätsphase

Familie SCINCIDAE	Art *Riopa fernandi*	Bestand selten

Fernand-Schlankskink

Diese außerordentlich attraktive Art wurde nach einer Insel vor der afrikanischen Westküste benannt. Die Tiere sind kräftig und weisen rotschwarz gebänderte Flanken auf, die Beine sind recht kurz. Sie leben in Regenwäldern, wo sie sich meist in selbst gegrabenen Höhlen verstecken, daher sind sie nur selten zu sehen. Bei Gefahr beißen die Echsen oft kräftig zu; in Teilen Kameruns heißt es sogar, sie könnten ein giftiges Sekret ausscheiden.
Verbreitung: Westafrika. In Regenwäldern und auf Plantagen.
Fortpflanzung: Legt Eier (Menge unbekannt).

Länge 20–36 cm	Ernährungsweise	Aktivitätsphase

Familie SCINCIDAE	Art *Scincus mitranus*	Bestand stellenweise häufig

Östlicher Sandskink

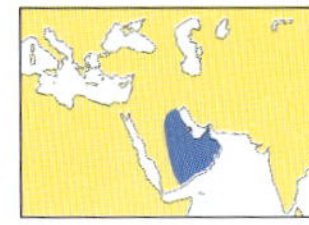

Der glattschuppige, glänzend wirkende Skink besitzt einen spitz zulaufenden Kopf, kleine Augen und kräftige Beine. Die hellbraun gefärbte Oberseite kann dunkelbraun oder schwarz gefleckt sein, die Flanken sind oft mit dunklen Bändern versehen. Die Tiere bevorzugen Biotope mit Sandboden, wo sie sich gern eingraben und Insekten auflauern.
Verbreitung: Im Süden und Westen der arabischen Halbinsel. In Wüsten und Steppen.
Fortpflanzung: Legt 4–6 Eier.
Ähnliche Arten: Apothekerskink (*Scincus scincus*).

Länge 12–16 cm	Ernährungsweise	Aktivitätsphase

Familie SCINCIDAE	Art *Sphenomorphus muelleri*	Bestand selten

Müllers Waldskink

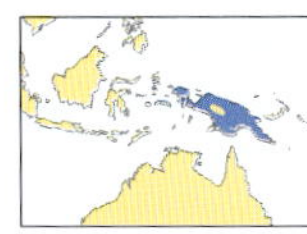

Diese kräftige glattschuppige Echse weist kurze Beine, einen langen Schwanz und einen spitzen Kopf mit kleinen Augen auf. Einige Tiere sind dunkel silbergrau gefärbt, andere besitzen einen dunkelbraunen Rücken, eine hellbraune Schnauze und helle Streifen auf den Flanken; zwischen den Beinen ist zudem ein breiter, dunkelbrauner Streifen zu erkennen. Es gibt drei Farbvarianten, bei denen es sich jedoch auch um unterschiedliche Arten handeln könnte.
Verbreitung: Neuguinea. In Wäldern und auf Plantagen, meist zwischen Pflanzen.
Fortpflanzung: Legt Eier (Menge unbekannt).

Länge 40–60 cm	Ernährungsweise	Aktivitätsphase

Familie SCINCIDAE	Art *Tiliqua gigas*	Bestand häufig

Papuanische Riesenblauzunge

Der Kopf dieser kräftigen Echse ist breit und mit großen Schilden versehen, der Schwanz ist spitz. Die Färbung variiert, fast immer sind jedoch dunkle Querbinden auf dem Rücken vorhanden. Bei Gefahr lassen die Tiere ein lautes Zischen vernehmen und bewegen dazu ihre auffällige blaue Zunge.

Verbreitung: Neuguinea und Ostindonesien. In Wäldern, Savannen und auf Plantagen.
Fortpflanzung: Lebend gebärend, 5–25 Junge.
Ähnliche Arten: Gewöhnliche Blauzunge (*Tiliqua scincoides*).

Länge 50–60 cm	Ernährungsweise	Aktivitätsphase

Familie	Art	Bestand
SCINCIDAE	*Trachydosaurus rugosus*	stellenweise häufig

Tannenzapfenechse

Australien

Der Körper dieser Echse ist kräftig, rotbraun und mit großen stark gekielten Schuppen versehen, was den Tieren ein tannenzapfenartiges Aussehen verleiht. Die Beine sind kurz, der ebenfalls kurze dicke Schwanz ist am Ende abgerundet und mit gekörnten Schuppen bedeckt. Da sich die Tiere nur langsam fortbewegen können, werden viele von ihnen auf den Straßen überfahren.
Verbreitung: Südaustralien. In Wüsten und strauchbewachsenen Biotopen.
Fortpflanzung: Lebend gebärend, 2–3 Junge.
Anmerkung: Wegen der großen Ähnlichkeit wird die Art manchmal auch zu den Blauzungen (*Tiliqua*- Arten, S. 85) gestellt.

Länge	Ernährungsweise	Aktivitätsphase
30–35 cm		

Familie	Art	Bestand
SCINCIDAE	*Tribolonotus gracilis*	stellenweise häufig

Krokodilskink

Neuguinea

Der schlanke Skink besitzt einen braunen Rücken und einen gelbbraun gefärbten Bauch. Die Augenränder weisen orangefarbene Flecken auf, die Iris ist gelb umrahmt. Besonders auffallend sind der helmartig verlängerte Hinterkopf und die vier Reihen hervorstehender Schuppen auf dem Rücken. Die Tiere halten sich gern unter leeren Kokosnussschalen auf und kreischen laut, wenn man diese aufhebt.
Verbreitung: Neuguinea. In Wäldern und auf Plantagen.
Fortpflanzung: Legt 1 Ei.
Ähnliche Arten: *Tribolonotus novaeguineae.*

Länge	Ernährungsweise	Aktivitätsphase
15–20 cm		

Familie	Art	Bestand
SCINCIDAE	*Tropidophorus grayi*	häufig

Grays Kielskink

Asien

Der Rücken dieser Echse ist braun gefärbt und weist zahlreiche dunkle Flecken auf, die sich zu unregelmäßigen Querbändern vereinigen können. Auf der Körperoberseite sind die Schuppen gekielt, auf der hellen Bauchseite dagegen glatt. Zur Nahrung der Tiere gehören vermutlich Insekten sowie Krebse und andere aquatische Wirbellose. Allerdings ist über die Lebensweise der meisten Kielskinke nur wenig bekannt.
Verbreitung: Philippinen. An Flüssen in Bergregenwäldern, meist unter Blättern oder umgestürzten Bäumen.
Fortpflanzung: Lebend gebärend, 4–6 Junge.
Ähnliche Arten: *Tropidophorus partelloi*, Krokodilskink (*Tribolonotus gracilis*, s. o.).

Länge	Ernährungsweise	Aktivitätsphase
20–24 cm		

Familie DIBAMIDAE	Art *Dibamus nicobaricus*	Bestand unbekannt

Dibamus nicobaricus

Diese Echse ähnelt einer Blindschlange (Typhlopidae, S. 104), einem beinlosen Skink (Scincidae, S. 83) und auch einer kleinen Blindschleiche (*Anguis fragilis*, S. 94). Sie besitzt einen mit winzigen, glatten Schuppen bedeckten zylindrischen Körper und einen spitzen Kopf. Die Oberseite weist eine kastanienbraune Färbung auf, der Bauch ist fleischfarben; der Hals ist mit einer cremefarbenen, die Körpermitte mit einer etwas dunkleren Querbinde versehen.
Verbreitung: Nikobaren (Golf von Bengalen).
In Wäldern, meist in Flussnähe unter Steinen und Blättern.
Fortpflanzung: Legt Eier (Menge unbekannt).
Ähnliche Arten: *Dibamus montanus, D. leucurus.*

Länge 10–13 cm	Ernährungsweise	Aktivitätsphase

Familie CORDYLIDAE	Art *Cordylus cataphractus*	Bestand gefährdet

Panzergürtelschweif

Der Schwanz dieser stämmigen, hellbraunen Echse ist mit großen, scharfen, ringförmig angeordneten Dornen besetzt. Bei Gefahr rollen sich die Tiere kugelförmig ein und sind so vor ihren Feinden geschützt. In Südafrika steht die Art inzwischen unter Schutz.
Verbreitung: Westliches Südafrika und Südnamibia. In felsigen und trockenen strauchbewachsenen Biotopen.
Fortpflanzung: Lebend gebärend, 1–2 Junge.
Ähnliche Arten: Riesengürtelschweif (*Cordylus giganteus*).

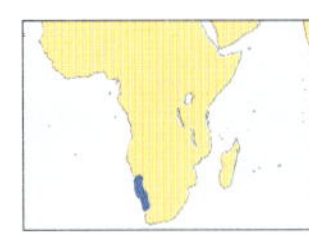
Afrika

Länge 16–21 cm	Ernährungsweise	Aktivitätsphase

Familie CORDYLIDAE	Art *Gerrhosaurus major*	Bestand häufig

Braune Schildechse

Die kräftige Echse weist plattenartige gekielte Schuppen auf und besitzt einen braunen Rücken und einen gelblichen Bauch. Am spitzen Kopf sitzen große Augen, außerdem sind äußere Ohröffnungen zu erkennen; die Kehle kann hellblau gefärbt sein, und manchmal ist ein Längsstreifen auf dem Körper vorhanden. Vom Kiefer bis zu den Hinterbeinen verläuft entlang den Flanken jeweils eine Hautfalte.
Verbreitung: Zentral-, Ost- und Südafrika.
In felsigen Savannen.
Fortpflanzung: Legt 2–4 Eier.
Ähnliche Arten: Gelbkehl-Schildechse (*Gerrhosaurus flavigularis*).

Afrika

Länge 40–48 cm	Ernährungsweise	Aktivitätsphase

Familie LACERTIDAE	Art *Acanthodactylus erythrurus*	Bestand häufig

Gewöhnlicher Fransenfinger

Diese Art verdankt ihren Namen den breiten Schuppenkämmen an den Zehen, die der Vergrößerung der Fußfläche dienen und es den Tieren ermöglichen, auch auf sehr feinem Sand zu laufen. Ausgewachsene Exemplare besitzen einen braun gefärbten Rücken, schwarzgelbe Flanken und einen weißen Bauch; auf der Oberseite können außerdem weiße Streifen oder schwarze Flecken vorhanden sein. Jungtiere zeigen eine schwarze Färbung mit weißen Streifen, der Schwanz ist rot. Die sehr aufmerksamen Tiere sind vorzugsweise unter Büschen in sandigen Biotopen zu finden.
Verbreitung: Südspanien, Portugal und Marokko. In sandigen, strauchbewachsenen Biotopen.
Fortpflanzung: Legt 6–7 Eier.
Ähnliche Arten: Panzerfransenfinger (*Acanthodactylus pardalis*).

Länge 18–23 cm	Ernährungsweise	Aktivitätsphase

Familie LACERTIDAE	Art *Gallotia galloti*	Bestand stellenweise häufig

Kanareneidechse

Weibchen und Jungtiere sind dunkelbraun gefärbt und mit gelben Streifen versehen, die im Alter allerdings verblassen und bei den kräftigen Männchen (Abbildung) durch große blaue Flecken ersetzt werden. Die Tiere leben in trockenen Biotopen und ernähren sich in erster Linie von Pflanzen, fressen manchmal jedoch auch große Insekten. Außer Schlangen haben sie kaum natürliche Feinde; allerdings sind einige Bestände durch verwilderte Katzen bedroht.
Verbreitung: Kanarische Inseln und Nordwestafrika. In felsigen, strauchbewachsenen Biotopen.
Fortpflanzung: Legt 2–7 Eier.
Ähnliche Arten: Atlantische Eidechse (*Gallotia atlantica*).
Anmerkung: Auf jeder größeren Kanarischen Insel kommt mindestens eine Art dieser Gattung vor.

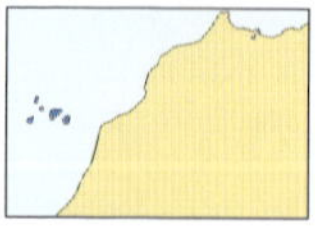

Länge 30–40 cm	Ernährungsweise	Aktivitätsphase

Familie	Art	Bestand
LACERTIDAE	*Lacerta agilis*	stellenweise häufig

Zauneidechse

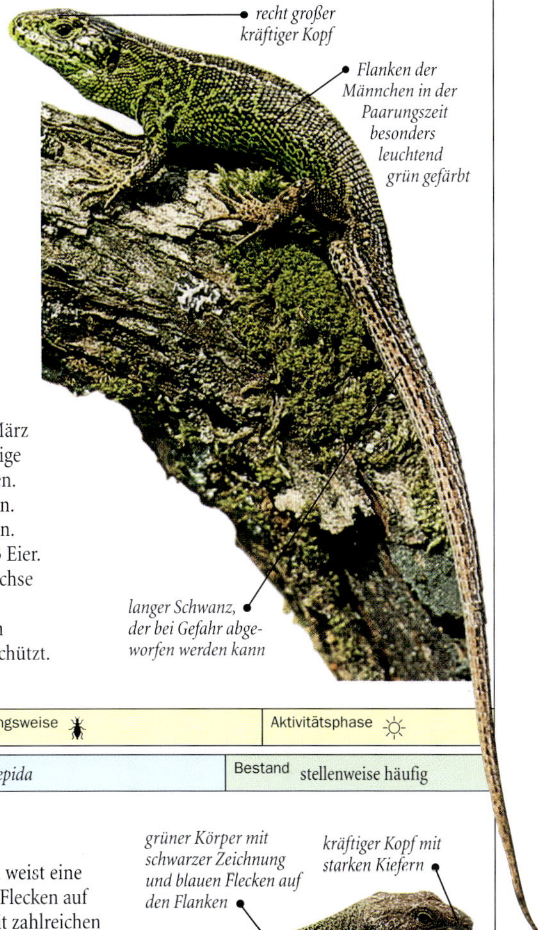

Diese Eidechse ist in ihrem Aussehen sehr variabel; so sind geographisch voneinander getrennte Populationen häufig verschieden gefärbt, zudem gibt es Unterschiede zwischen Jungtieren und ausgewachsenen Exemplaren sowie zwischen den Geschlechtern. In Europa besitzen die Männchen (Abbildung) zumeist leuchtend grüne Flanken und einen braunen bis schwarzen (manchmal auch roten) Rücken, während die Weibchen hellbraun gefärbt und schwarz oder weiß gepunktet sind. Auffallend ist außerdem – besonders bei den Männchen – der recht große, kräftige Kopf und der lange Schwanz, der, wenn er nicht schon einmal abgeworfen wurde, fast genauso lang ist wie der Körper. In Mitteleuropa erwachen die Tiere im März oder April aus ihrem Winterschlaf, um dann einige Wochen später mit der Partnersuche zu beginnen.
Verbreitung: Von Großbritannien bis Mittelasien. In sandigen Biotopen, auf Wiesen und in Steppen.
Fortpflanzung: Legt 6–13 Eier.
Ähnliche Arten: Bergeidechse (*Lacerta vivipara*).
Anmerkung: Die Art ist in Deutschland gesetzlich geschützt.

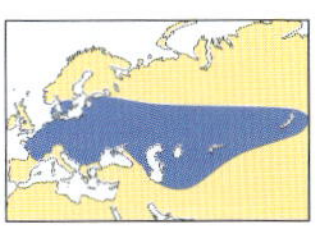

Europa, Asien

Länge	Ernährungsweise	Aktivitätsphase
18–22 cm		

Familie	Art	Bestand
LACERTIDAE	*Lacerta lepida*	stellenweise häufig

Perleidechse

Diese gedrungene Eidechse ist grün gefärbt und weist eine dunkle Zeichnung und zumeist große hellblaue Flecken auf den Flanken auf. Jungtiere sind olivgrün und mit zahlreichen weißen, oft schwarz gesäumten Punkten versehen. Diese Art ist die größte der Gattung *Lacerta*; fliehende Exemplare sind oft deutlich im Unterholz zu hören.
Verbreitung: Nordwestitalien, Südfrankreich, Spanien und Portugal. In lichten Wäldern, auf Weinbergen und Olivenhainen.
Fortpflanzung: Legt 4–6 Eier.
Ähnliche Arten: Berbereidechse (*Lacerta pater*).

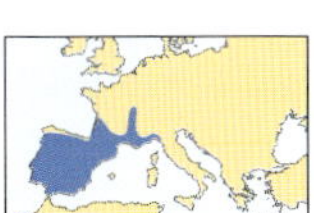

Europa

Länge	Ernährungsweise	Aktivitätsphase
60–80 cm		

Familie Lacertidae	Art *Podarcis lilfordi*	Bestand stellenweise häufig

Baleareneidechse

Die durch winzige gekörnte Schuppen geschützte Eidechse kann recht unterschiedlich gefärbt sein. Oft zeigen die Tiere eine braune Färbung und weisen in Reihen angeordnete schwarze Punkte sowie einen grünlichen Rücken auf. Andere Populationen wiederum sind schwarz und mit hellblauen Flecken auf den Flanken versehen.
Verbreitung: Mallorca und Menorca (westliches Mittelmeer). In felsigen, fast pflanzenlosen Biotopen.
Fortpflanzung: Lebend gebärend, 2–3 Junge.
Ähnliche Arten: Pityusebeidechse (*Podarcis pityusensis*).

Balearen

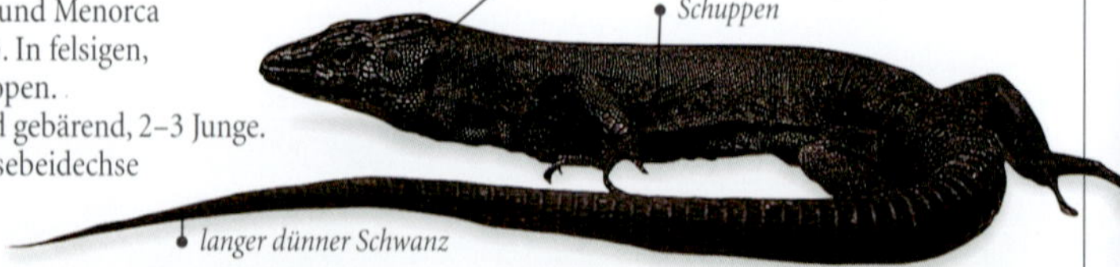

Länge 18–22 cm	Ernährungsweise	Aktivitätsphase

Familie Teiidae	Art *Ameiva ameiva*	Bestand häufig

Gewöhnliche Ameive

Diese in Südamerika häufige Eidechse ist mit kleinen körnigen Schuppen bedeckt und zeigt eine variable Zeichnung aus grünen und braunen Streifen sowie gelben Punkten. Jungtiere haben normalerweise eine hellere Färbung als ausgewachsene Exemplare. Die vorsichtigen, flinken und Wärme liebenden Tiere fressen Insekten; sie selbst werden häufig von verschiedenen Schlangenarten erbeutet.
Verbreitung: Südpanama bis Nordargentinien und östlich der Anden. Auf Waldlichtungen sowie an Wegen und Straßen in offenem Gelände.
Fortpflanzung: Legt 1–9 Eier.

Südamerika

Länge 40–57 cm	Ernährungsweise	Aktivitätsphase

Familie Teiidae	Art *Bachia flavescens*	Bestand selten

Wühlteju

Diese schlanke braune Echse weist winzige, ringförmig um den Körper angeordnete Schuppen auf und ähnelt auf den ersten Blick einer Doppelschleiche (S. 101–103). Bei genauerer Betrachtung sind jedoch kleine zehenlose Vorder- und Hinterbeine zu erkennen – die einzige Doppelschleichenart, die Gliemaßen besitzt, ist die Handwühle (*Bipes biporus*, S. 103). Die Tiere bewegen sich meist schlängelnd fort, können aber mithilfe ihres Schwanzes auch recht große Sprünge machen.
Verbreitung: Guyana, Französisch-Guayana und Nordostbrasilien. In Flussnähe.
Fortpflanzung: Legt 1 Ei.
Ähnliche Arten: *Amphisbaena slevini*.

Südamerika

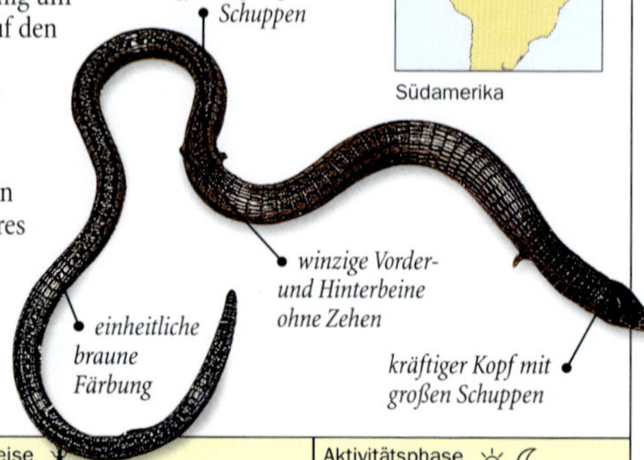

Länge 17–20 cm	Ernährungsweise	Aktivitätsphase

Familie TEIIDAE | Art *Cnemidophorus gramivagus* | Bestand stellenweise häufig

Llanos-Rennechse

Die Jungtiere dieser Art sind grünlich bis braun gefärbt und haben vier dünne weiße Streifen auf dem Rücken. Ausgewachsene Exemplare weisen meist einen breiten, dunklen Längsstreifen und große weiße oder gelbgrüne Punkte auf den Flanken auf. Die Tiere können sich schnell fortbewegen, vor allem wenn sie vor ihren Feinden, z. B. Schlangen, größere Echsen und Vögel, fliehen.

Südamerika

Verbreitung: Kolumbien und Venezuela. Meist in den weitgehend baumlosen Ebenen (Llanos).
Fortpflanzung: Legt 1–5 Eier.
Ähnliche Arten: Blaue Schienenechse (*Cnemidophorus lemniscatus*).

Länge 17–28 cm | Ernährungsweise | Aktivitätsphase

Familie TEIIDAE | Art *Cnemidophorus uniparens* | Bestand häufig

Cnemidophorus uniparens

Diese kleine blaugrüne bis olivgrüne Echse zeigt sechs gelbe oder weiße Längsstreifen auf dem Rücken. Die Tiere sind eine beliebte Beute von Schlangen und Falken, vor denen sie meist in ihren unter Büschen gegrabenen Bauten Zuflucht suchen.
Verbreitung: Süden der USA und Nordmexiko. In Wüsten und Prärien.

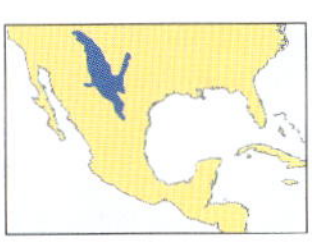

Nordamerika

Fortpflanzung: Legt 1–4 Eier.
Ähnliche Arten: *Cnemidophorus inornatus*, *C. velox*.
Anmerkung: Es handelt sich um eine parthenogenetische Art, die ausschließlich aus Weibchen besteht (*uniparens* bedeutet „nur ein Elternteil“).

Länge 15–22 cm | Ernährungsweise | Aktivitätsphase

Familie TEIIDAE | Art *Crocodilurus lacertinus* | Bestand selten

Krokodilschwanzechse

Kennzeichnend für diese Echse sind die graue Färbung und die orangefarbene, dunkel gesäumte Zeichnung auf Flanken, Beinen und Schwanz. Das Maul und die Kehle sind weiß gefärbt und mit welligen Linien versehen, in den großen Augen ist eine orangefarbene Iris zu erkennen. Die meist in sumpfigen Biotopen lebenden Tiere halten sich gern im Wasser auf.

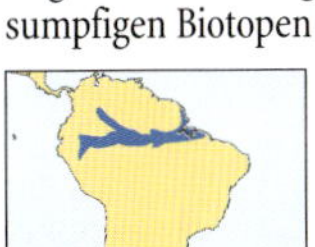

Südamerika

Verbreitung: Amazonas- und Orinokobecken (Südamerika). An Flüssen und in jahreszeitlich überschwemmten Wäldern.
Fortpflanzung: Legt Eier (Menge unbekannt).
Ähnliche Arten: Krokodilteju (*Dracaena guianensis*, S. 92).

Länge 55–70 cm | Ernährungsweise | Aktivitätsphase

Familie Teiidae	Art *Dracaena guianensis*	Bestand gefährdet

Krokodilteju

Die stämmige Art besitzt einen kräftigen Kopf mit starken Kiefern und abgeplatteten Zähnen, die sich gut für das Zermahlen von Wasserschnecken eignen; die Schneckengehäuse werden dann mithilfe der Zunge wieder ausgespuckt. Der Körper weist eine überwiegend hellgrüne oder braune Färbung auf, der Kopf ist orangefarben; Jungtiere sind normalerweise etwas heller gefärbt als ausgewachsene Exemplare. Die Körperoberseite ist mit großen Pflasterschuppen besetzt, Rücken und Schwanz weisen zusätzlich gekielte Schuppen auf. Auf den ersten Blick erinnern die Tiere an einen Krokodilkaiman (*Caiman crocodilus*, S. 192), sie haben jedoch einen schmaleren und kürzeren Kopf, der eher dem eines Bänderteju (*Tupinambis teguixin*, S. 93) ähnelt. In der Trockenzeit scheinen die Tiere auf Bäume zu klettern, um dort nach Wirbellosen und Eiern zu suchen.

Verbreitung: Amazonasbecken (Südamerika). In Sümpfen, Flüssen und überfluteten Wäldern.

Fortpflanzung: Legt 2 Eier.

Ähnliche Arten: *Dracaena paraguayensis*.

Länge 90–110 cm	Ernährungsweise	Aktivitätsphase

Familie Teiidae	Art *Gymnophthalmus underwoodi*	Bestand stellenweise häufig

Gymnophtalmus underwoodi

Diese Echse, die ein wenig an Skinke (S. 81–86) erinnert, besitzt einen schlanken, glänzenden, in zweierlei Brauntönen gefärbten Körper. Die kurzen Beine sind zwar gut entwickelt, die Tiere bewegen sich jedoch aufgrund ihrer langgestreckten Körperform hauptsächlich schlängelnd fort. Anders als bei den meisten anderen Echsen sind die Augen durch eine starre „Brille“, und nicht durch bewegliche Augenlider geschützt – ein Merkmal, das unter Experten als besonders hoch entwickelt gilt. Die Fortpflanzung erfolgt ausschließlich durch Jungfernzeugung (Parthenogenese).

Verbreitung: Nord- und Nordostbrasilien, Guyana, Surinam, Französisch-Guayana, Ostvenezuela und Trinidad. In lichten Wäldern und Savannen, häufig zwischen welken Blättern auf dem Boden.

Fortpflanzung: Legt 2–3 Eier.

Ähnliche Arten: Nördlicher Brillenteju (*Gymnophthalmus speciosus*).

Länge 10–13 cm	Ernährungsweise	Aktivitätsphase

Familie TEIIDAE	Art *Proctoporus shrevei*	Bestand selten

Leuchtteju

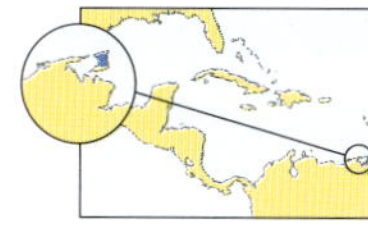
Trinidad

Die Echse ist olivgrün bis bräunlich gefärbt und mit gekielten Schuppen bedeckt; ausgewachsene Männchen weisen außerdem einen hellroten Bauch und eine Reihe weißer, dunkel umrandeter Punkte auf den Flanken auf. In den 30er-Jahren des letzten Jahrhunderts fing der britische Naturforscher Ivan Sanderson ein ausgewachsenes Männchen in einer dunklen Höhle in den Bergen von Nordtrinidad und behauptete, die weißen Punkte auf den Flanken hätten einen Moment lang geleuchtet. Dies wurde anfangs skeptisch aufgenommen, inzwischen wird jedoch vermutet, dass die Schuppen der Tiere das Licht besonders gut absorbieren und dann wieder reflektieren können – möglicherweise zur Abschreckung von Feinden.
Verbreitung: Nordtrinidad. In Regenwaldhöhlen.
Fortpflanzung: Legt 1 Ei.
Ähnliche Arten: *Leposoma percarinatum.*

Länge 10–13 cm	Ernährungsweise	Aktivitätsphase

Familie TEIIDAE	Art *Tupinambis teguixin*	Bestand häufig

Bänderteju

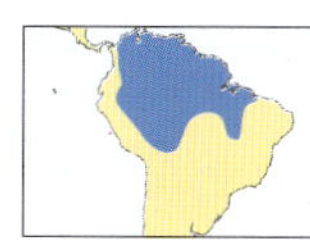
Südamerika

Die große, terrestrische Art zeigt eine kupferbraune Färbung sowie zahlreiche breite, unregelmäßige schwarze oder dunkelbraune Querbänder und Flecken; mit zunehmendem Alter werden die Farben allerdings dunkler. Die Beine sind lang und kräftig – Jungtiere können sogar auf den Hinterbeinen laufen – und der lange dicke Schwanz wird zur Feindabwehr benutzt. Wie die Warane (*Varanus* species, S. 98–100) ernähren sich große Tejus von Fleisch; zu ihrer Beute gehören große Wirbellose, aber auch Fische und andere Wirbeltiere. Außerdem stehlen sie Eier von Vögeln und Kaimanen und fressen Aas.
Verbreitung: Amazonas- und Orinokobecken (Südamerika). In Wäldern und Savannen.
Fortpflanzung: Legt 4–32 Eier.
Ähnliche Arten: *Tupinambis merianae.*

Länge 80–100 cm	Ernährungsweise	Aktivitätsphase

Familie ANGUIDAE	Art *Anguis fragilis*	Bestand häufig

Blindschleiche

Diese kleine glattschuppige, beinlose Echse ist braun oder grau gefärbt. Die Weibchen weisen in der Regel einen langen, dünnen Rückenstreifen und dunkle Flanken auf, während bei ausgewachsenen Männchen (Abbildung) blaue Flecken auf den Flanken zu erkennen sind. Blindschleichen sehen zwar Schlangen sehr ähnlich, besitzen aber bewegliche Augenlider und können bei Gefahr ihren Schwanz abwerfen.
Verbreitung: Von den Britischen Inseln und Skandinavien bis zum Kaspischen Meer. In Wäldern, auf halbschattigen Wiesen, auf Wegen, in Parks und Gärten.
Fortpflanzung: Lebend gebärend, 4–28 Junge.

Länge 40–48 cm	Ernährungsweise	Aktivitätsphase

Familie ANGUIDAE	Art *Elgaria kingii*	Bestand stellenweise häufig

Arizona-Krokodilschleiche

Diese Art besitzt einen spitzen Kopf, einen langen Schwanz und kurze Beine. Die Körperoberseite ist größtenteils mit kleinen eckigen Schuppen bedeckt, während der Bauch durch kleine körnige Schuppen geschützt ist. Die Färbung ist bräunlich mit breiten dunkelbraunen, schwarz gesäumten Querbändern und vereinzelten schwarzen Flecken. Die Tiere verstecken sich tagsüber gern unter Holz, klettern aber auch auf niedrige Büsche.
Verbreitung: Südwesten der USA und Nordwestmexiko. In felsigen Biotopen und an bewaldeten Berghängen.
Fortpflanzung: Legt 9–15 Eier.
Ähnliche Arten: *Elgaria panamintina.*

Länge 20–25 cm	Ernährungsweise	Aktivitätsphase

Familie ANGUIDAE	Art *Ophisaurus apodus*	Bestand häufig

Scheltopusik

Die größte beinlose Echse Europas ist gelb- oder dunkelbraun gefärbt, der Kopf zeigt eine etwas hellere Tönung. Der Körper ist mit starken Schuppen besetzt und weist an den Flanken jeweils eine deutliche Seitenfurche auf. Oberflächlich betrachtet ähneln die Tiere einer Schlange, sie besitzen jedoch bewegliche Augenlider, äußere Ohröffnungen und stark verkümmerte Hinterbeine nahe der Kloake. Auch sind ihre Bewegungen weniger fließend als die einer echten Schlange.
Verbreitung: Vom Balkan bis zum Kaspischen Meer. An trockenen Felshängen und in Wäldern.
Fortpflanzung: Legt 8–10 Eier.
Ähnliche Arten: Glasschleichen (*Ophisaurus* species).

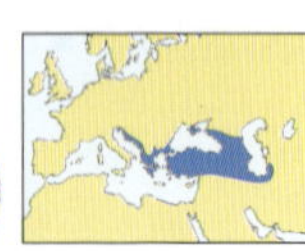

Länge 1–1,2 m	Ernährungsweise	Aktivitätsphase

Familie ANNIELLIDAE	Art *Anniella geroninensis*	Bestand selten

Geronimo-Ringelschleiche

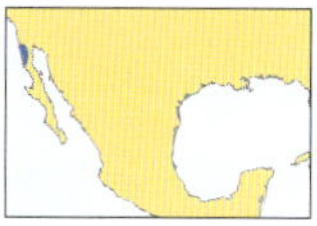

Diese beinlose silberfarbene bis hellbraune Art ist mit glatten Schuppen bedeckt und zeigt einen schmalen Streifen auf dem Rücken; die weißen Flanken sind mit einer Reihe dünner schwarzer Streifen versehen. Der kleine Kopf ist kaum vom Hals abgesetzt, die Augenlider sind beweglich; anders als bei den meisten Echsen sind keine äußeren Ohröffnungen vorhanden. Die Tiere ernähren sich hauptsächlich von Wirbellosen, die sie dicht unter der sandigen Erdoberfläche jagen.
Verbreitung: Baja California (Mexiko).
In Sanddünen und grasbewachsenen Sandflächen.
Fortpflanzung: Lebend gebärend, 1–2 Junge.
Ähnliche Arten: Kalifornische Ringelschleiche (*Anniella pulchra*), Blindschleiche (*Anguis fragilis*, S. 94).

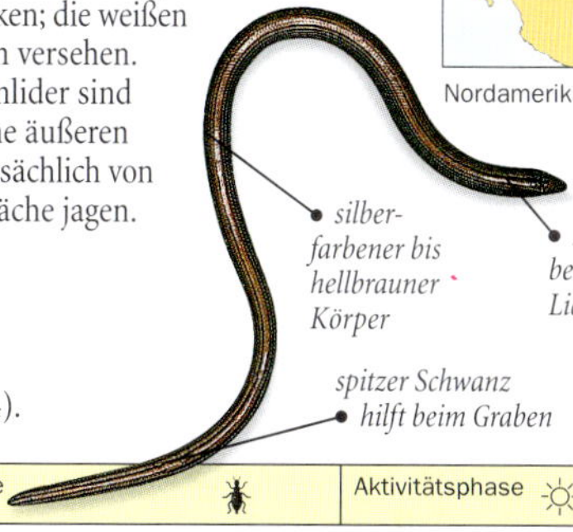

Länge 10–15 cm	Ernährungsweise	Aktivitätsphase

Familie XENOSAURIDAE	Art *Shinisaurus crocodilurus*	Bestand gefährdet

Krokodilschwanz-Höckerechse

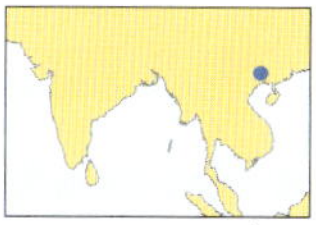

Diese Echse (die Abbildung zeigt ein Jungtier) ist mit stark gekielten Schuppen bedeckt, sodass die Haut zerknittert aussieht. Vom dunkelbraunen Rücken abgesehen ist die Färbung rot bis gelbbraun; um das Auge ist ein Strahlenkranz aus feinen Linien zu erkennen. Die Tiere halten sich überwiegend im Wasser auf, klettern aber manchmal auf niedrige Büsche, um sich in der Sonne aufzuwärmen.
Verbreitung: Guangxi (Südchina).
In steinigen Gebirgswaldbächen.
Fortpflanzung: Lebend gebärend, 3–8 Junge.
Ähnliche Arten: Borneo-Taubwaran (*Lanthanotus borneensis*, s. u.).

Länge 40–46 cm	Ernährungsweise	Aktivitätsphase

Familie LANTHANOTIDAE	Art *Lanthanotus borneensis*	Bestand selten

Borneo-Taubwaran

Diese Art zeigt eine dunkelbraune Färbung. Vom Nacken bis zum Schwanz verlaufen mehrere Reihen erhöhter, stark gekielter Schuppen, dazwischen sind zahlreiche kleine gekörnte Schuppen zu erkennen. Die kleinen Augen besitzen funktionsfähige Lider, äußere Ohröffnungen fehlen. Die Tiere verkriechen sich oft in die Erde.

Verbreitung: Sarawak (Borneo).
An bewaldeten Flussufern.
Fortpflanzung: Legt 6 Eier.

Länge 40–44 cm	Ernährungsweise	Aktivitätsphase

Familie HELODERMATIDAE	Art *Heloderma horridum*	Bestand selten

Skorpions-Krustenechse ☠

Nord- und Mittelamerika

Diese unverkennbare Art ist an der Pazifikküste von Guatemala bis zum mexikanischen Bundesstaat Sonora heimisch. Die Tiere besitzen einen stämmigen Körper, der mit dunkelbraunen und gelben perlenartigen Schuppen bedeckt ist, einen recht langen Hals und einen schlanken, abgerundeten Kopf. Die Beine sind kräftig und tragen krallenbewehrte Zehen, der Schwanz ist lang und spitz zulaufend. Die Skorpions-Krustenechse ist eine von nur zwei giftigen Echsenarten – die andere ist die nah verwandte, in Wüsten heimische Gila Krustenechse (*Heloderma suspectum*, S. 97). Die Giftzähne sitzen im Unterkiefer (bei Schlangen im Oberkiefer); das Gift wird nur zur Verteidigung verwendet und nicht, wie bei Schlangen, zum Fangen von Beute. Die Tiere ernähren sich hauptsächlich von nestjungen Nagetieren, Vögeln und Eiern, die sie mithilfe ihrer gespaltenen Zunge aufspüren. Ihr kräftiger Biss ist äußerst schmerzhaft und kann auch für Menschen tödlich sein. An kühleren Tagen sind die Echsen manchmal auch tagsüber zu sehen, bei großer Hitze bleiben sie jedoch in ihren Erdhöhlen und kommen nur nachts heraus. In Südmexiko gibt es auch schwarzbraune Exemplare ohne Zeichnung.

Verbreitung: Westmexiko und Guatemala. In tropischen, sommergrünen Wäldern und mit Dornbüschen bewachsenen Biotopen.

Fortpflanzung: Legt 8–10 Eier.

Ähnliche Arten: Gila-Krustenechse (*H. suspectum*, S. 97).

Anmerkung: In Mexiko ist die Art unter dem Namen „Escorpion“ bekannt.

Länge 70–100 cm	Ernährungsweise	Aktivitätsphase

Familie HELODERMATIDAE	Art *Heloderma suspectum*	Bestand gefährdet

Gila-Krustenechse ☠

Die nach dem Fluss Gila in Arizona benannte rosa und schwarz oder gelb und schwarz gefärbte Echse ist eine der auffälligsten Arten Nordamerikas. Sie kommt von Utah bis ins nördliche Mexiko vor, wo ihr Verbreitungsgebiet das der Skorpions-Krustenechse (*Heloderma horridum,* S. 96) überlappt. Die Gila-Krustenechse ernährt sich ebenfalls von jungen Nagern, Vögeln und Eiern, unterscheidet sich jedoch im Aussehen von ihrer Verwandten; Sie ist kleiner und weniger stämmig, außerdem besitzt sie einen rundlicheren Kopf, einen kürzeren Hals und einen kürzeren Schwanz. Gleichermaßen vorhanden sind aber die Giftzähne im Unterkiefer. Die oft trägen Bewegungen der Tiere täuschen, denn sie können sich blitzschnell umdrehen und kräftig zubeißen – das Gift kann für Menschen sehr gefährlich sein. Es gibt zwei Unterarten, die sich anhand der Zeichnung unterscheiden: *Heloderma suspectum cinctum* (Abbildung) und *H. suspectum suspectum.*

Verbreitung: Südwesten der USA und Nordwestmexiko. In Wüsten und trockenen Savannen.

Fortpflanzung: Legt 4–7 Eier.

Ähnliche Arten: Skorpions-Krustenechse (*Heloderma horridum,* S. 96).

Anmerkung: Die Gila-Krustenechse ist gesetzlich geschützt und darf nicht gefangen oder getötet werden.

Nordamerika

Länge 30–50 cm	Ernährungsweise	Aktivitätsphase

Familie VARANIDAE	Art *Varanus albigularis*	Bestand häufig

Kapwaran

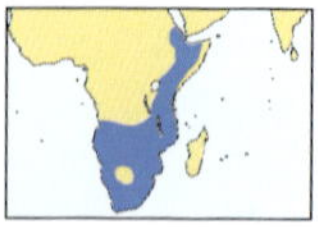

Afrika

Diese Art besitzt einen kurzen Kopf und weist eine graubraune Färbung mit einer hellgelben, dunkel gesäumten Zeichnung auf. Die Tiere, die ausgezeichnet klettern können, unternehmen oft lange Wanderungen auf der Suche nach einem Partner oder nach Nahrung, zu der Insekten, Vögel, Eier und sogar Giftschlangen gehören. Zur Verteidigung benutzen die Echsen ihren langen Schwanz; außerdem können sie kräftig zubeißen.

Verbreitung: Ost- und Südafrika. In trockenen Savannenwäldern.

Fortpflanzung: Legt 8–50 Eier.

Ähnliche Arten: Steppenwaran (*Varanus exanthematicus*).

kräftiger Schwanz wird zur Verteidigung benutzt

Länge 1,9–2,1 m	Ernährungsweise	Aktivitätsphase

Familie VARANIDAE	Art *Varanus komodoensis*	Bestand stellenweise häufig

Komodo-Waran

Die größte und schwerste Echse der Erde kommt nur auf einigen kleinen, ziemlich trockenen Inseln Indonesiens vor. Die Tiere besitzen einen massigen, von starken Beinen gestützten Körper und einen breiten kräftigen Kopf. Ausgewachsene Exemplare sind unauffällig graubraun gefärbt, während Jungtiere, die sich zur eigenen Sicherheit gern auf Bäumen aufhalten, zumeist recht hübsch gezeichnet sind. Der Komodo-Waran ist ein gefräßiges Raubtier, das große Säugetiere wie Schweine, Rotwild, Pferde und Büffel jagt; bevor diese von den Menschen eingeführt wurden, ernährten sich die Echsen möglicherweise von inzwischen ausgestorbenen Zwergelefanten. Zur Beute der Komodo-Warane gehören jedoch auch Vögel und andere Reptilien z. B. kleinere Warane, und selbst Menschen sollen schon angegriffen worden sein. Außerdem fressen die Tiere Aas. Normalerweise überfällt der Komodo-Waran seine Opfer aus dem Hinterhalt, und wenn die verletzte Beute entkommt, verfolgen die Echsen sie bis zu deren Tod.

Verbreitung: Indonesien, allerdings nur auf einigen zu den kleinen Sundainseln gehörenden Archipelen (Komodo, Rintja, Gillimontang, Padar und Westteil von Flores). In Savannen und Wäldern.

Fortpflanzung: Legt 8–27 Eier.

die lange gespaltene Zunge und der gute Geruchssinn ermöglichen das Auffinden von Aas

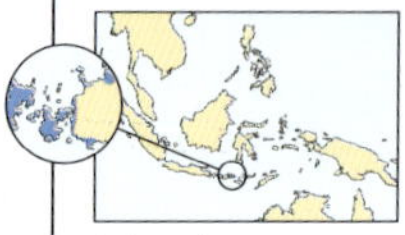

Indonesien

unauffällige graue Färbung

kräftiger Schwanz zum Erlegen der Beute

Länge 2,5–3,1 m	Ernährungsweise	Aktivitätsphase

Familie VARANIDAE	Art *Varanus dumerilii*	Bestand selten

Dumerils Waran

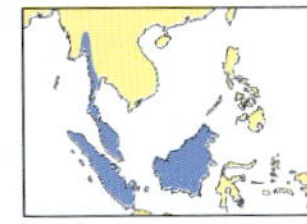

Ausgewachsene Exemplare dieser Art zeigen eine hellbraune Färbung mit dunkler Zeichnung auf dem Rücken, Jungtiere sind schwarz gefärbt und weisen goldgelbe Streifen auf dem Körper und orangefarbene Flecken im Kopfbereich auf. Sowohl bei ausgewachsenen als auch bei Jungtieren verläuft auf jeder Kopfseite ein auffälliger dunkler Streifen vom Auge bis zum Nacken. Die Echsen können sehr gut klettern und fliehen bei Gefahr häufig ins Wasser.

Verbreitung: Südostasien. In Mangrovensümpfen und Regenwäldern.

Fortpflanzung: Legt 12–23 Eier.

Ähnliche Arten: Bindenwaran (*Varanus salvator*).

Länge 1–1,3 m	Ernährungsweise	Aktivitätsphase

Jungtier

Familie VARANIDAE	Art *Varanus niloticus*	Bestand häufig

Nilwaran

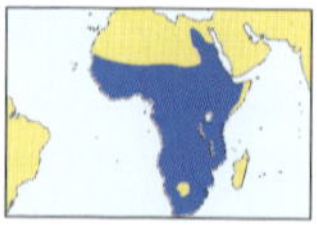

Dieser Waran besitzt einen schlanken Körper, einen spitzen Kopf und einen langen breiten Schwanz zum Schwimmen. Jungtiere zeigen einen gelben Bauch, eine schwarze Oberseite mit gelben Punkten und gelbe Querbänder auf dem Schwanz. Ausgewachsene Exemplare sind meist grauschwarz gefärbt. Es gibt zwei Unterarten; der hier abgebildete *Varanus niloticus niloticus* (Ost- und Südafrika) weist sechs bis neun in Reihen angeordnete Punkte zwischen Vorder- und Hinterbeinen auf, und *V. niloticus ornatus* (Westafrika) ist mit drei bis fünf Punktreihen versehen.
Verbreitung: Afrika, außer Sahara. In Flüssen, Seen und Sümpfen.
Fortpflanzung: Legt 20–60 Eier.

Länge 1,4–2 m	Ernährungsweise	Aktivitätsphase

Familie VARANIDAE	Art *Varanus prasinus*	Bestand selten

Smaragdwaran

Diese Art ist so gut an ein Leben auf Bäumen angepasst, dass sie fast nie am Boden anzutreffen ist. Die Tiere besitzen einen langen Greifschwanz, der sie beim Klettern unterstützt. Die grüne Färbung mit der schwarzen Zeichnung sorgt für eine ausgezeichnete Tarnung zwischen den Blättern.
Verbreitung: Neuguinea. In Regenwäldern und auf Plantagen.
Fortpflanzung: Legt 2–5 Eier.
Ähnliche Arten: *Varanus teriae.*

Länge 80–100 cm	Ernährungsweise	Aktivitätsphase

Familie VARANIDAE	Art *Varanus varius*	Bestand stellenweise häufig

Buntwaran

Der Buntwaran lebt überwiegend auf Bäumen, kann sich aber auch gut am Boden fortbewegen. Er weist normalerweise eine blaugraue Färbung mit gelben, aus kleinen Punkten oder Flecken zusammengesetzten Bändern auf – was besonders bei Jungtieren gut zu erkennen ist. Der lange Schwanz ist seitlich abgeplattet und oberseits gekielt.
Verbreitung: Ostaustralien. In Regenwäldern und in trockenen Wäldern.
Fortpflanzung: Legt 6–12 Eier.
Ähnliche Arten: *Varanus scalaris.*
Anmerkung: Der Buntwaran stellt die zweitgrößte der 500 australischen Echsenarten dar. Noch größer ist nur der Großwaran (*Varanus giganteus*).

Länge 1,5–2 m	Ernährungsweise	Aktivitätsphase

Doppelschleichen

D die Doppel- oder Wurmschleichen, die früher zur großen Gruppe der Echsen gezählt wurden, werden heute meist in eine eigene Unterordnung (Amphisbaenia) gestellt. Je nach wissenschaftlicher Auffassung werden die ca. 140 bekannten Arten von den Experten in zwei, drei oder vier Familien unterteilt; in diesem Buch wurde die Aufteilung in vier Familien gewählt.
Doppelschleichen kommen in Südamerika, Florida, Südeuropa, Nordafrika sowie im tropischen Afrika und im Nahen Osten vor. Sie leben überwiegend unter der Erde und sind normalerweise nur nach starken Regenfällen an der Oberfläche zu sehen.
Die meisten Exemplare weisen eine längliche, schlanke und zylindrische Körperform auf. Der Schwanz ist, ähnlich wie der Kopf, kurz und abgerundet, sodass die Tiere in Brasilien auch als „cobras de duas cabeças“ bezeichnet werden, also als „Schlangen mit zwei Köpfen“. Gliedmaßen sind – außer bei der ungewöhnlichen Gattung Bipes (S. 103) – nicht vorhanden.
Die Schuppen, die Körper und Schwanz bedecken, sind winzig klein und in Ringen angeordnet, sodass die Tiere ein wenig an Regenwürmer erinnern. Bei zahlreichen Arten sind die Schuppenringe zudem von langen, auf den Flanken verlaufenden Seitenrinnen durchschnitten. Der Kopf ist gepanzert und wird von den Tieren zum Graben im Boden benutzt. Das Maul und die Kiefer sind klein; die Augen sind nur rudimentär vorhanden und wie die Ohren unter großen durchscheinenden Schuppen verborgen.

Familie AMPHISBAENIDAE	Art *Amphisbaena alba*	Bestand unbekannt

Rote Doppelschleiche

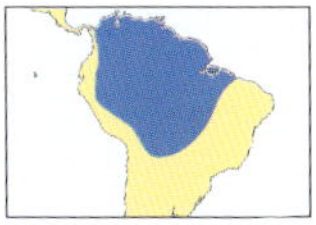

Südamerika

Diese große Doppelschleiche hält sich überwiegend im Boden auf und kommt nur nach starken Regenfällen an die Oberfläche. Die Körperfärbung ist rotbraun, der kräftige gepanzerte Kopf ist weiß und geht direkt in den Körper über. Die Augen sind winzig, das unterständige Maul vergleichsweise klein, und das Mittelohr steht mit dem Schädel in Verbindung, sodass die Tiere akkustische Schwingungen wahrnehmen können. Die winzigen Schuppen sind in Ringen angeordnet, sodass die Tiere ein wenig an Regenwürmer erinnern. Die Art ist häufig in der Nähe von Bauten bestimmter Blattschneiderameisen zu finden, da sie überwiegend Käfer frisst, die sich von den Abfällen dieser Ameisen ernähren.
Verbreitung: Nördliches Südamerika. In Regenwäldern.
Fortpflanzung: Legt Eier (Menge unbekannt).
Ähnliche Arten:
Amphisbaena slevini.

Länge 50–55 cm	Ernährungsweise	Aktivitätsphase

Familie AMPHISBAENIDAE	Art *Amphisbaena fuliginosa*	Bestand häufig

Gefleckte Doppelschleiche

Diese unverkennbare Doppelschleiche weist eine hellrosa Färbung mit einer unregelmäßigen schwarzen Zeichnung auf; auf dem gepanzerten Kopf ist meist ein auffälliger schwarzer Punkt zu erkennen. Die rudimentären Augen sind klein und unter durchscheinenden Schuppen verborgen, der Schwanz ist kurz. Die unterirdisch lebenden Tiere sind nur nach starken Regenfällen zu sehen. Sie ernähren sich von Wirbellosen; die Eier werden in Ameisenbauten abgelegt.
Verbreitung: Südamerika. In Regenwäldern.
Fortpflanzung: Legt Eier (Menge unbekannt).

Südamerika

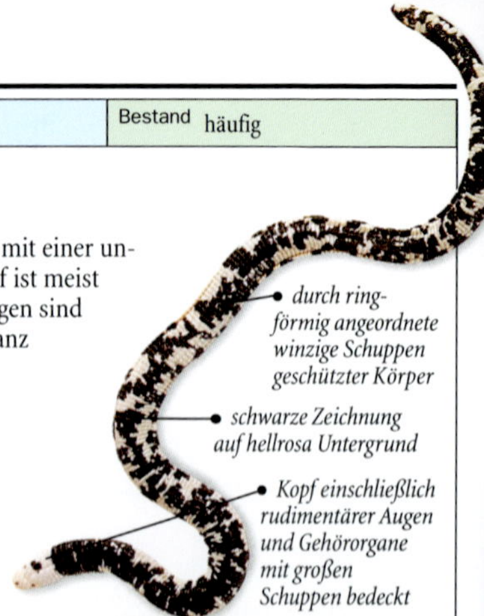

Länge 30–45 cm	Ernährungsweise	Aktivitätsphase

Familie AMPHISBAENIDAE	Art *Blanus cinereus*	Bestand stellenweise häufig

Maurische Netzwühle

Diese Art ist gelblich bis braun oder schwarz gefärbt und manchmal mit rosafarbenen Punkten versehen; die Körperunterseite ist meist heller getönt. Typisch ist der spitze Kopf und der mit winzigen viereckigen Schuppen bedeckte Körper, der die Tiere fast wie Regenwürmer aussehen lässt. Die Tiere kommen nur nach starken Regenfällen an die Oberfläche, können jedoch manchmal beim Umgraben der Erde oder beim Zusammenrechen welker Blätter im Garten gefunden werden.
Verbreitung: Spanien und Portugal. In Sandboden und unter welken Blättern.
Fortpflanzung: Legt 1 Ei.
Ähnliche Arten: *Blanus mettetali, B. tingitanus.*

Europa

Länge 10–30 cm	Ernährungsweise	Aktivitätsphase

Familie RHINEURIDAE	Art *Rhineura floridana*	Bestand stellenweise häufig

Florida-Doppelschleiche

Wie bei allen Doppelschleichen ist auch diese rosafarbene Art mit kleinen viereckigen Schuppen bedeckt, die in Ringen angeordnet sind; es fehlt jedoch jegliche Form dunkler Pigmentierung. Der gepanzerte Kopf ist oberseits abgeplattet und endet in einer keilförmigen, gut zum Wühlen geeignete Schnauze. Die Augen bestehen nur aus von Schuppen bedeckten pigmentierten Bereichen, Gehörorgane sind nicht vorhanden.
Verbreitung: Florida und Südgeorgia (USA). In trockenen, sandigen, strauchbewachsenen Biotopen.
Fortpflanzung: Legt 1–3 Eier.

Nordamerika

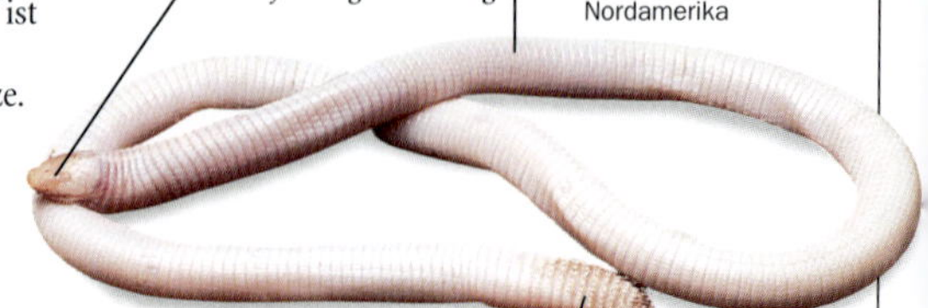

Länge 25–35 cm	Ernährungsweise	Aktivitätsphase

Familie BIPEDIDAE	Art *Bipes biporus*	Bestand selten

Handwühle

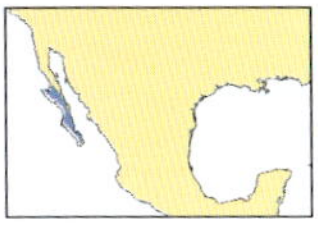

Nordamerika

Die rosafarbene Handwühle gehört zu den besonders ungewöhnlich aussehenden Reptilien. Zwar ist ihr Körper wie der anderer Doppelschleichen wurmartig schlank und mit winzigen viereckigen, in Ringen angeordneten Schuppen bedeckt; im Gegensatz zu allen anderen, beinlosen Arten besitzt die Handwühle jedoch gut entwickelte Vorderbeine. Die Zehen sind mit Krallen besetzt, die – zusammen mit dem stumpfen Kopf – zum Graben unterirdischer Gänge in zumeist feuchtem, humusreichem Sandboden benutzt werden. Auf sandigen Oberflächen ziehen die Tiere ihren Körper mit den Vorderbeinen vorwärts, begleitet von raupenartigen Bewegungen.

Verbreitung: Baja California (Mexiko). In sandigen Tieflandbiotopen.

Fortpflanzung: Legt 1–4 Eier.

Ähnliche Arten: Zweifuß-Doppelschleiche (*Bipes canaliculatus*), *B. tridactylus*.

Anmerkung: Ähnliche Reptilien wurden in Arizona (USA) entdeckt.

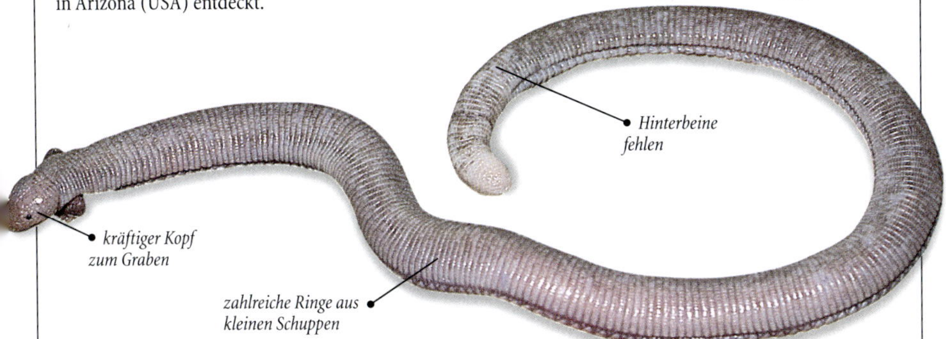

Länge 17–24 cm	Ernährungsweise	Aktivitätsphase

Familie TROGONOPHIDAE	Art *Trogonophis wiegmanni*	Bestand stellenweise häufig

Schachbrett-Doppelschleiche

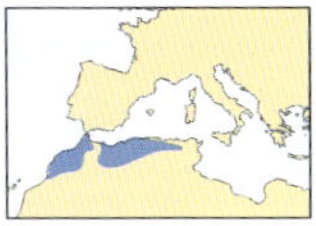

Afrika

Aufgrund der schwarzgelben Musterung, des kräftigen Körpers und des sehr kurzen Schwanzes lässt sich die Schachbrett-Doppelschleiche leicht von den *Blanus*-Arten (S. 102) unterscheiden. Die unterirdisch lebenden Tiere sind im Atlasgebirge heimisch, wo sie in Höhen bis zu 1.600 m zu finden sind. Werden sie von einem Räuber angegriffen, rollen sie sich meist zu einer Kugel zusammen.

Verbreitung: Nordwestafrika. In Wäldern und offenem, steinigem Gelände.

Fortpflanzung: Lebend gebärend, 2–5 Junge.

Länge 20–25 cm	Ernährungsweise	Aktivitätsphase

Schlangen

Die charakteristischen Merkmale von Schlangen sind der lange, schlanke, beinlose, dicht mit überlappenden Schuppen bedeckte Körper und die unbeweglichen, zu einer durchsichtigen Membran verwachsenen Augenlider („Brille“); äußere Ohröffnungen fehlen. Die gespaltene Zunge kann vollkommen eingezogen werden, und die nur locker miteinander verbundenen Kieferknochen erlauben ein weites Öffnen des Mauls. Bei einigen primitiven Schlangen sind nur in einem Kiefer Zähne vorhanden, Eierschlangen sind völlig zahnlos. Die linke Lunge ist normalerweise rückgebildet oder fehlt ganz.
Es gibt ca. 2.800 Schlangenarten, von denen die meisten ungiftig sind. Giftschlangen besitzen spezielle Zähne, mit denen sie ihr Gift injizieren. Bei vielen Arten befinden sich diese weit hinten im Oberkiefer, einige weisen vorn im Kiefer sitzende Giftzähne auf. Nur wenige Giftschlangen sind in der Lage, einem Menschen ernsthaften Schaden zuzufügen oder ihn gar zu töten.
In diesem Buch sind die Schlangen in 16 Familien zusammengefasst, wobei erwähnt werden muss, dass auch andere Einteilungen möglich sind. So stellen z. B. einige Taxonomen Boas und Pythons in eine Familie, während sie hier getrennt behandelt werden, um die Unterschiede zwischen ihnen deutlich zu machen.

Familie TYPHLOPIDAE	Art *Ramphotyphlops braminus*	Bestand häufig

Blumentopfschlange

Diese kleine, unterirdisch lebende, schwarz glänzende Schlange ist die einzige Art, die sich parthenogenetisch fortpflanzt. Die primitiven Augen können nur Hell und Dunkel unterscheiden.
Verbreitung: Asien (in viele Tropengebiete eingeschleppt). In der Nähe menschlicher Siedlungen.
Fortpflanzung: Legt 1–7 Eier.
Ähnliche Arten: Kleine *Ramphotyphlops-* und *Typhlops-*Arten.

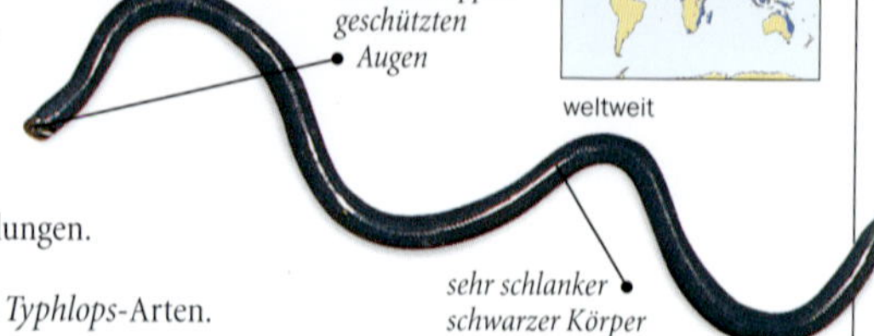

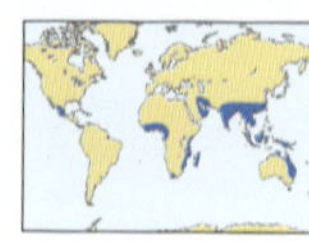
weltweit

Länge 15–18 cm	Ernährungsweise	Aktivitätsphase

Familie TYPHLOPIDAE	Art *Rhinotyphlops schlegeli*	Bestand stellenweise häufig

Afrikanische Blindschlange

Die Färbung der größten Blindschlange der Erde kann sehr stark variieren. So können einzelne Exemplare grau oder braun gefärbt, eintönig oder schwarz gezeichnet sein, einige zeigen sogar eine gelbe Färbung mit braunen Flecken. Die zu Schilden vergrößerten Schuppen auf dem Kopf bilden eine schnabelförmige Schnauze und erleichtern den Tieren so das Graben im Boden.
Verbreitung: Ost- und Südafrika. In küstennahen, sandigen und strauchbewachsenen Biotopen.
Fortpflanzung: Legt 12–60 Eier.

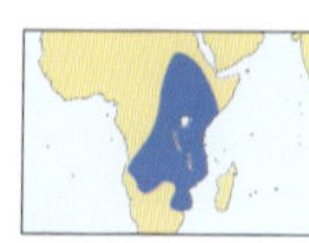
Afrika

Länge 60–95 cm	Ernährungsweise	Aktivitätsphase

Familie LEPTOTYPHLOPIDAE	Art *Leptotyphlops dulcis*	Bestand häufig

Texas-Blindschlange

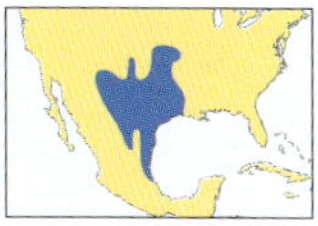

Diese Art ist braun, rot oder rosafarben und weist einen silberfarbenen Glanz auf, die Körperunterseite ist meist heller getönt. Dank eines Dorns an der Schwanzspitze kann sich die Blindschlange – auf der Suche nach Termiten und Ameisenlarven – selbst in engste Gänge zwängen. Stößt sie zu einem Ameisenbau vor, scheidet sie ein Pheromon aus, mithilfe dessen sie die Ameisen nicht als Eindringling erkennen; so kann die Schlange in Ruhe die Ameisenlarven fressen.

Verbreitung: Südwesten der USA und Nordostmexiko.
In Prärien, Schluchten und Wüsten, meist in Spalten oder unter Steinen und Büschen.
Fortpflanzung: Legt 2–7 Eier.
Ähnliche Arten:
Typhlops humilis.

Körper mit glatten, glänzenden Schuppen

rudimentäre Augen unter großen, durchscheinenden Kopfschilden

rötlich braune oder rosafarbene Oberseite

Länge 15–27 cm	Ernährungsweise	Aktivitätsphase

Familie ANOMALEPIDIDAE	Art *Liotyphlops ternetzii*	Bestand selten

Liotyphlops ternetzii

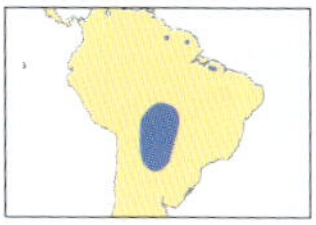

Diese südamerikanische Blindschlange besitzt einen glatten, dunkel glänzenden, zylindrischen Körper und einen hellgelben oder rosafarbenen Kopf. Die Schuppen auf der Schnauze sind zu Schilden vergrößert und erleichtern den Tieren so das Graben im Boden. Das kleine Maul ist zurückgesetzt und weist nur einen einzelnen Zahn im Unterkiefer auf, die rudimentären Augen sind unter Schuppen verborgen. Die Schlangen leben meist in der Nähe von Ameisenbauten, da sie sich überwiegend von den Eiern und Larven dieser Insekten ernähren. Mithilfe eines Dorns am Schwanzende können sie sich in den glatten Gängen der Insektenbauten gut fortbewegen.

Verbreitung: Mittleres Südamerika. In Regenwäldern.
Fortpflanzung: Legt Eier (Menge unbekannt).
Ähnliche Arten: *Liotyphlops beui.*

glatte, glänzende Schuppen

große Kopfschilde erleichtern das Graben

dunkler Körper hebt sich vom hellen Kopf ab

Länge 15–21 cm	Ernährungsweise	Aktivitätsphase

Familie Loxocemidae	Art *Loxocemus bicolor*	Bestand stellenweise häufig

Spitzkopfpython

Diese Art weist oberseits meist eine braune Färbung mit weißen Flecken auf, die Bauchseite ist dagegen eintönig braun oder weiß. Ungeachtet des umgangssprachlichen Namens handelt es sich nicht um eine echte Pythonschlange, wenn die Tiere auch Reste eines Beckengürtels besitzen, der denen von Pythons und Boas gleicht. Die Schlange lebt sehr versteckt und ernährt sich vermutlich von den Eiern und Jungen bestimmter Schildkröten und Echsen, die sie mit ihrer spitzen Schnauze ausgräbt, sowie von kleinen Säugetieren, die durch Umschlingen erwürgt werden.

Verbreitung: Westmexiko bis Costa Rica. In tropischen Wäldern.
Fortpflanzung: Legt Eier (Menge unbekannt).
Ähnliche Arten: Regenbogen-Erdschlange (*Xenopeltis unicolor,* s. u.).

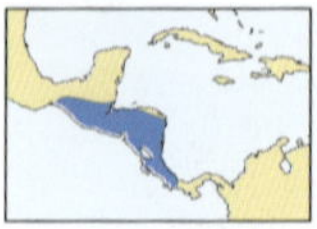

Nord- und Mittelamerika

Länge 1–1,3 m	Ernährungsweise	Aktivitätsphase

Familie Xenopeltidae	Art *Xenopeltis unicolor*	Bestand stellenweise häufig

Regenbogen-Erdschlange

Asien

Die asiatische Art ist oberseits braun gefärbt und zeigt bei Tageslicht einen schillernden Glanz; die Unterseite ist weiß. Der Kopf ist abgeplattet und erleichtert den Schlangen so das Graben in Schlamm und faulenden Pflanzenresten. Jungtiere gleichen ausgewachsenen Exemplaren, weisen jedoch zusätzlich ein weißes Band am Nacken auf. Die Tiere ernähren sich manchmal auch von kleineren Schlangen.

Verbreitung: Südostasien. An bewaldeten Hängen sowie in Sümpfen, Gräben und Reisfeldern.
Fortpflanzung: Legt 6–17 Eier.
Ähnliche Arten: *Xenopeltis hainanensis.*
Anmerkung: Diese Art wird von zahlreichen großen Schlangen erbeutet.

Länge 1–1,3 m	Ernährungsweise	Aktivitätsphase

Familie ANILIIDAE	Art *Anilius scytale*	Bestand stellenweise häufig

Korallenrollschlange

Die rotschwarz geringelte, wühlende Schlange, die oft auch im Wasser zu finden ist, weist über jedem Auge eine große durchsichtige Schuppe auf. Zu ihrer Beute gehören andere Schlangen, Doppelschleichen, Blindwühlen und Aale.
Verbreitung: Amazonasbecken (Südamerika). In Regenwäldern.

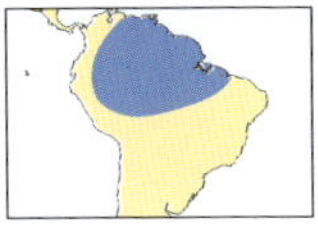

Südamerika

Fortpflanzung: Lebend gebärend, 8–10 Junge.
Ähnliche Arten: Korallenschlangen (*Micrurus* species, S. 163–164), Falsche Korallennattern (*Erythrolamprus* species).

Länge 70–90 cm	Ernährungsweise	Aktivitätsphase

Familie UROPELTIDAE	Art *Cylindrophis ruffus*	Bestand häufig

Rote Walzenschlange

Die Oberseite dieser Art ist purpurfarben bis schwarz gefärbt, die Bauchseite weist weiße Querbänder auf, und der kurze Schwanz ist unterseits orangefarben oder rot. Die Tiere vergraben sich gern im Schlamm oder unter Blättern; als Nahrung dienen andere Schlangen, Blindwühlen und Aale. Bei Gefahr rollen die Schlangen sich ein, verbergen den Kopf und bewegen den Schwanz hin und her – vermutlich um Angriffe gegen ihren Kopf zu verhindern.
Verbreitung: Südostasien.
In feuchten Tieflandbiotopen.
Fortpflanzung: Lebend gebärend, 10–13 Junge.
Ähnliche Arten: *Cylindrophis lineatus.*

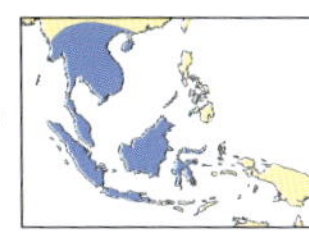

Asien

Länge 70–100 cm	Ernährungsweise	Aktivitätsphase

Familie UROPELTIDAE	Art *Pseudotyphlops philippinus*	Bestand stellenweise häufig

Pseudotyphlops philippinus

Diese wühlende Schlange zeigt eine gelbbraune Färbung und besitzt einen spitzen Kopf. Der kurze abgeplattete Schwanz sieht aus, als sei er abgeschnitten; er wird zur Fortbewegung eingesetzt, dient aber auch zum Verschließen einer unterirdischen Röhre auf der Flucht vor Raubtieren. Bei Gefahr sondern die Tiere eine schleimige Flüssigkeit ab. Sie halten sich häufig unter Steinen und in Schlamm auf und kommen nur bei Regen aus ihren Verstecken.
Verbreitung: Sri Lanka. Auf Feldern im Tiefland.
Fortpflanzung: Lebend gebärend, 3–8 Junge.

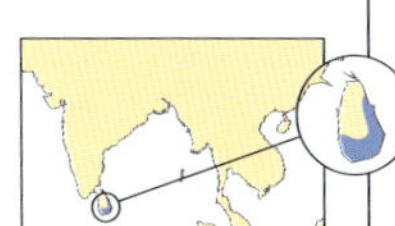

Sri ILanka

Länge 45–50 cm	Ernährungsweise	Aktivitätsphase

Familie TROPIDOPHEIDAE	Art *Tropidophis melanurus*	Bestand häufig

Kubanische Zwergboa

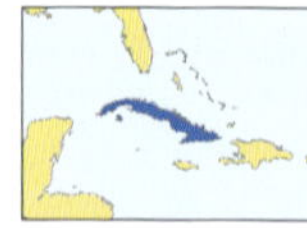
Kuba

Diese Schlange ist grau, gelbbraun oder rot gefärbt und weist dunkle Streifen, Zickzackmuster oder Flecken auf. Nachts sind die Tiere heller, tagsüber dunkler getönt. Ebenso wie ihre kleineren Verwandten können sie ausgezeichnet klettern und halten sich genauso gern in den Kronen hoher Palmen wie unter Blättern am Boden auf. Bei Gefahr rollen sie sich häufig zusammen und scheiden eine übelriechende weiße Flüssigkeit aus.

Verbreitung: Kuba. In Regenwäldern, Gärten und felsigen Biotopen.

Fortpflanzung: Lebend gebärend, 4–9 Junge.

Ähnliche Arten: Haiti-Zwergboa (*Tropidophis haetianus*).

Länge 80–100 cm	Ernährungsweise	Aktivitätsphase ☾

Familie BOLYERIIDAE	Art *Casarea dussumieri*	Bestand gefährdet

Rundinselboa

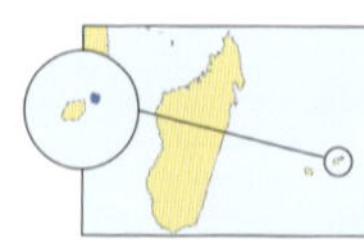
Rundinsel

Diese der Boa ähnelnde, schlanke Art zeigt eine graue bis braune Färbung mit einer dunklen Zeichnung und weist am ganzen Körper stark gekielte Schuppen auf. Sie besitzt einen recht langen schmalen Kopf mit kleinen Augen. Im Gegensatz zu den echten Boas fehlen den Tieren die Reste des Beckengürtels; auch bringen sie keine lebenden Jungen zur Welt, sondern legen Eier.

Verbreitung: Rundinsel (Indischer Ozean). In mit Blättern gefüllten Felsspalten.

Fortpflanzung: Legt 3–10 Eier.

Ähnliche Arten: *Bolyeria multicarinata* (letztmals 1975 gesichtet).

Anmerkung: *Casarea dussumieri* stellt eine der beiden auf der Rundinsel vorkommenden Bolyerarten dar; sie wird inzwischen nachgezüchtet und soll wieder ausgesetzt werden. Die andere Art, *Bolyeria multicarinata*, ist in Folge der Zerstörung ihres Lebensraums möglicherweise ausgestorben.

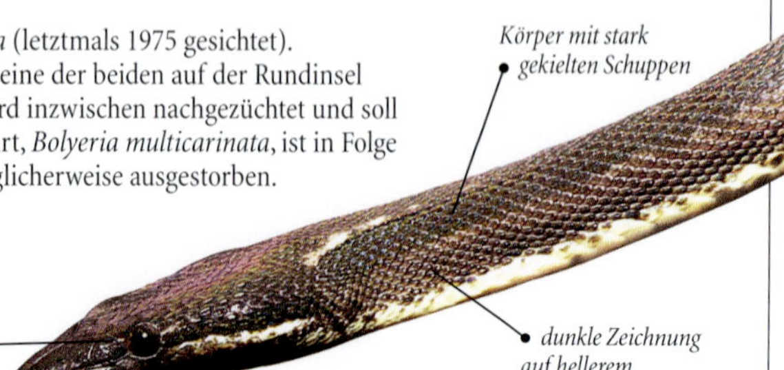

Länge 1–1,5 m	Ernährungsweise	Aktivitätsphase ☾

Familie BOIDAE	Art *Boa constrictor*	Bestand häufig

Abgottschlange

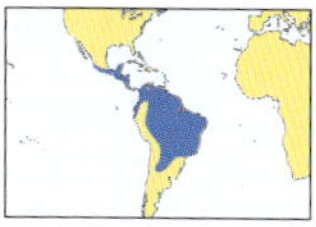

Mittel- und Südamerika

Zu dieser weit verbreiteten Art gehören elf Unterarten, von denen zehn auf dem süd- und mittelamerikanischen Festland heimisch sind, während die Kaiserboa (*Boa constrictor imperator*) nur auf Inseln vorkommt. Einige Subspezies sind recht dunkel gefärbt, z. B. die Argentinische Rotschwanzboa (*B. constrictor occidentalis*), andere dagegen zeigen eine hellbraune oder graue Färbung – allen gemeinsam ist jedoch das dunkle Sattelmuster. Auch in der Größe gibt es Schwankungen; so wird die recht kleine Kaiserboa nur ca. 1 m lang, während andere Unterarten durchaus eine Größe von 4 m erreichen können. Letztere sind zwar in der Lage, größere Säugetiere zu erbeuten, doch sind Abgottschlangen bei weitem nicht so gefährlich, wie oft geglaubt wird, und stellen auch für den Menschen keine lebensbedrohende Gefahr dar. Boas halten sich überwiegend am Boden auf, können allerdings auch gut klettern und schwimmen.

Verbreitung: Mittel- und Südamerika sowie einige Antilleninseln. In trockenen Wäldern und Regenwäldern, aber auch in der Nähe menschlicher Siedlungen.

Fortpflanzung: Lebend gebärend, 15–50 Junge.

Ähnliche Arten: Terciopelo (*Bothrops asper*, S. 180).

Kolumbianische Rotschwanzboa

Argentinische Rotschwanzboa (Jungtier)

Kaiserboa

Länge 2–4 m	Ernährungsweise	Aktivitätsphase

Familie BOIDAE	Art *Boa dumerili*	Bestand selten

Dumerils Madagaskarboa

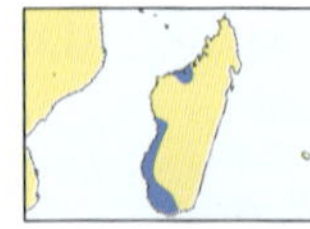

Madagaskar

Mit ihrer braunen Sattelzeichnung erinnert diese Schlange an südamerikanische Boas, mit denen sie möglicherweise auch verwandt ist. Zwar fehlen ihr die Wärmegruben zur Temperaturwahrnehmung, dennoch ernährt sie sich nur von warmblütigen Tieren.
Verbreitung: Madagaskar. In trockenen Wäldern.
Fortpflanzung: Lebend gebärend, 2–21 Junge.
Ähnliche Arten: Gewöhnliche Madagaskarboa (*Boa madagascariensis*).

Länge 1,5–2 m	Ernährungsweise	Aktivitätsphase

Familie BOIDAE	Art *Boa manditra*	Bestand häufig

Madagassischer Hundskopfschlinger

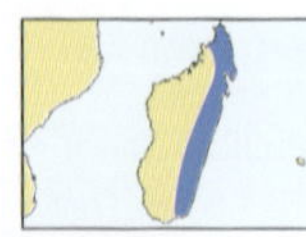

Madagaskar

Je nach geographischer Herkunft ist diese schlanke kräftige Boa grünlich bis braun oder rot gefärbt. Die Tiere sind sowohl auf Bäumen als auch am Boden zu finden, wo sie mithilfe ihrer temperaturempfindlichen Wärmegruben warmblütige Beutetiere aufspüren und jagen.
Verbreitung: Madagaskar. In trockenen Wäldern, Regenwäldern und auf Feldern.
Fortpflanzung: Lebend gebärend, 3–16 Junge.
Anmerkung: Die Art wurde früher *Sanzinia madagascariensis* genannt.

Länge 2–2,5 m	Ernährungsweise	Aktivitätsphase

Familie BOIDAE	Art *Candoia aspera*	Bestand stellenweise häufig

Neuguinea-Boa

Neuguinea

Diese stämmige kurzschwänzige Art ist in zweierlei Brauntönen gefärbt. Die Tiere verstecken sich gern in Haufen vertrockneter Kokosnussschalen. Werden sie dort gestört, können sie sehr schmerzhaft zubeißen.
Verbreitung: Neuguinea und benachbarte Inseln. In Regenwäldern und auf Plantagen.
Fortpflanzung: Lebend gebärend, 5–48 Junge.
Ähnliche Arten: Nördliche Todesotter (*Acanthophis praelongus*, S. 156).

Länge 60–100 cm	Ernährungsweise	Aktivitätsphase

Familie BOIDAE	Art *Candoia carinata*	Bestand stellenweise häufig

Pazifikboa

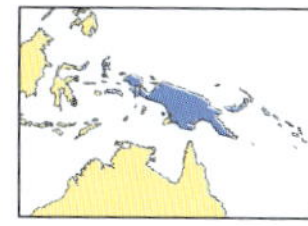

Asien, Ozeanien

Diese Schlangenart ist äußerst variabel; manche Populationen leben terrestrisch, andere sind auf Bäumen zu finden. Zu den Ersteren gehört die stämmige, kurzschwänzige, rot oder graubraun gefärbte Unterart *Candoia carinata paulsoni,* die überall dort vorkommt, wo die Neuguinea-Boa (*Candoia aspera,* S. 110) fehlt. Die auf Bäumen lebende, schlanke, langschwänzige Unterart *C. carinata carinata* dagegen teilt sich mit der Neuguinea-Boa ihren Lebensraum. Sie kann braun oder grau gefärbt sein und weist einen hellen Flecken über der Kloake auf.
Verbreitung: Neuguinea, Ostindonesien und Salomoninseln.
In Regenwäldern und auf Kakao- oder Kokosnussplantagen.
Fortpflanzung: Lebend gebärend, 4–50 Junge.
Ähnliche Arten: Neuguinea-Boa (*C. aspera,* S. 110).

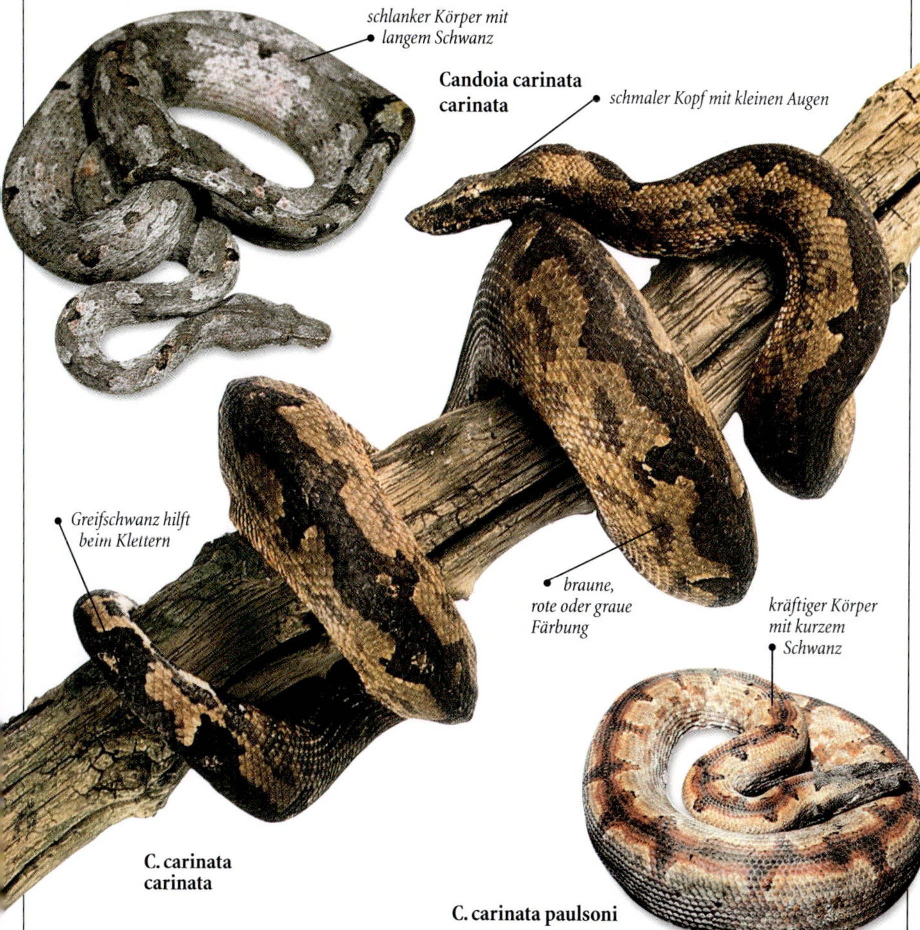

Candoia carinata carinata

C. carinata carinata

C. carinata paulsoni

Länge 70–100 cm	Ernährungsweise	Aktivitätsphase

Familie BOIDAE	Art *Charina bottae*	Bestand stellenweise häufig

Nordamerikanische Sandboa

Nordamerika

Aufgrund ihrer glatten Schuppen sieht diese Schlange gummiartig aus und fühlt sich auch so an. Sie ist oberseits olivgrün bis braun gefärbt und auf der Unterseite gelb. Die Männchen weisen Aftersporne an der Kloake auf. Die Tiere leben zumeist versteckt unter Baumstämmen oder Steinen, können jedoch auch sehr gut klettern und schwimmen. Bei Gefahr rollen sie sich kugelförmig zusammen; der Kopf liegt dabei geschützt im Inneren, während der Feind vom kopfähnlich geformten Schwanz abgelenkt wird.
Verbreitung: Westliches Nordamerika. Auf Wiesen, Weiden und in Wäldern. Da die Tiere auch kältere Temperaturen vertragen, sind sie bis in Höhen von 3 000 m zu finden.
Fortpflanzung: Lebend gebärend, 2–8 Junge.

Länge 35–80 cm	Ernährungsweise	Aktivitätsphase

Familie BOIDAE	Art *Corallus caninus*	Bestand stellenweise häufig

Grüne Hundskopfboa

Mit ihrem schlanken, seitlich abgeflachten Körper und dem langen Greifschwanz kann diese Schlangenart geschickt klettern. Der Rücken der Tiere weist eine leuchtend grüne Färbung mit hellen Querbändern auf, die Flanken sind gelblich und der Bauch ist weiß. Auf der langen schmalen Schnauze sind Wärmegruben zu erkennen, und die vorderen Zähne im Oberkiefer sind besonders lang. Jungtiere eines Wurfes können grün, rot oder gelb gefärbt sein oder eine Mischung dieser Farben zeigen; nach drei bis zwölf Lebensmonaten nehmen sie die Färbung ausgewachsener Exemplare an. Junge Schlangen machen gern Jagd auf Echsen, ältere Tiere fressen Säugetiere und Vögel.
Verbreitung: Nördliches Südamerika.
In Tieflandregenwäldern.
Fortpflanzung: Lebend gebärend, 7–14 Junge.
Ähnliche Arten: Grüne Jararaca (*Bothrops bilineatus*), Grüner Baumpython (*Morelia viridis,* S. 121).

Ausgewachsenes Tier

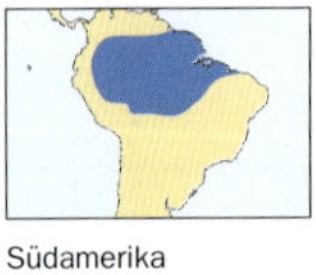
Südamerika

Jungtier

Länge 1,5–2m	Ernährungsweise	Aktivitätsphase

Familie Boidae | Art *Corallus hortulanus* | Bestand häufig

Gartenboa

Diese sehr schlanke Art ist fast ausschließlich auf Bäumen zu finden. Die Tiere besitzen einen Greifschwanz und können sehr variabel gefärbt sein, z. B. gelb, rot und orangefarben, aber auch netzartig schwarz oder grau. Wie die Grüne Hundskopfboa (*Corallus caninus*, S. 112) weist die Gartenboa Wärmegruben am Kopf, senkrechte Pupillen und lange vordere Zähne im Kiefer auf. Die eckige hintere Kopfpartie erlaubt den Tieren ein weites Öffnen des Mauls.
Verbreitung: Nördliches Südamerika. An Waldrändern und auf Bäumen über Gewässern.
Fortpflanzung: Lebend gebärend, 2–12 Junge.
Ähnliche Arten: Weitere karibische und venezolanische Boas (*Corallus cooki, C. grenadensis, C. ruschenbergerii*).
Anmerkung: Dies ist die häufigste nachtaktive Schlange in den Regenwäldern des Amazonasbeckens.

Augen leuchten nachts

Orangefarbenes Exemplar

schlanker muskulöser Körper

Grauschwarzes Exemplar

Länge 1,5–2 m | Ernährungsweise | Aktivitätsphase

Familie Boidae | Art *Epicrates cenchria* | Bestand stellenweise häufig

Regenbogenboa

Diese Schlange verdankt ihren umgangssprachlichen Namen dem schillernden Glanz ihrer Schuppen. Die Färbung kann – je nach Herkunft – recht unterschiedlich sein. So sind aus Panama und Kolumbien stammende Exemplare zumeist eintönig braun gefärbt, während in Argentinien lebende Tiere graubraune Flanken und einen dunkelbraunen, hellbraun gemusterten Rücken besitzen. Die meisten Tiere, wie das hier abgebildete Exemplar aus Brasilien, sind jedoch orangefarben, rot und schwarz; die Mehrzahl der neun Unterarten weist fünf dunkle Längsstreifen auf dem Kopf auf, von denen die äußeren auch die Augen maskieren.
Verbreitung: Mittel- und Südamerika. In trockenen Wäldern, Regenwäldern und Savannen.
Fortpflanzung: Lebend gebärend, 10–30 Junge.

schillernde Schuppen erinnern an Ölspuren auf der Wasseroberfläche

brasilianische Unterart weist orangefarbene und rote Zeichnung auf

Länge 1,5–2 m | Ernährungsweise | Aktivitätsphase

Familie BOIDAE | Art *Epicrates subflavus* | Bestand gefährdet

Jamaika-Schlankboa

Die schlanke Art weist eine rotbraune, gelbbraune oder gelbe, zum Schwanz hin dunkler werdende Färbung auf; manchmal sind zudem unregelmäßige Querbinden vorhanden. Die Tiere kommen heute nur noch in einigen isolierten Lebensräumen vor.
Verbreitung: Jamaika. In felsigen Biotopen, Höhlen und Wäldern.

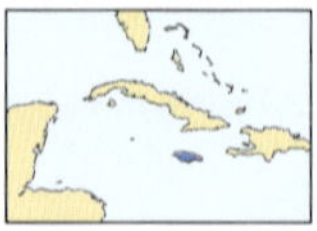

Jamaika

Fortpflanzung: Lebend gebärend, 5–7 Junge.
Ähnliche Arten: Puerto Rico-Schlankboa (*Epicrates inornatus*).

Länge 2–2,5 m | Ernährungsweise | Aktivitätsphase

Familie BOIDAE | Art *Gongylophis colubrinus* | Bestand stellenweise häufig

Ägyptische Sandboa

Diese kräftige Schlange besitzt einen kurzen Schwanz und weist auf Rücken und Schwanz stark gekielte Schuppen auf. Der keilförmige Kopf ist nicht vom Körper abgesetzt. Es gibt zwei Unterarten, von denen die hier abgebildete Keniasandboa (*Gongylophis colubrinus loveridgei*) am bekanntesten ist.

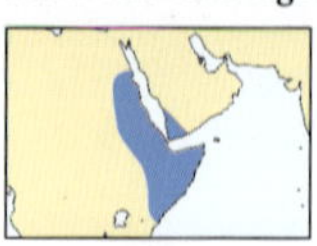

Afrika, Naher Osten

Verbreitung: Nordostafrika und Jemen. In trockenen Steppen.
Fortpflanzung: Lebend gebärend, 3–21 Junge.
Ähnliche Arten: Sandrasselotterarten (*Echis* species, S. 186).

Länge 50–90 cm | Ernährungsweise | Aktivitätsphase

Familie BOIDAE | Art *Gongylophis conicus* | Bestand stellenweise häufig

Gefleckte Sandboa

Wie die meisten Sandboas weist auch diese kräftige Schlange einen nur kurzen spitzen Schwanz auf. Die Schuppen sind stark gekielt, vor allem auf dem Rücken und dem Schwanz. Gezeichnet sind die Tiere mit einem Zickzackmuster aus braunen Flecken und Sätteln auf cremefarbenem Untergrund. Sandboas können sich bei Gefahr eng einrollen und bei einem Angriff schmerzhaft zubeißen.
Verbreitung: Pakistan bis Sri Lanka. In sandigen Biotopen.
Fortpflanzung: Lebend gebärend, 5–8 Junge.
Ähnliche Arten: Sandrasselotterarten (*Echis* species, S. 186).

Asien

Länge 50–100 cm | Ernährungsweise | Aktivitätsphase

Familie BOIDAE	Art *Eunectes murinus*	Bestand häufig

Große Anakonda

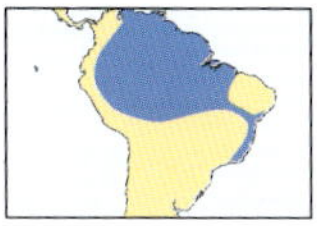

Die typische grüne Färbung mit den schwarzen Flecken macht diese Art nahezu unverwechselbar. Die Würgeschlangen weisen ein beachtliches Gewicht auf, können sich aber dennoch recht geschickt im Wasser bewegen, wo sie sich auch überwiegend aufhalten. Sie erbeuten Tiere, die zum Trinken ans Wasser kommen, z. B. Rotwild, Wasserschweine, junge Jaguare und Kaimane und sind sogar in der Lage, Menschen zu töten und zu verschlingen. Die Schlangen paaren sich im Wasser, wobei manchmal mehrere kleinere Männchen und ein großes Weibchen ein regelrechtes Paarungsknäuel bilden. Die Geburt der Jungen findet ebenfalls im Wasser statt.

Verbreitung: Nördliches Südamerika. In Regenwaldflüssen, Lagunen und auf jahreszeitlich überfluteten Wiesen.

Fortpflanzung: Lebend gebärend, 4–80 Junge.

Anmerkung: Zusammen mit der Netzpython (*Python reticulatus*, S. 123), die noch etwas länger werden kann, gehört diese Art zu den größten und schwersten Schlangen der Erde.

Länge 6–10 m	Ernährungsweise	Aktivitätsphase

Familie BOIDAE	Art *Eunectes notaeus*	Bestand häufig

Süd-Anakonda

Südamerika

Diese kräfige Würgeschlange, auch Gelbe oder Paraguay-Anakonda genannt, zeigt eine gelbliche Färbung mit in Längsreihen angeordneten schwarzen Punkten auf dem Körper und einer schwarzen pfeilförmigen Zeichnung auf dem Kopf. Sie ist kleiner als die verwandte Große Anakonda (*Eunectes murinus,* S. 115) und kommt zudem nur in einem eng begrenzten Gebiet vor. Zu ihrer Beute gehören kleinere Säugetiere und große Vögel; Menschen kann sie nicht gefährlich werden.
Verbreitung: Südwestbrasilien, Paraguay, Bolivien und Nordargentinien. In Steppen, an Bächen und an Flüssen.
Fortpflanzung: Lebend gebärend, 4–20 Junge.
Ähnliche Arten: Marajo-Island-Anakonda (*Eunectes deschauenseei*).
Anmerkung: Einem Bericht zufolge soll es in Bolivien zu Bastardisierung dieser Art mit der Großen Anakonda kommeen.

Länge 2–3 m	Ernährungsweise	Aktivitätsphase

Familie BOIDAE	Art *Lichanura trivirgata*	Bestand stellenweise häufig

Dreistreifen-Rosenboa

Diese kleine, aber kräftige, grau oder rosa gefärbte Würgeschlange zeigt normalerweise drei breite, braune, schwarze oder rötliche Längsstreifen auf dem Rücken und auf den Flanken, während die Bauchseite cremefarben und manchmal dunkel gefleckt ist. Kleine Aftersporne sind zwar bei beiden Geschlechtern vorhanden, werden jedoch nur von den Männchen benutzt. Rosenboas sind äußerst scheue Tiere, die tagsüber meist unter Steinen Schutz suchen und nur selten beißen.
Verbreitung: Südwestliches Nordamerika. In Wüsten, ausgetrockneten Flussbetten und felsigen, strauchbewachsenen Biotopen bis ca. 1 200 m Höhe.
Fortpflanzung: Lebend gebärend, 1–12 Junge.

Nordamerika

Länge 60–110 cm	Ernährungsweise	Aktivitätsphase

Familie PYTHONIDAE	Art *Antaresia childreni*	Bestand häufig

Gefleckter Python

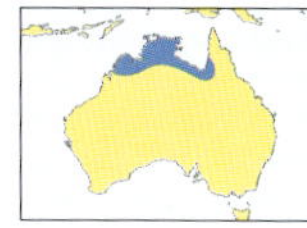

Ausgewachsene Exemplare dieser sehr kleinen, nach dem Zoologen J. G. Children benannten Pythonart sind meist eintönig braun gefärbt. Jungtiere (Abbildung) zeigen dagegen eine Zeichnung aus dunklen Streifen und Punkten, die mit zunehmendem Alter verblasst. Die Schlangen ernähren sich überwiegend von Skinken und Geckos, fressen aber auch Frösche, Schlangen und Fledermäuse.
Verbreitung: Nordaustralien. An Felshängen sowie in Steppen und Küstenwäldern.
Fortpflanzung: Legt 7–20 Eier.
Ähnliche Arten: Australischer Zwergpython (*Antaresia perthensis*), *A. maculosa*, *A. stimsoni*.

Länge 80–100 cm	Ernährungsweise	Aktivitätsphase

Familie PYTHONIDAE	Art *Apodora papuana*	Bestand stellenweise häufig

Apodora papuana

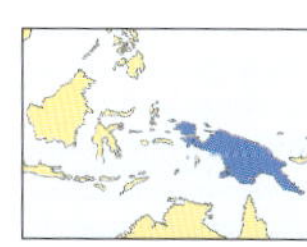

Diese große, kräftige Art besitzt einen grünbraun gefärbten Körper und einen graubraunen Kopf mit schwarzer Zeichnung; an den Maulrändern sind Wärmegruben zu erkennen. Aufgrund ihrer beachtlichen Ausmaße sind die Würgeschlangen ohne weiteres in der Lage, größere Tiere zu töten (nachweislich wurde ein Känguru mit einem Gewicht von 22,7 kg verschluckt). Sie ernähren sich aber auch von Schlangen, u. a. von Pythons. So wurde z. B. beobachtet, wie ein 2 m langes Exemplar einen ebenso großen Amethystpython verschlang.
Verbreitung: Neuguinea und Ostindonesien. In Tieflandmonsunwäldern und Savannen.
Fortpflanzung: Legt 15–25 Eier.

Länge 3,6–4,3 m	Ernährungsweise	Aktivitätsphase

Familie PYTHONIDAE	Art *Aspidites melanocephalus*	Bestand stellenweise häufig

Schwarzkopfpython

Der Körper dieser Pythonschlange ist hellbraun gefärbt und zeigt ein dunkleres Zickzackmuster; Kopf und Hals sind pechschwarz. Die Tiere, die sich gern in Säugetierbauten verstecken, ernähren sich u. a. von Echsen und – z. T. giftigen – Schlangen.
Verbreitung: Nordaustralien. In unterschiedlichsten Biotopen, z. B. Savannen, Wäldern und felsigen Biotopen.
Fortpflanzung: Legt 6–18 Eier.
Ähnliche Arten: Woma (*Aspidites ramsayi*).

Australien

Länge 1,8–3 m	Ernährungsweise	Aktivitätsphase

Familie PYTHONIDAE	Art *Bothrochilus boa*	Bestand stellenweise häufig

Zwergpython

Die ausgewachsenen Exemplare dieser Art scheinen mindestens zwei unterschiedliche Farbvariationen aufzuweisen; einige Schlangen sind eintönig braun gefärbt, andere tragen noch ihre schwarzorange geringelte Jugendzeichnung. Die scheuen, terrestrischen Tiere, die sowohl Echsen als auch Schlangen jagen, verkriechen sich gern in unterirdischen Bauten.
Verbreitung: Bismarckarchipel und Papua-Neuguinea. In Regenwäldern und auf Plantagen.
Fortpflanzung: Legt 10–12 Eier.

Bismarckarchipel

Länge 90–170 cm	Ernährungsweise	Aktivitätsphase

Familie PYTHONIDAE	Art *Calabaria reinhardti*	Bestand häufig

Erdpython

Diese glattschuppige Schlange gehört einer Gattung an, die nach der Provinz Calabar in Nigeria benannt wurde. Die Tiere sind braun gefärbt und weisen eine orangefarbene Zeichnung auf. Sie besitzen einen zylindrischen Körper, einen kurzen, stumpfen Schwanz und einen kleinen Kopf mit winzigen Augen, den sie bei Gefahr hinter ihrem eingerollten Körper verbergen.
Verbreitung: Westafrika. In Regenwäldern und auf Plantagen.
Fortpflanzung: Legt 1–4 Eier.
Anmerkung: Nach Ansicht einiger Experten ist diese Art nah mit der Nordamerikanischen Sandboa (*Charina bottae*, S. 112) verwandt.

Afrika

Länge 90–110 cm	Ernährungsweise	Aktivitätsphase

Familie PYTHONIDAE	Art *Leiopython albertisii*	Bestand häufig

Weißlippenpython

Dieser auf Neuguinea und einigen benachbarten Inseln heimische Python weist in Färbung und Größe beträchtliche Unterschiede auf. So werden Exemplare von der Nordküste (Hochlandpopulation) bis zu 1,8 m lang und zeigen eine dunkelbraune Färbung. Der Kopf ist schwarz und deutlich vom Körper abgesetzt, die schwarzweiße Lippenzeichnung erinnert an eine Klaviertastatur. An der Südküste lebende Tiere (Tieflandpopulation) erreichen dagegen eine Länge von bis zu 2,4 m; zudem sind sie ockerfarben bis kastanienbraun oder grün, wobei der Kopf eine ähnliche Färbung aufweist wie der Körper. Sie besiedeln gern feuchte Wälder, sind jedoch auch in zahlreichen anderen Biotopen zu finden. Auf den Manus-Inseln vorkommende Exemplare haben sich isoliert von der Hauptpopulation entwickelt.
Verbreitung: Neuguinea und benachbarte Inseln.
In Monsun- und Regenwäldern.
Fortpflanzung: Legt 8–15 Eier.

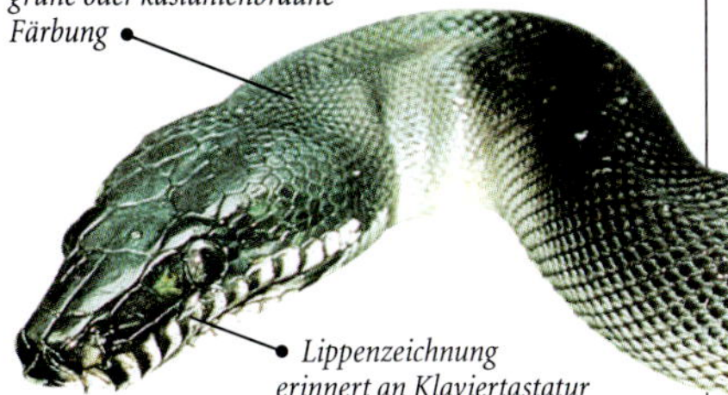

Weißlippenpython von der Südküste

Weißlippenpython von der Nordküste

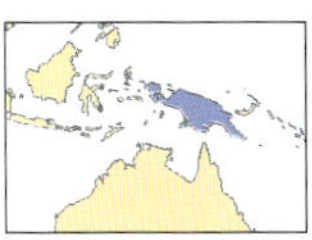

Neuguinea

Länge 1,8–2,4 m	Ernährungsweise	Aktivitätsphase

Familie PYTHONIDAE	Art *Liasis fuscus*	Bestand stellenweise häufig

Brauner Wasserpython

Die Schlange weist eine olivbraune bis schwarze Oberseite und einen gelblichen oder weißen Bauch auf. Es ist die einzige Art in Australien und Ozeanien, die neben Säugetieren und Vögeln auch junge Krokodile jagt.
Verbreitung: Nordaustralien und Südneuguinea.
In Sümpfen und Bächen.
Fortpflanzung: Legt 6–23 Eier.
Ähnliche Arten: Neuguinea-Wasserpython (*Liasis mackloti*).

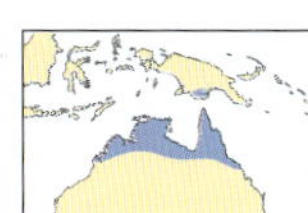

Australien, Ozeanien

Länge 2–3 m	Ernährungsweise	Aktivitätsphase

Familie	Art	Bestand
PYTHONIDAE	*Morelia amethistina*	häufig

Amethyst-Python

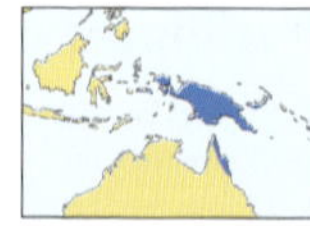

Der umgangssprachliche Name dieser Schlange bezieht sich auf den schillernden amethystartigen Glanz, den die hell- bis dunkelbraunen, eintönig gelbbraunen oder olivgrünen Rückenschuppen aufweisen können. Der langgestreckte schlanke Kopf ist von vergrößerten, symmetrisch angeordneten Schuppen bedeckt und trägt nach vorn gerichtete Augen. Die Tiere sind sehr agil und können ausgezeichnet klettern und schwimmen.

Verbreitung: Neuguinea und benachbarte Inseln sowie Nordaustralien (wo es eine eigene Unterart gibt). In Savannen und Regen- und Mangrovenwäldern.

Fortpflanzung: Legt 5–21 Eier.

Ähnliche Arten: *Morelia oenpelliensis.*

Länge	Ernährungsweise	Aktivitätsphase
2,4–8,5 m		☾

Familie	Art	Bestand
PYTHONIDAE	*Morelia spilota*	häufig

Teppichpython

Diese Art ist in Australien am weitesten verbreitet. Normalerweise haben die Tiere eine gelbe Färbung mit braunen Querbinden, doch gibt es in Australien und Neuguinea mindestens sechs Unterarten, die unterschiedlich gefärbt und gezeichnet sein können. So ist die Subspezies *Morelia spilota cheyni* (Abbildung) gelb gefärbt und mit schwarzen großen Flecken und Streifen versehen, während z. B. der Diamantpython (*M. spilota spilota*) aus New South Wales gelbe, schwarz gesäumte Schuppen besitzt, die in ihrer Gesamtheit ein feines, kompliziertes Netzmuster ergeben.

Verbreitung: Nord-, Ost- und Südaustralien sowie Südneuguinea. In Savannen und Wäldern.

Fortpflanzung: Legt 12–54 Eier.

Ähnliche Arten: *Morelia bredli, M. carinata.*

Länge	Ernährungsweise	Aktivitätsphase
2–4 m		☾

Familie PYTHONIDAE	Art *Morelia boeleni*	Bestand selten

Boelens Python

Der Kopf und der Körper dieses kräftigen Pythons sind vergleichsweise breit. Ausgewachsene Exemplare zeigen eine glänzend blauschwarze Färbung mit einem gelblich weißen, diagonal verlaufenden Streifenmuster und eine schwarzweiße Lippenzeichnung; Jungtiere sind rotbraun. Die großen Augen weisen senkrechte Pupillen auf. Da die Art meist in schlecht zugänglichen Regionen im Inneren Neuguineas vorkommt, ist über ihre Lebensweise nur wenig bekannt. Vermutlich bevorzugen die Tiere dunkle und feuchte Biotope.

Verbreitung: Neuguinea. In Bergregenwäldern über 1 000 m Höhe.

Fortpflanzung: Legt 14–20 Eier.

Anmerkung: Dies ist die am strengsten geschützte Reptilienart auf Papua-Neuguinea.

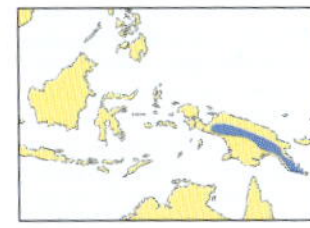

Neuguinea

Länge 1,8–2,4 m	Ernährungsweise	Aktivitätsphase

Familie PYTHONIDAE	Art *Morelia viridis*	Bestand häufig

Grüner Baumpython

Ausgewachsene Exemplare dieser Art sind auf der Oberseite hellgrün, unterseits gelb gefärbt und auf Rücken und Flanken mit weißen, gelben oder hellblauen Flecken versehen. Jungtiere dagegen weisen eine leuchtend gelbe, grüne oder orange Färbung mit schwarzweißen Markierungen auf. Die Tiere besitzen einen Greifschwanz und halten sich meist auf Bäumen auf, nur zur Jagd kommen sie auf den Boden herunter. Jungtiere fressen Echsen, die sie mit ihrer schwarzweißen Schwanzspitze anlocken; mit zunehmendem Alter verschwindet diese Färbung und die ausgewachsenen Schlangen ernähren sich von kleinen Säugetieren.

Verbreitung: Neuguinea und Nordaustralien. In tropischen Regenwäldern.

Fortpflanzung: Legt 6–30 Eier.

Ähnliche Arten: Grüne Hundskopfboa (*Corallus caninus*, S. 112).

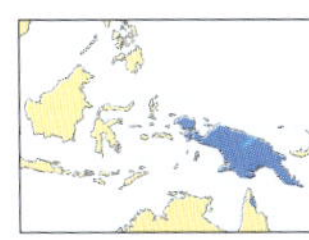

Australien, Ozeanien

Ausgewachsenes Exemplar

Jungtier

Länge 1–1,5 m	Ernährungsweise	Aktivitätsphase

Familie PYTHONIDAE	Art *Python curtus*	Bestand selten

Buntpython

Asien

Diese stämmige kurzschwänzige Schlange stellt die kleinste Pythonart Asiens dar. Es gibt mehrere Unterarten; die Subspezies *Python curtus breitensteini* (Abbildung) zeigt eine ockerfarbene bis braune Färbung, während *P. curtus curtus* aus Sumatra fast schwarz erscheint. Die dritte Unterart, *P. curtus brongersmai,* kommt in Thailand, Ostmalaysia und auf Sumatra vor und ist rot gefärbt, sodass sie auch „Blutpython" genannt wird. Buntpythons leben meist versteckt unter welken Blättern oder zwischen Pflanzen, wo sie oft tagelang auf Beute lauern, die sie dann mit einem schnellen Biss erlegen.
Verbreitung: Südostasien.
In Tieflandregenwäldern und Sümpfen.
Fortpflanzung: Legt 12 Eier.

Länge 1,8–3 m	Ernährungsweise	Aktivitätsphase

Familie PYTHONIDAE	Art *Python molurus*	Bestand gefährdet

Tigerpython

Mit seiner gelben oder grauen Färbung, dem braunen Sattelmuster auf dem Körper und der pfeilförmigen Zeichnung auf dem Kopf ist dieser Python leicht zu erkennen. Die kräftigen Würgeschlangen können sogar Hirsche töten und verschlingen. Es gibt zwei Unterarten: den in Indien und Sri Lanka heimischen Hellen Tigerpython (*Python molurus molurus*) und den hier abgebildeten Dunklen Tigerpython (*P. molurus bivittatus*) aus Burma, Thailand, Südchina und Vietnam.
Verbreitung: Südasien. In Tieflandmonsunwäldern und Savannen.
Fortpflanzung:
Legt 20–50 Eier.
Anmerkung: Pythons aus Indien und Sri Lanka sind gesetzlich geschützt. Der Dunkle Tigerpython kann stellenweise noch häufig sein.

Heller Tigerpython

Dunkler Tigerpython

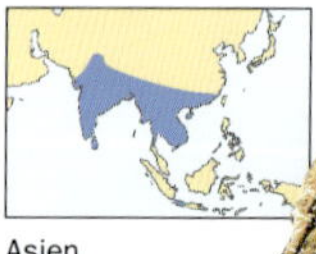

Asien

Länge 5–7m	Ernährungsweise	Aktivitätsphase

Familie PYTHONIDAE	Art *Python regius*	Bestand stellenweise häufig

Königspython

Dieser kleine Python besitzt einen kräftigen Körper, einen kleinen, rundlichen Kopf und einen kurzen Schwanz. Der Körper ist schwarz gefärbt und trägt ein braunes Sattelmuster. Bei Gefahr rollen sich die Tiere meist zusammen und verstecken ihren Kopf unter dem Körper. Da Königspythons gern in Terrarien gehalten werden, ist der Bestand der Tiere in Westafrika stark zurückgegangen.
Verbreitung: West- und Zentralafrika.
In Tieflandregenwäldern.
Fortpflanzung: Legt 6–8 Eier.
Ähnliche Arten: Angolapython *(Python anchietae).*

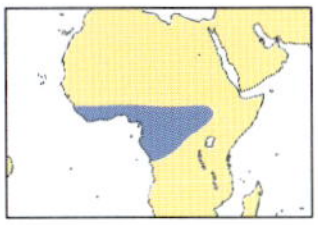

Länge 1–1,5 m	Ernährungsweise	Aktivitätsphase

Familie PYTHONIDAE	Art *Python reticulatus*	Bestand stellenweise häufig

Netzpython

Diese sehr große, meist grau oder olivgrün gefärbte Schlange zeigt eine schwarze, gelbe und hellgraue, netzartige Zeichnung, der sie auch ihren umgangssprachlichen Namen verdankt. Der Kopf ist olivgrün, grau oder hellgelb und weist einen markanten schwarzen Streifen in der Mitte und zwei feine Streifen hinter den orangefarbenen Augen auf. Obwohl die Schlangen nicht besonders kräftig wirken, gelten sie als gefährliche Raubtiere, die auch schon Menschen getötet haben.
Verbreitung: Südostasien.
In Wäldern und Savannen sowie auf Äckern und Wiesen.
Fortpflanzung: Legt 30–100 Eier.
Ähnliche Arten: Timorpython *(Python timoriensis).*
Anmerkung: Die Art könnte mit der Großen Anakonda *(Eunectes murinus,* S. 115) um den Titel „längste Schlange der Welt" konkurrieren.

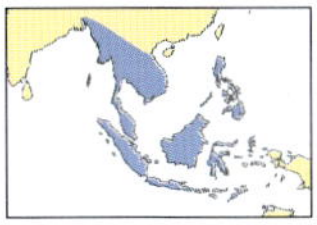

Länge 6–10 m	Ernährungsweise	Aktivitätsphase

Familie PYTHONIDAE | Art *Python sebae* | Bestand häufig

Felsenpython

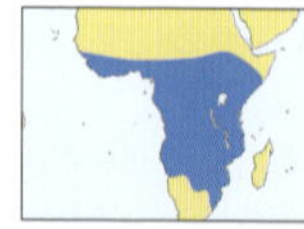

Dieser Python – die größte afrikanische Schlangenart – ist hellbraun gefärbt und weist ein unregelmäßiges dunkelbraunes Sattelmuster auf dem Körper und eine große, dunkelbraune, pfeilförmige Zeichnung auf der Kopfoberseite auf. Die kräftigen Tiere sind geschickte Räuber, die problemlos große Säugetiere wie Antilopen und Ziegen verschlingen, aber auch Menschen töten können. Es gibt *Python sebae sebae* und *P. sebae natalensis* (Abbildung), zwei Unterarten.

Verbreitung: Afrika, südlich der Sahara. In unterschiedlichsten Biotopen, z. B. Wäldern, Savannen, Sümpfen und felsigen Biotopen.

Fortpflanzung: Legt 30–50 Eier.

Länge 5–7 m | Ernährungsweise | Aktivitätsphase

Familie ACROCHORDIDAE | Art *Acrochordus arafurae* | Bestand häufig

Arafuran-Warzenschlange

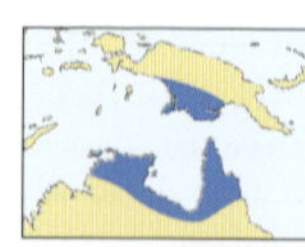

Diese graue oder rötlich braune Schlange lebt ausschließlich im Wasser und unterscheidet sich im Aussehen daher deutlich von landlebenden Arten. Auffällig ist vor allem die locker sitzende Haut, die dem Körper mehr Auftrieb verleiht und den Tieren so ein gewandtes Schwimmen ermöglicht; eine Fortbewegung an Land ist ihnen damit jedoch nicht möglich.

Verbreitung: Neuguinea und Nordaustralien. In langsam fließenden Flüssen sowie in Seen und Sümpfen.

Fortpflanzung: Lebend gebärend, 17 Junge.

Ähnliche Arten: Javanische Warzenschlange (*Acrochordus javanicus*).

Anmerkung: Aus den Häuten dieser Art werden auf Neuguinea die traditionellen „Kundu"-Trommeln hergestellt.

Länge 1,5–2,5 m | Ernährungsweise | Aktivitätsphase

Familie	Art	Bestand
ACROCHORDIDAE	*Acrochordus granulatus*	stellenweise häufig

Acrochordus granulatus

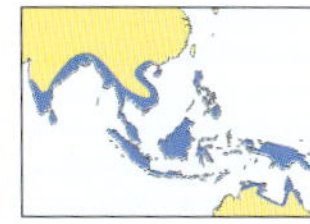

Asien, Ozeanien

Die einzige marine, weit verbreitete Art dieser Gattung ist kleiner als ihre beiden im Süßwasser lebenden Verwandten (*Acrochordus arafurae,* S. 124, und *A. javanicus*). Die Tiere zeigen eine braune Färbung mit meist orangefarbenen oder braunen Querbändern. Die Nahrung besteht aus Fischen und Krebsen.

Verbreitung: Südostasien, Australien und Ozeanien sowie Westpazifik. Meist in der Gezeitenzone küstennaher Gewässer, z. B. in Mangrovensümpfen oder Korallenriffen, manchmal auch in Brackwasser und in Süßwassersümpfen.

Fortpflanzung: Lebend gebärend, 4–12 Junge.

Anmerkung: Wie andere Warzenschlangen besitzt auch diese Art eine raue Haut, die das Umschlingen glitschiger Beute im Wasser erleichtert.

Länge	Ernährungsweise	Aktivitätsphase
60–120 cm		

Familie	Art	Bestand
COLUBRIDAE	*Ahaetulla nasuta*	häufig

Baumschnüffler

Asien

Diese Art, die früher unter dem Namen *Dryophis nasutus* bekannt war, ist normalerweise grau, braun oder grün gefärbt. Die Tiere sind außerordentlich schlank und weisen einen sehr langen Schwanz und einen stark verlängerten, spitz zulaufenden Kopf auf. Dank ihrer waagrechten Pupillen können sie ausgezeichnet sehen, Vertiefungen zwischen Augen und Schnauzenspitze vergrößern zudem das Sehfeld. Haben sie eine Beute entdeckt, nähern sich die leicht giftigen Schlangen mit einer sprunghaften Bewegung und beißen zu.

Verbreitung: Süd- und Südostasien. In Regenwäldern und auf Feldern.

Fortpflanzung: Lebend gebärend, 3–23 Junge.

Ähnliche Arten: Peitschennatter (*Ahaetulla prasina*).

Anmerkung: Die asiatischen Baumschnüffler und Peitschennattern besitzen unter den Schlangen vermutlich das beste Sehvermögen.

Länge	Ernährungsweise	Aktivitätsphase
1–1,2 m		

Familie COLUBRIDAE	Art *Bogertophis subocularis*	Bestand stellenweise häufig

Transpeco-Natter

Diese schlanke Schlange zeigt eine gelbliche Färbung mit zwei dunkelbraunen oder schwarzen Längsstreifen auf dem Rücken, die manchmal durch Querbalken miteinander verbunden sind und so ein leiterförmiges Muster bilden. Die Tiere bewohnen hauptsächlich Wüstengebiete, wo sie nachts Säugetiere, z. B. Fledermäuse, jagen. Sie sind häufig auf Straßen anzutreffen.
Verbreitung: Südwesten der USA und Chihuahua-Wüste (Nordmexiko).
In felsigen Wüsten.
Fortpflanzung: Legt 3–7 Eier.
Ähnliche Arten: *Bogertophis rosaliae.*
Anmerkung: Die Art unterscheidet sich von den Kletternattern (*Elaphe* species, S. 132–136) anhand einer Reihe kleiner Schuppen unterhalb des Auges.

Nordamerika

Länge 90–170 cm	Ernährungsweise	Aktivitätsphase ☾

Familie COLUBRIDAE	Art *Boiga cyanea*	Bestand häufig

Grüne Nachtbaumnatter

Kennzeichnend für diese Art sind die hellgrünen Schuppen auf dunkler Haut, die bläuliche Kehle und die großen hellgrauen Augen mit senkrechten Pupillen; Jungtiere besitzen einen ziegelroten Körper und einen grün gefärbten Kopf. Die schlanken Baumschlangen können sich leise und gewandt an Echsen, andere Schlangen und kleine Säugetiere anschleichen, die sie dann mithilfe ihres Giftes oder durch Erwürgen töten. Bei Gefahr zeigen sie zur Abschreckung ihren schwarzen Gaumen, indem sie das Maul weit aufreißen.
Verbreitung: Südostasien.
In Regenwäldern.
Fortpflanzung: Legt 4–13 Eier.
Ähnliche Arten: *Boiga saengsomi.*

Asien

Jungtier

Ausgewachsenes Exemplar

Länge 1,6–1,9 m	Ernährungsweise	Aktivitätsphase ☾

Familie COLUBRIDAE	Art *Boiga dendrophila*	Bestand häufig

Mangroven-Nachtbaumnatter ☠

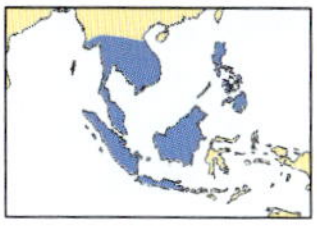

Diese Art gehört zu den größten Baumschlangen Asiens. Sie ist auf der Oberseite pechschwarz, unterseits schwarzgelb gefärbt und weist gelbe Querbinden, gelbe Lippen, eine gelbe Kehle und graue Augen mit senkrechten Pupillen auf. Der Kopf und das Maul sind so groß, dass die Tiere Vogeleier und sogar Eichhörnchen verschlingen können. Ihre Bisse sind schmerzhaft und sehr giftig.

Verbreitung: Südostasien. In Regen- und Monsunwäldern.

Fortpflanzung: Legt 4–15 Eier.

Ähnliche Arten: Gelber Bungar (*Bungarus fasciatus,* S. 159).

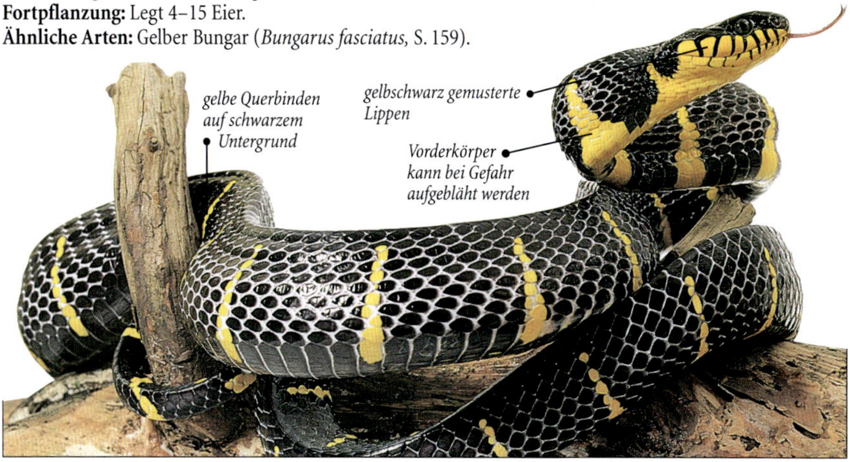

Länge 2–2,5 m	Ernährungsweise	Aktivitätsphase

Familie COLUBRIDAE	Art *Boiga irregularis*	Bestand häufig

Braune Nachtbaumnatter ☠

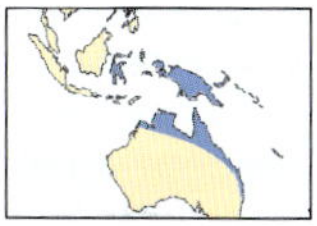

Diese bewegliche langschwänzige Art kann braun, rot, gelb oder rosa gefärbt und manchmal sogar gebändert sein. Sie besitzt einen seitlich abgeplatteten Körper mit einem mächtigen Kopf und großen Augen. Im Zweiten Weltkrieg wurde die Schlange auf die Insel Guam eingeschleppt, wo ihr innerhalb kurzer Zeit der gesamte Bestand einiger Arten flugunfähiger Vögel zum Opfer fiel. Auch fügen die Nattern – die auf Guam keine natürlichen Feinde besitzen und zudem größer werden als in ihrer eigentlichen Heimat – Kindern häufig schwere Verletzungen durch Bisse zu, sodass auf der Insel Versuche unternommen werden, sie wieder auszurotten.

Verbreitung: Indonesien, Neuguinea und Nordaustralien (nach Guam eingeschleppt). In Tiefland- und Küstenwäldern.

Fortpflanzung: Legt 6 Eier.

Ähnliche Arten: *Boiga cynadon.*

Länge 2–2,3 m	Ernährungsweise	Aktivitätsphase

Familie COLUBRIDAE	Art *Chrysopelea paradisi*	Bestand selten

Paradies-Schmuckbaumnatter

Diese Art ist die wohl auffälligste „fliegende" Schlange, denn der gesamte Körper ist mit einem Muster aus schwarzen, grünen, gelben, orangefarbenen und roten Flecken gezeichnet, die häufig spitzwinklig angeordnet sind. Die Tiere sind wie alle baumbewohnenden fliegenden – d.h. zu weiten Sprüngen fähigen – Schlangen sehr schlank, der Kopf ist abgeplattet. Durch Spreizen der Rippen kann die Körperunterseite nach innen gewölbt werden; der Körper wird somit flacher und ermöglicht den Schlangen bei Gefahr ein sicheres und schnelles Gleiten von der Baumkrone auf tiefere Äste oder auf den Boden.

Verbreitung: Südostasien.
In Wäldern und Gärten.
Fortpflanzung: Legt 5–8 Eier.

Asien

Länge 1–1,2 m	Ernährungsweise	Aktivitätsphase

Familie COLUBRIDAE	Art *Clelia clelia*	Bestand selten

Mussurana ☠

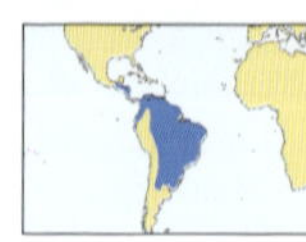

Mittel- und Südamerika

Jungtiere dieser international geschützten Art zeigen eine korallenrote Färbung mit schwarzen, durch ein weißes Nackenband unterbrochenen Flecken auf Hinterkopf und Nacken. Während der Geschlechtsreife färbt sich die Körperoberseite blauschwarz und die Unterseite weiß. Die Tiere sind kräftig und besitzen einen abgeplatteten Kopf. Sie ernähren sich hauptsächlich von Echsen und Säugetieren, jagen jedoch auch andere Schlangen, u.a. giftige Lanzenottern (*Bothrops* species). Junge Mussuranas gleichen den Jungtieren der Falschen Korallennatter (*Pseudoboa* species); die beiden Arten lassen sich nur anhand der Schuppen auf der Schwanzunterseite unterscheiden, die bei den Mussuranas einfach und bei den Korallennattern paarig angeordnet sind.

Verbreitung: Mittel- und Südamerika.
In Tieflandregenwäldern.
Fortpflanzung: Legt 10–22 Eier.
Ähnliche Arten: *Clelia scytalina.*

Länge 2–2,5 m	Ernährungsweise	Aktivitätsphase

Familie COLUBRIDAE	Art *Coluber viridiflavus*	Bestand häufig

Gelbgrüne Zornnatter

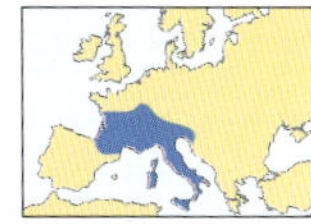

Die schlanke glattschuppige Schlange besitzt einen kleinen Kopf und große Augen mit runden Pupillen. Der vordere Teil des Körpers zeigt eine gelbe Färbung mit breiten grünschwarzen Querbändern, die zum Körperende hin immer dichter aufeinander folgen; der Schwanz ist vollkommen dunkel gefärbt. Die Tiere ernähren sich hauptsächlich von Echsen, die sie mithilfe ihrer guten Augen ausfindig machen und dann blitzschnell fangen und erwürgen. Jungtiere jagen Frösche, kleine Echsen, Heuschrecken und Nachtfalter.

Verbreitung: Südeuropa. An trockenen, felsigen, strauchbewachsenen Hängen.
Fortpflanzung: Legt 8–15 Eier.
Ähnliche Arten: Balkan-Zornnatter (*Coluber gemonensis*), Pfeilnatter (*C. jugularis*).

Länge 1,5–2 m	Ernährungsweise	Aktivitätsphase

Familie COLUBRIDAE	Art *Coronella austriaca*	Bestand stellenweise häufig

Glattnatter

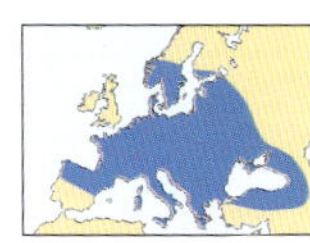

Die graue, braune oder rötlich gefärbte Glatt- bzw. Schlingnatter zeigt eine dunkle Zeichnung auf dem Rücken, Augenstreifen und einen auffälligen, dunklen Fleck auf dem Kopf. Die glattschuppigen Tiere leben versteckt und sind harmlos. Sie fressen hauptsächlich Eidechsen, die sie zuvor erwürgen, auch machen sie häufig Jagd auf den Nachwuchs anderer Schlangen. Die Glattnatter wird manchmal mit der Kreuzotter verwechselt, von der sie sich anhand ihrer großen Kopfschilde jedoch leicht unterscheiden lässt.

Verbreitung: Europa und Naher Osten. Lichte Wälder, Heideflächen und trockene, felsige Biotope.
Fortpflanzung: Lebend gebärend, 2–15 Junge.
Ähnliche Arten: Gironde-Natter (*Coronella girondica*).

Länge 50–60 cm	Ernährungsweise	Aktivitätsphase

Familie Colubridae	Art *Dasypeltis scabra*	Bestand häufig

Afrikanische Eierschlange

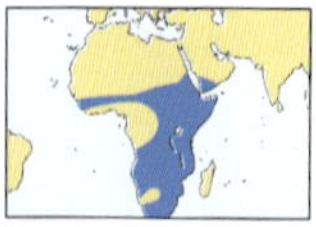

Diese recht kurze, schlanke Schlange ist grau oder braun gefärbt und weist ein dunkles Sattelmuster auf, das an die Zeichnung von Ottern erinnert. Sie ernährt sich hauptsächlich von Vogeleiern, die dreimal so groß sein können wie ihr eigener rundlicher Kopf. Die Eierschale wird beim Verschlucken durch Wirbelfortsätze aufgeschlitzt und später wieder erbrochen. Die Tiere sind harmlos, können jedoch zur Abschreckung von Feinden das Schuppenrasseln der äußerst giftigen Sandrasselottern (*Echis* species, S. 186) imitieren.
Verbreitung: Afrika, südlich der Sahara. In nahezu allen Biotopen, außer Regenwälder und Wüsten.
Fortpflanzung: Legt 6–18 Eier.
Ähnliche Arten: Sandrasselottern (*Echis* species), Krötenottern (*Causus* species).
Anmerkung: *Dasypeltis* species sind die einzigen zahnlosen Schlangen.

Länge 80–100 cm	Ernährungsweise	Aktivitätsphase

Familie Colubridae	Art *Dipsas indica*	Bestand häufig

Schneckennatter

Die Schneckennatter ist die häufigste der 30 *Dipsas* species in Südamerika. Die Schlangen besitzen einen seitlich abgeplatteten schlanken Körper, mit dem sie sich auch auf dünnen Zweigen vorwärtsbewegen und größere Abstände zwischen Ästen überwinden können. Der hellbraun gefärbte Rücken weist dunklere Bänder auf, die Flanken sind mit weißen Flecken versehen. Der Kopf ist stumpf, und in den großen Augen sind senkrechte Pupillen zu erkennen. Die Tiere ernähren sich hauptsächlich von Nacktschnecken.
Vorkommen: Südamerika.
In tropischen Regenwäldern.
Fortpflanzung: Legt 2–6 Eier.
Ähnliche Arten: Riemennatter (*Imantodes inornatus*).
Anmerkung: Der Artname *indica* beruht auf einer falschen Beschriftung des für die Erstbeschreibung verwendeten Exemplars.

Länge 60–80 cm	Ernährungsweise	Aktivitätsphase

Familie COLUBRIDAE	Art *Dispholidus typus*	Bestand häufig

Boomslang ☠

Die sehr bewegliche schlanke Baumschlange weist scharfkantige, schräg angeordnete Schuppen, einen kurzen Kopf und weit vorn im Maul sitzende große Giftzähne auf. Die Färbung ist sehr variabel. Ausgewachsene Exemplare können eintönig hellgrün, braun oder schwarz gefärbt oder auch gefleckt, gepunktet oder gestreift sein; Jungtiere zeigen normalerweise eine graue oder braune Oberseite und etwas hellere Flanken, Körperunterseite und Lippen sind weiß. Zur Feindabschreckung blähen die Tiere ihren Hals auf und bringen durch die Dehnung der Haut die dunklere Farbe der Schuppenzwischenräume kontrastreich zur Geltung. Das Gift dieser Schlange ist für den Menschen sehr gefährlich.
Vorkommen: Tropisches Afrika. Meist in Savannen.
Fortpflanzung: Legt 10–14 Eier.
Ähnliche Arten: Schwarze Baumschlangen (*Thrasops* species), Grüne Buschschlangen (*Philothamnus* species).

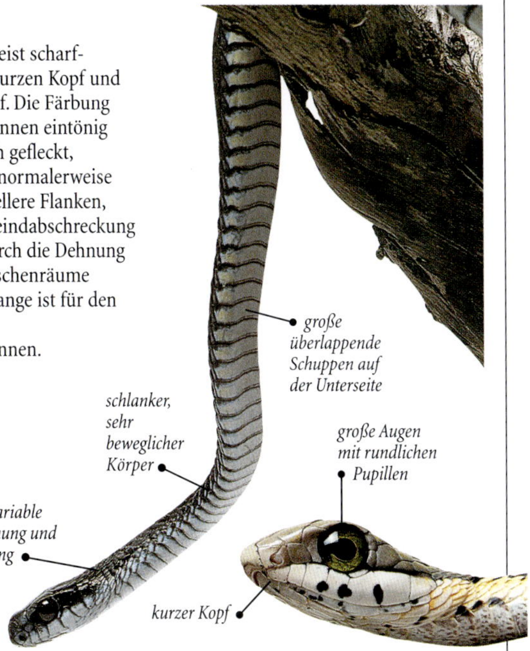

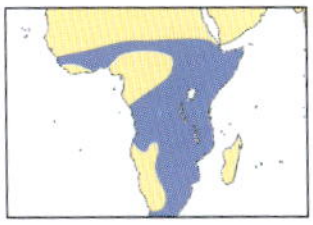
Afrika

Länge 1,5–2 m	Ernährungsweise	Aktivitätsphase

Familie COLUBRIDAE	Art *Drymarchon corais*	Bestand häufig

Indigonatter

Von den acht Unterarten dieser Schlange verdient nur die in Florida vorkommende Subspezies (Abbildung) mit ihrer glänzenden, blauschwarzen Färbung und dem roten Hals den umgangssprachlichen Namen. Die in Texas und Lateinamerika heimischen Unterarten sind gelb, rot, braun oder schwarz gefärbt. Zur Beute der Indigoschlange gehören zahlreiche Wirbeltiere, u.a. Lanzenottern und Abgottschlangen und sogar die außerordentlich giftigen Klapperschlangen.
Vorkommen: Südliches Nordamerika bis mittleres Südamerika. In unterschiedlichsten Biotopen, außer Wüsten.
Fortpflanzung: Legt 4–11 Eier.

Nord-, Mittel- und Südamerika

Länge 2,1–2,9 m	Ernährungsweise	Aktivitätsphase

Familie Colubridae	Art *Elaphe guttata*	Bestand häufig

Kornnatter

Diese Schlange gehört zu den bekanntesten und farbigsten Kletternattern. Es gibt vier Unterarten; die typische Kornnatter (*Elaphe guttata guttata*) aus dem Südosten der USA zeigt oberseits normalerweise eine orange Färbung mit roter Sattelzeichnung und ein schwarzweißes Schachbrettmuster auf der Unterseite (hellere Exemplare der Unterart aus Südflorida wurden früher als eigene Subspezies - *E. guttata rosacea* – geführt). Die Jungtiere sind grau oder bräunlich gefärbt und tragen keine auffällige Zeichnung. Die anderen drei Unterarten, die Graue Kornnatter (*E. guttata emoryi*), *E. guttata intermontana* und *E. guttata meahllmorum,* die im Süden der USA und in Nordostmexiko vorkommen, weisen zumeist eine graue Grundfärbung auf. Kornnattern sind sehr aktive Räuber, die sehr oft zu sehen sind, etwa beim nächtlichen Jagen kleiner Säugetiere auf Farmen oder beim Überqueren von Straßen. Vor allem bestimmte Zuchtformen werden gern in Terrarien gehalten, z. B. Albinos oder auch Teilalbinos, denen nur das schwarze Melaninpigment fehlt, sowie die sogenannten Schwärzlinge, die kein rotes bzw. orangefarbenes Pigment besitzen.

Verbreitung: Östliches und mittleres Nordamerika. In unterschiedlichsten Biotopen, z. B. in trockenen Wäldern, Sümpfen, an Bahndämmen und auf Feldern.

Fortpflanzung: Legt 6–25 Eier.

Ähnliche Arten: Leopardnatter (*Elaphe situla*), *E. triaspis.*

Typische Kornnatter

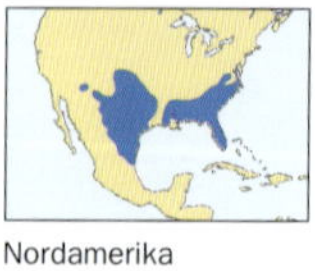

Nordamerika

Länge 1–1,8 m	Ernährungsweise	Aktivitätsphase

Albino

Schwärzling

Teilalbino

Familie COLUBRIDAE	Art *Elaphe obsoleta*	Bestand häufig

Pilotnatter

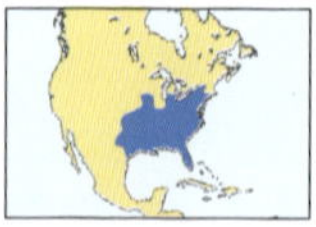

Nordamerika

Von dieser äußerst variabel gezeichneten Art sind mindestens fünf Unterarten bekannt: die im Norden des Verbreitungsgebietes vorkommende Schwarze Pilotnatter (*Elaphe obsoleta obsoleta*), die im Süden heimische Graue Pilotnatter (*E. obsoleta spiloides*), die gelbe, im Südosten verbreitete Kükennatter (*E. obsoleta quadrivittata*), die schwarzgelbe Texas-Kükennatter (*E. obsoleta lindheimeri*) aus Texas und Louisiana sowie die orangefarbene Everglades-Kükennatter (*E. obsoleta rossalleni*), deren Vorkommen auf Südflorida beschränkt ist. Pilotnattern, die zu den größten Schlangen der USA zählen und zudem recht aggressiv sind, können ausgezeichnet klettern und schwimmen. Zu ihrer Beute gehören große Ratten und Eichhörnchen, die durch Erwürgen getötet werden. Jungtiere unterscheiden sich im Aussehen oft völlig von ausgewachsenen Exemplaren; die Nachkommen der Kükennatter z. B. erinnern eher an eine Miniaturausgabe der Grauen Pilotnatter.

Verbreitung: Östliches Nordamerika. Die Schwarze und Graue Pilotnatter kommen hauptsächlich in sommergrünen Laubwäldern und auf Feldern vor; die Kükennatter und die Everglades-Kükennatter leben in Nadelwäldern, Mooren und Mangrovensümpfen. Die Texas-Kükennatter besiedelt meist trockene Biotope.

Fortpflanzung: Legt 5–30 Eier.

Ähnliche Arten: Bairds Kletternatter (*Elaphe bairdi*), Kornnatter (*E. guttata*, S.132–133).

Everglades-Kükennatter

Graue Pilotnatter

Länge 1–2,5 m	Ernährungsweise	Aktivitätsphase

Familie COLUBRIDAE	Art *Elaphe longissima*	Bestand häufig

Äskulapsnatter

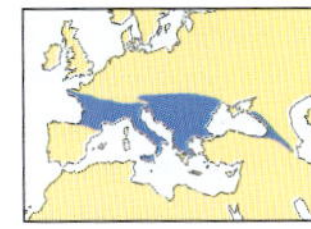

Die meist einheitlich olivgrün bis braun gefärbte Art wurde nach Äskulap, dem griechischen Gott der Heilkunst, benannt. Dieser trug einen Stab mit einer sich darum windenden Schlange bei sich, der auch heute noch das Symbol der Mediziner darstellt. Äskulapsnattern sind große Würgeschlangen, die in trockenen mediterranen Biotopen vorkommen, wo sie zwischen Felsblöcken und Trockenmauern gern Ratten jagen. Jungtiere (Abbildung) sind normalerweise heller gefärbt und weisen eine Reihe dunkler Flecken und ein gelbes Nackenband auf.
Verbreitung: Südeuropa und Westasien.
In trockenen, strauchbewachsenen Biotopen (Tiefland) und in felsigen Biotopen (Hochland).
Fortpflanzung: Legt 5–12 Eier.
Ähnliche Arten: Treppennatter (*Elaphe scalaris*).
Anmerkung: Die Römer, die Äskulap verehrten, führten die als heilig geltenden Schlangen für den Tempeldienst in Tongefäßen mit sich und verbreiteten sie so in ihrem damaligen Imperium.

Länge 1,4–2,2 m	Ernährungsweise	Aktivitätsphase

Familie COLUBRIDAE	Art *Elaphe mandarina*	Bestand selten

Mandarinnatter

Diese Schlange ist normalerweise grau gefärbt und zeigt ein schwarzgelbes Rautenmuster auf dem Rücken sowie eine ebenfalls schwarzgelbe, V-förmige Markierung auf dem Kopf. Über die Art ist wenig bekannt, es wird jedoch vermutet, dass sie sich hauptsächlich von jungen Mäusen ernährt, die sie in deren Bauten erbeutet. Die Tiere leben in lichten Bergwäldern, sind aber gelegentlich auch unter Felsgeröll und unter großen Steinen in Höhlen zu finden.
Verbreitung: Ostasien.
In Bergwäldern und felsigen Biotopen.
Fortpflanzung: Legt 8 Eier.
Ähnliche Arten:
Japanische Waldnatter (*Elaphe conspicillata*).

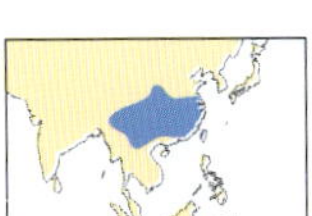

Länge 1–1,6 m	Ernährungsweise	Aktivitätsphase

Familie COLUBRIDAE	Art *Elaphe taeniura*	Bestand häufig

Streifenschwanznatter

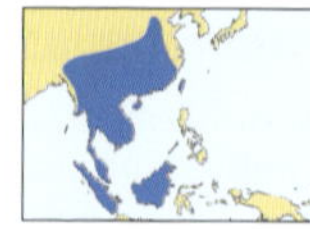
Asien

Der vordere Körperbereich dieser Schlange ist olivgrün bis braun gefärbt und zeigt ein Muster aus großen schwarzen Flecken und langen gelben Streifen, das zum Körperende hin in einen schwarzen breiten Rückenstreifen und gelbe schmale Streifen auf den Flanken übergeht. Bei der Taiwan-Streifenschwanznatter (*Elaphe taeniura friest*) wechseln die Markierungen auf dem Rücken zu einem bogenförmigen Muster auf dem Schwanz, während Ridleys Streifenschwanznatter (*E. taeniura ridleys*) vorn eintönig hellgrau gefärbt ist und zum Schwanzende hin dunkler wird. Sie weist zudem einen gelben Rückenstreifen und einen grauen, dunkel gestreiften Kopf auf.
Verbreitung: Südost- und Ostasien. Von Regenwäldern bis hin zu Feldern.
Fortpflanzung: Legt 5–25 Eier.
Ähnliche Arten: Indonesische Kletternatter (*Elaphe subradiaia*), Strahlennatter (*E. radiaia*).

Taiwan-Streifenschwanznatter

Ridleys Streifenschwanznatter

Länge 1,3–2,5 m	Ernährungsweise	Aktivitätsphase

Familie COLUBRIDAE	Art *Erpeton tenticulatum*	Bestand stellenweise häufig

Fühlerschlange

Asien

Diese graubraune aquatische Art ist anhand der beweglichen fühlerartigen Fortsätze an der Schnauzenspitze leicht zu erkennen. Während die Körperoberseite mit großen stark gekielten Schuppen bedeckt ist, weist die Bauchseite nur kleine Schuppen auf, die eine Bewegung an Land erschweren. Die Tiere können bis zu sechs Minuten lang tauchen; die trockene Jahreszeit verbringen sie im Schlamm vergraben. Die Schnauzenfortsätze dienen zum Anlocken von Fischen und Krebsen.
Verbreitung: Südostasien. In langsam fließendem Süßwasser.
Fortpflanzung: Lebend gebärend, 5–13 Junge.

Länge 70–100 cm	Ernährungsweise	Aktivitätsphase unbekannt

Familie COLUBRIDAE	Art *Fordonia leucobalia*	Bestand häufig

Krebstrugnatter

Diese variable Art kann eintönig gelb, orange oder schwarz gefärbt und manchmal auch gefleckt sein. Sie besitzt einen glattschuppigen Körper und einen rundlichen Kopf mit kleinen Augen. Die Tiere besiedeln häufig Brackwasserbiotope, z. B. Mangrovensümpfe, wo sie sich hauptsächlich von Krabben ernähren, in deren Löchern sie zudem gern Zuflucht suchen.
Verbreitung: Südostasien und Ozeanien. In Mangrovensümpfen und Wattenmeeren.
Fortpflanzung: Lebend gebärend, 10–15 Junge.
Ähnliche Arten: Wasserschlangen (*Enhydris-* und *Myris* species).

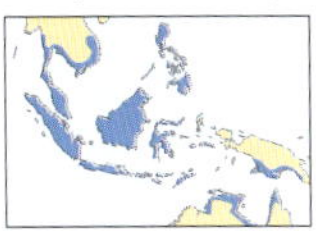

Asien, Australien, Ozeanien

Länge 60–90 cm	Ernährungsweise	Aktivitätsphase

Familie COLUBRIDAE	Art *Gonyosoma oxycephala*	Bestand häufig

Spitzkopfnatter

Diese schnelle, wachsame Baumschlange weist in der Regel einen leuchtend grünen Körper und einen rot, braun oder grau gefärbten langen Schwanz auf; einige Exemplare können auch gelb oder braun gefärbt sein. Zwischen der grünen Kopfoberseite und den gelbgrünen Lippen verläuft jeweils ein dunkler Streifen von den Augen zum Hinterkopf. Bei Gefahr blähen die Tiere ihren Hals auf, sodass ihr Vorderkörper größer erscheint und die dunklere Hautfärbung zwischen den Schuppen kontrastreich zur Geltung kommt; gleichzeitig stoßen sie mit dem Kopf nach vorn und zeigen ihren dunklen Gaumen, indem sie das Maul weit aufreißen. Zur Beute gehören u. a. Fledermäuse, die durch Erwürgen getötet werden.
Verbreitung: Südostasien. In Regenwäldern.
Fortpflanzung: Legt 5–12 Eier.
Ähnliche Arten: *Elaphe prasina.*

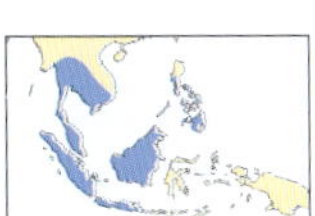

Asien

Länge 1,6–2,4 m	Ernährungsweise	Aktivitätsphase

Familie COLUBRIDAE	Art *Heterodon nasicus*	Bestand häufig

Westliche Hakennatter

Die stark aufgeworfene Schnauze unterscheidet diese Art von den meisten anderen nordamerikanischen Schlangen. Der kräftige Körper ist hellgrau gefärbt und zeigt ein Muster aus viereckigen braunen oder grauen Flecken auf den Rücken. Die Unterseite ist mit großen schwarzen Flecken versehen, die bei anderen Hakennattern fehlen.
Verbreitung: Südkanada, USA und Nordostmexiko. In sandigen Biotopen und Prärien.
Fortpflanzung: Legt 4–23 Eier.
Ähnliche Arten: Gewöhnliche Hakennatter (*Heterodon platyrhinos*), Südliche Hakennatter (*H. simus*).

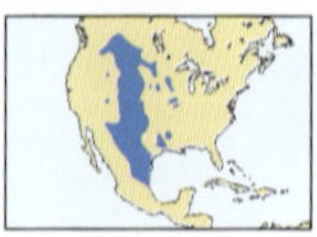

Nordamerika

Länge 40–80 cm	Ernährungsweise	Aktivitätsphase

Familie COLUBRIDAE	Art *Hydrodynastes gigas*	Bestand stellenweise häufig

Brasilianische Glattnatter

Südamerika

Diese z.T. aquatisch lebende Art besitzt einen glattschuppigen, kräftigen Körper und erreicht eine beachtliche Größe. Die Färbung ist gelblich braun, die Zeichnung besteht aus dunkelbraunen, schwarz gesäumten Flecken. Von den Augen bis zum Hinterkopf verläuft jeweils ein breiter schwarzer Streifen, der Nacken weist eine ebenfalls schwarze, V-förmige Markierung auf. Ähnlich wie Kobras können die Tiere ihren Hals bei Gefahr stark verbreitern.
Verbreitung: Mittleres Südamerika. Auf überfluteten Wiesen und in Wäldern.
Fortpflanzung: Legt 30–42 Eier.
Ähnliche Arten: Indigonatter (*Drymarchon corais*, S. 131).

Länge 1,5–2 m	Ernährungsweise	Aktivitätsphase

Familie COLUBRIDAE	Art *Imantodes cenchoa*	Bestand stellenweise häufig

Riemennatter

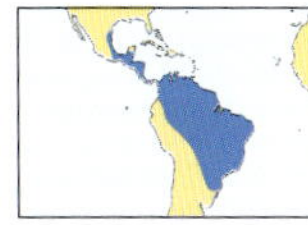

Mittel- und Südamerika

Diese Baumschlange besitzt einen schlanken und sehr leichten Körper, sodass sie sich bei ihrer Jagd auf schlafende Echsen auch auf dünne Zweige wagen kann. Der breite, vorn abgerundete Kopf ist vergleichsweise groß und deutlich vom Körper abgesetzt, die Augen stehen leicht hervor. Die Schuppen auf dem Rücken, die drei- bis viermal so groß sein können wie die der Flanken, verleihen dem Körper Festigkeit; so können die Schlangen größere Abstände zwischen Ästen gut überwinden. Die Tiere sind nachtaktiv und spüren ihre Beute mithilfe der Augen und der Zunge auf.

Verbreitung: Mittel- und Südamerika. In tropischen Wäldern und Regenwäldern.

Fortpflanzung: Legt 1–3 Eier.

Ähnliche Arten: *Imantodes gemmistratus.*

Länge 1–1,2 m	Ernährungsweise	Aktivitätsphase ☾

Familie COLUBRIDAE	Art *Lamprophis fuliginosus*	Bestand häufig

Braune Hausschlange

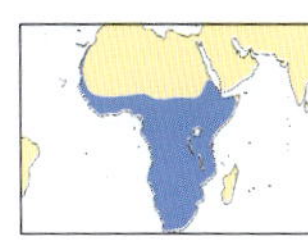

Afrika

Diese harmlose Art ist die wahrscheinlich häufigste afrikanische Schlange südlich der Sahara. Die Tiere können fast schwarz, dunkelbraun, sandfarben oder rot gefärbt sein und werden leicht mit anderen afrikanischen Hausschlangen verwechselt, da sie alle glatte Schuppen und einen langen schlanken Kopf mit kleinen Augen und senkrechten Pupillen besitzen. Die Braune Hausschlange weist jedoch zusätzlich einen hellen Streifen auf den Kopfseiten auf, der jeweils vom Maul bis zum Hinterkopf verläuft.

Verbreitung: Afrika, südlich der Sahara. In unterschiedlichsten Biotopen, von Wäldern über Savannen bis hin zu Feldern, aber auch in bewohnten Gebäuden.

Fortpflanzung: Legt 8–16 Eier.

Ähnliche Arten: Afrikanische Hausnatter (*Lamprophis lineatus*).

Länge 90–150 cm	Ernährungsweise	Aktivitätsphase ☾

Familie COLUBRIDAE	Art *Lampropeltis getula*	Bestand häufig

Kettennatter

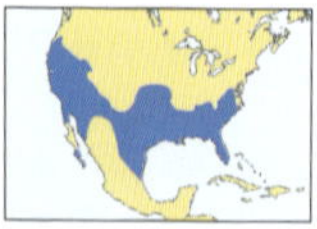

Die äußerst variabel gemusterte Art gehört zu den bekanntesten nordamerikanischen Schlangen. Es gibt sieben bis zehn Unterarten; die Östliche Kettennatter (*Lampropeltis getula getula*) zeigt ein schwarzgelbes kettenartiges Muster, die ähnlich gezeichnete Wüstenkettennatter (*L. getula splendida*) weist zusätzlich einen großen schwarzen Fleck auf dem Kopf und zahlreichere gelbe Punkte auf den Flanken auf. Bei der Gesprenkelten Kettennatter (*L. getula holbrooki*) ist jede der schwarzen Schuppen mit einem gelben Punkt in der Mitte versehen, während die Schwarze Kettennatter (*L. getula niger*) und die Schwarze Wüstenkettennatter (*L. getula nigritus*) fast völlig schwarz gefärbt sind. Die Florida-Kettennatter (*L. getula floridana*) kann eine braune Färbung mit gelber Zeichnung tragen oder gelb gefärbt und braun gezeichnet sein. Bei der Kalifornischen Kettennatter (*L. getula californiae*) – der wohl variabelsten Unterart – sind in einem Gelege oft sowohl gebänderte als auch gestreifte Jungtiere zu finden. Die großen, hauptsächlich terrestrisch lebenden Würgeschlangen ernähren sich überwiegend von kleinen Säugetieren, fressen aber auch andere Schlangen, u. a. giftige Klapperschlangen wie *Crotalus*- und *Sistrurus*-Arten, gegen deren Bisse sie immun sind.

Verbreitung: Nordamerika. In den unterschiedlichsten Biotopen, z. B. in Wäldern, auf Feldern, Wiesen und Weiden.

Fortpflanzung: Legt 3–24 Eier.

Ähnliche Arten: Kiefernattern (*Pituophis* species, S. 149), Zornnattern (*Coluber* species).

Kalifornische Kettennatter (längsgestreift)

Länge 90–180 cm	Ernährungsweise	Aktivitätsphase

Florida-Kettennatter

Kalifornische Kettennatter (gebändert)

Wüstenkettennatter

Schwarze Wüstenkettennatter

Familie COLUBRIDAE	Art *Lampropeltis triangulum*	Bestand häufig

Dreiecksnatter

Nord-, Mittel- und Südamerika

Diese Art gehört zu den am weitesten verbreiteten terrestrischen Schlangen und kommt von Südostkanada bis hin zu Kolumbien und Ecuador vor. Es werden 25 Unterarten unterschieden, die stark in der Größe variieren; die kleinste Subspezies, die Rote Königsnatter (*Lampropeltis triangulum elapsoides*), misst gerade einmal 50 cm, während *L. triangulum micropholis* bis zu 2 m lang werden kann. Die meisten Unterarten weisen charakteristische rote, schwarze und gelbe, manchmal weiße Querbänder auf. Bei einigen Gruppen können die roten Bänder zu einem schwarz gesäumten Sattelmuster auf hellem Untergrund reduziert sein, während bei anderen die gelbe Farbe von Rot oder Schwarz überlagert wird, so z. B. bei der Honduras-Königsnatter (*L. triangulum hondurensis*); eine Unterart ist sogar völlig schwarz. Die Ebenen-Dreiecksnatter (*L. triangulum gentilis*) ist heller als die meisten anderen Unterarten, *L. triangulum triangulum* ist normalerweise an ihrem rotbraunen Sattelmuster zu erkennen. Die Mexikanische Königsnatter (*L. triangulum annulata*) ist gleichmäßig rot und schwarz geringelt, bei der Sinaloa-Dreiecksnatter (*L. triangulum sinaloae*) dagegen ist der vorderste rote Ring breiter als die übrigen.

Verbreitung: Nord- und Mittelamerika sowie nordwestliches Südamerika. In unterschiedlichsten Biotopen, außer Wüsten.

Fortpflanzung: Legt 5–16 Eier.

Ähnliche Arten: Arizona-Königsnatter (*L. pyromelana*), Echte Korallenottern (*Micrurus* species, S. 163–164).

Muster aus schwarzen und gelben Querbändern auf rotem Untergrund

vorderster roter Abschnitt vergleichsweise breit

Sinaloa-Dreiecksnatter

gelbe Querbänder sind schwarz überlagert

Honduras-Königsnatter

Länge 50–200 cm	Ernährungsweise	Aktivitätsphase ☾

Mexikanische Königsnatter

Ebenen-Dreiecksnatter

Rote Königsnatter

Familie COLUBRIDAE	Art *Langaha madagascariensis*	Bestand stellenweise häufig

Blattnasennatter

Madagaskar

Diese madagassische Art gehört sicher zu den merkwürdigsten Schlangen der Erde. Der Körper ist lang und dünn und mit stark gekielten Schuppen bedeckt, und sowohl Männchen als auch Weibchen tragen einen recht ungewöhnlichen, der Tarnung dienenden Fortsatz an der Schnauzenspitze. Dieser besteht beim Männchen aus einem einfachen weichen, dornartigen Auswuchs, während er beim Weibchen stark zerteilt ist und ein wenig an einen Tannenzapfen erinnert. Männliche Tiere sind oberseits braun und unterseits gelb gefärbt, die Weibchen dagegen zeigen eine hellgraue Färbung mit einem braunen Sattelmuster. Über die Lebensweise der Tiere ist wenig bekannt, es wird jedoch vermutet, dass sie überwiegend auf Bäumen leben und sich von Echsen ernähren.

Verbreitung: Madagaskar. Meist in Wäldern.

Fortpflanzung: Legt 3 Eier.

Ähnliche Arten: *Langaha pseudoalluaudi, L. alluaudi.*

Männchen

Weibchen

Männchen auf einem Zweig

Länge 70–90 cm	Ernährungsweise	Aktivitätsphase

Familie COLUBRIDAE	Art *Leioheterodon madagascariensis*	Bestand häufig

Leioheterodon madagascariensis ☠

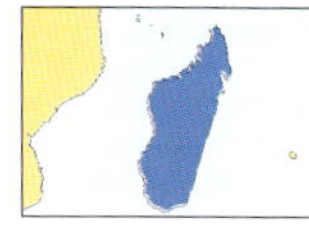

Madagaskar

Diese eindrucksvolle Art weist eine hellbraune Färbung mit einer schwarzgelben Fleckenzeichnung auf den Flanken und einem dunkelbraunen Sattelmuster auf dem Rücken auf. Der große Kopf ist oberseits schwarz und unterseits cremefarben, die aufgeworfene Schnauze erleichtert den Tieren die Nahrungssuche zwischen welken Blättern und in weicher Erde. Nach den Boas gehört diese Art zu den größten und häufigsten Schlangen auf Madagaskar. Da es durch Bisse der nah verwandten *Leioheterodon modestus* bereits zu Vergiftungen gekommen ist, sollte auch dieser Schlange mit Vorsicht begegnet werden.

Verbreitung: Madagaskar (auf die Komoren eingeschleppt). In Wäldern.

Fortpflanzung: Legt 5–13 Eier.

Länge 1–1,5 m	Ernährungsweise	Aktivitätsphase ☼

Familie COLUBRIDAE	Art *Leptophis diplotropis*	Bestand häufig

Leptophis diplotropis

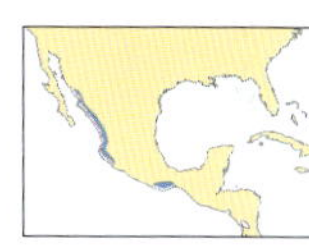

Nordamerika

Diese Baumschlange ist dank ihrer gelbgrünen Färbung und den oft schwarz gesäumten Schuppen gut in ihrem natürlichen Lebensraum getarnt, vor allem, wenn sie unbeweglich verharrt. Die Tiere sind äußerst geschickte und vorsichtige Räuber, die an Flussufern hauptsächlich Echsen und Frösche jagen. Bei Gefahr richten sie sich auf, blähen den Vorderkörper auf und zeigen zur Abschreckung ihren blauschwarzen Gaumen, indem sie das Maul weit aufreißen. Genügt diese Drohgebärde nicht, können die Schlangen schmerzhaft zubeißen – was unvorsichtige Menschen häufig zu spüren bekommen.

Verbreitung: Westmexiko. In Tieflandküstenwäldern.

Fortpflanzung: Legt 1–3 Eier.

Ähnliche Arten: Brasilianische Schlanknatter (*Leptophis ahaetulla*).

Anmerkung: Von den sieben Schlanknatterarten kommt diese Schlange am weitesten nördlich vor.

Länge 1–1,5 m	Ernährungsweise	Aktivitätsphase ☼

Familie	Art	Bestand
COLUBRIDAE	*Macroprotodon cucullatus*	häufig

Kapuzennatter

Diese leicht giftige Schlange verdankt ihren Namen der dunklen Kopfzeichnung. Der Körper zeigt oberseits eine hellgraue bis braune Färbung; die Unterseite ist rosafarben oder gelb, oft auch schachbrettartig schwarzweiß gemustert. Auf den Flanken ist meist eine undeutliche schwarze Zeichnung zu erkennen. Die Tiere ernähren sich hauptsächlich von Echsen.
Verbreitung: Südwesteuropa und Nordafrika. In lichten Wäldern und sandigen, strauchbewachsenen Biotopen.
Fortpflanzung: Legt 5–7 Eier.
Ähnliche Arten: Glattnatter (*Coronella austriaca,* S. 129).

Europa, Afrika

Länge	Ernährungsweise	Aktivitätsphase
60–65 cm		

Familie	Art	Bestand
COLUBRIDAE	*Malpolon monspessulanus*	häufig

Europäische Eidechsennatter

Diese große flinke, tagaktive Art ist zumeist eintönig braun gefärbt, manchmal weist sie auch Flecken auf. Bei Gefahr richten sich die Tiere auf und zischen laut. Wenn diese Drohgebärde nicht ausreicht, können sie auch kräftig zubeißen.
Verbreitung: Südeuropa, Nordafrika und Südwestasien. In felsigen, strauchbewachsenen Biotopen und Halbwüsten.
Fortpflanzung: Legt 4–20 Eier.

Europa, Afrika, Asien

Länge	Ernährungsweise	Aktivitätsphase
1,5–2 m		

Familie	Art	Bestand
COLUBRIDAE	*Masticophis flagellum*	häufig

Kutscherpeitschennatter

Diese variable Art kann eintönig schwarz, braun oder ockerfarben sein; viele Exemplare weisen eine Zeichnung aus gelben Längsstreifen oder Querbinden auf, einige wenige sind rot oder rosa gefärbt. Die Tiere sind sehr aktiv und besitzen gute Augen, die ihnen das Jagen erleichtern. Vor Menschen flüchten sie in der Regel, können bei Berührung jedoch kräftig zubeißen.
Verbreitung: Nordamerika. In Prärien, Wüsten, Wäldern und auf Feldern.
Fortpflanzung: Legt 4–20 Eier.
Ähnliche Arten: *Masticophis bilineatus, M. taeniatus.*

Nordamerika

Länge	Ernährungsweise	Aktivitätsphase
90–250 cm		

Familie	Art	Bestand
COLUBRIDAE	*Mehelya capensis*	häufig

Kap-Feilennatter

Der Körperquerschnitt dieser Schlange ist dreieckig; der Rücken weist eine Reihe hervorstehender Schilde auf, und zwischen den stark gekielten Körperschuppen sind größere Hautbereiche sichtbar. Die Körperoberseite ist mit graubraunen Schuppen bedeckt und zeigt einen gelben oder cremefarbenen Rückenstreifen, die Haut zwischen den Schuppen ist hellgrau gefärbt. Die Unterseite ist weiß oder ebenfalls cremefarben, der breite und abgeplattete Kopf graubraun. Die für Menschen harmlosen Tiere ernähren sich von anderen Schlangen, u. a. von giftigen Arten. Kap-Feilennattern sind zwar häufig, jedoch selten zu sehen.
Verbreitung: Ost- und Südafrika. In Savannen und Küstenwäldern.
Fortpflanzung: Legt 5–13 Eier.
Ähnliche Arten: Angola-Feilennatter (*Mehelya vernayi*), *M. poensis*.

Länge	Ernährungsweise	Aktivitätsphase
1,2–1,6 m		

Familie	Art	Bestand
COLUBRIDAE	*Natrix maura*	häufig

Vipernatter

Diese Art ähnelt sowohl in der Zeichnung als auch in ihrem Abwehrverhalten einer giftigen Viper. Die Tiere zeigen eine olivgrüne bis braune Färbung mit gelben Bereichen und einer Reihe großer schwarzer Flecken auf dem Rücken, die ein Zickzackmuster bilden können. Auf dem Hinterkopf ist eine schwarze V-förmige Zeichnung zu erkennen. Bei Gefahr rollt sich die Vipernatter zusammen, zischt und täuscht mit geschlossenem Maul einen Angriff vor.
Verbreitung: Südwesteuropa und Nordwestafrika. In Süßwasserbiotopen.
Fortpflanzung: Legt 4–20 Eier.
Ähnliche Arten: Würfelnatter (*Natrix tessellata*).

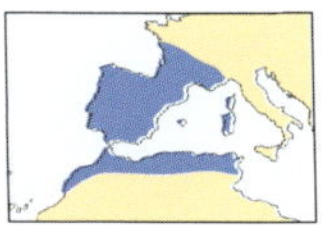

Europa, Afrika

Länge	Ernährungsweise	Aktivitätsphase
70–100 cm		

Familie COLUBRIDAE	Art *Natrix natrix*	Bestand häufig

Ringelnatter

Europa, Afrika, Asien

Die meisten Schlangen dieser Art sind grün oder olivbraun gefärbt. Die hier abgebildete, in Westeuropa heimische Barren-Ringelnatter (*Natrix natrix helvetica*) ist außerdem an ihrem doppelten schwarzgelben „Kragen“ zu erkennen, der bei der auf der Iberischen Halbinsel und in Nordafrika vorkommenden Spanischen Ringelnatter (*N. natrix astreptophora*) weniger deutlich ausgeprägt ist. Die Streifenringelnatter (*N. natrix persa*) weist ein auffälliges, helles Streifenmuster auf, während die Russische Ringelnatter (*N. natrix scutata*) schwarz gefleckt ist. Die Tiere sind manchmal beim Jagen nach Fröschen zu beobachten.
Verbreitung: Europa, Nordwestafrika sowie West- und Mittelasien. In Süßwasserbiotopen.
Fortpflanzung: Legt 8–40 Eier.
Ähnliche Arten: *N. megalocephala.*

grüner bis olivbrauner Körper mit schwarzem Muster

große Augen mit runden Pupillen

meist mit schwarzgelbem Nackenband

Länge 1,2–2 m	Ernährungsweise	Aktivitätsphase

Familie COLUBRIDAE	Art *Nerodia fasciata*	Bestand häufig

Gebänderte Wassernatter

Nordamerika

Diese Art zeigt normalerweise eine rote, schwarze, bräunliche oder olivgrüne Färbung mit gelbbraunen, roten oder schwarzen Querbinden; ausgewachsene Weibchen können auch völlig schwarz sein. Von den meisten anderen Wasserschlangen lassen sich die Tiere anhand des dunklen, vom Auge zum Maul verlaufenden Streifen unterscheiden. Im Gegensatz zur ähnlich aussehenden, gefährlichen Wassermokassinschlange (*Agkistrodon piscivorus*, S. 176) ist die Gebänderte Wassernatter ungiftig.
Verbreitung: Südosten der USA. In Süßwasserbiotopen, im Mississippidelta manchmal auch in Brackwasser.
Fortpflanzung: Lebend gebärend, 9–50 Junge.
Ähnliche Arten: Wassermokassinschlange (*Agkistrodon piscivorus*, S. 176), Siegelring-Natter (*Nerodia sipedon*).

breiter Kopf mit großen Augen und runden Pupillen

unregelmäßige rote, bräunliche oder schwarze Querbinden

Zeichnung erinnert an die der giftigen Wassermokassinschlange

Länge 1–1,6 m	Ernährungsweise	Aktivitätsphase

Familie COLUBRIDAE	Art *Opheodrys aestivus*	Bestand stellenweise häufig

Raue Grasnatter

Diese gut getarnte, tagaktive, schlanke Schlange ist perfekt an ihre Lebensweise auf Bäumen angepasst. Sie weist eine hellgrüne Ober- und eine gelbgrüne Unterseite auf; eine Zeichnung ist nicht vorhanden. Die Tiere können ausgezeichnet klettern, halten sich jedoch auch gern in der Nähe von Gewässern auf oder schwimmen sogar darin. Da Heuschrecken zu ihrer Hauptnahrung gehören, ist die Art stark durch Pestizide gefährdet.

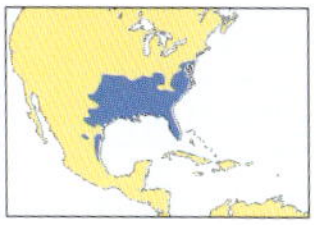

Nordamerika

Verbreitung: Östliches Nordamerika und Nordostmexiko. In unterschiedlichsten Biotopen, außer Wüsten.
Fortpflanzung: Legt 4–11 Eier.
Ähnliche Arten: *Liochlorophis vernalis.*

Länge 80–160 cm	Ernährungsweise	Aktivitätsphase

Familie COLUBRIDAE	Art *Oxybelis aeneus*	Bestand häufig

Mexikanische Spitznatter

Diese Schlange ähnelt mit ihrem langen schmalen Kopf, dem schlanken Körper und dem sehr langen Schwanz so sehr einer rankenden Liane, dass sie auf Bäumen nur schwer auszumachen ist. Die Tiere können oberseits braun oder grau gefärbt sein und weisen eine weiße oder hellgrüne Unterseite auf; auf beiden Kopfseiten verläuft jeweils ein schwarzer Streifen von der Schnauzenspitze über das Auge zum Hinterkopf.
Verbreitung: Südwesten der USA bis Südamerika. In Wäldern und strauchbewachsenen Biotopen.
Fortpflanzung: Legt 3–5 Eier.

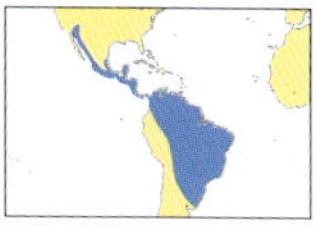

Nord- und Südamerika

Länge 1,3–1,7 m	Ernährungsweise	Aktivitätsphase

Familie COLUBRIDAE	Art *Pituophis melanoleucus*	Bestand häufig

Kiefernatter

Diese große Würgeschlange besitzt ungewöhnlich stark gekielte Rückenschuppen. Die Färbung variiert bei den 15 Unterarten von cremefarben und dunkel gefleckt – wie bei der hier abgebildeten Nördlichen Kiefernatter (*Pituophis melanoleucus melanoleucus*) – bis hin zu völlig schwarz.
Verbreitung: Nordamerika. In unterschiedlichsten Biotopen, z. B. Nadelwäldern, Küstenwäldern, Prärien und Wüsten.

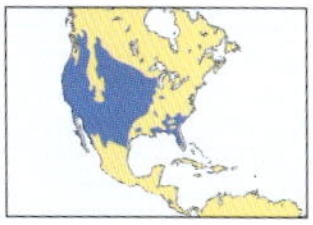

Nordamerika

Fortpflanzung: Legt 2–24 Eier.
Ähnliche Arten: Mexikanische Bullennatter (*P. deppei*).

Länge 1–2,5 m	Ernährungsweise	Aktivitätsphase

Familie COLUBRIDAE	Art *Psammophis subtaeniatus*	Bestand häufig

Psammophis subtaeniatus ☠

Kennzeichnend für diese Art ist ihre besondere Beweglichkeit und Schnelligkeit. Der Rücken der Schlangen ist braun, und die durch weiße, schwarz gesäumte Längsstreifen abgesetzte Bauchseite leuchtend gelb gefärbt; Kopf und Hals weisen eine hellere Färbung mit braunen Flecken und Querbinden auf. **Verbreitung:** Ost- und Südafrika. In Savannen und trockenen, strauchbewachsenen Biotope. **Fortpflanzung:** Legt 4–10 Eier. **Ähnliche Arten:** *Psammophis leightoni.*

Afrika

Länge 1–1,3 m	Ernährungsweise	Aktivitätsphase

Familie COLUBRIDAE	Art *Pseudaspis cana*	Bestand häufig

Maulwurfsnatter

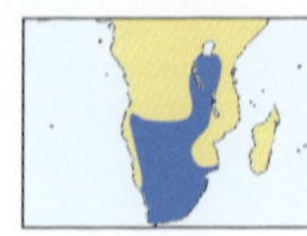

Afrika

Diese Schlange besitzt einen stämmigen glattschuppigen Körper und einen spitzen Kopf mit einer verlängerten, nach unten gerichteten Schnauze zum Graben in der Erde. Geschlechtsreife Tiere sind variabel gefärbt und können u. a. eine gelbbraune, rote oder schwarze Färbung aufweisen; Jungtiere zeigen meist ein dunkelbraunes Fleckenmuster auf hellbraunem Grund. Ausgewachsene Exemplare leben überwiegend unter der Erde, um dort Maulwürfe, Wühlratten und andere Nagetiere zu jagen, während Jungtiere sich hauptsächlich von Eidechsen ernähren. Während der Paarungszeit kann es unter Männchen zu blutigen Rivalenkämpfen kommen. **Verbreitung:** Süd- und Südostafrika. In unterschiedlichsten Biotopen, von Wüsten über grasbewachsene Hügel bis hin zu sandigen Küstenbiotopen. **Fortpflanzung:** Lebend gebärend, 25–90 Junge. **Ähnliche Arten:** Kapkobra (*Naja nivea*, S. 167).

Jungtier

Ausgewachsenes Exemplar

Länge 1,5–2,1 m	Ernährungsweise	Aktivitätsphase

Familie COLUBRIDAE	Art *Ptyas mucosus*	Bestand häufig

Dhaman

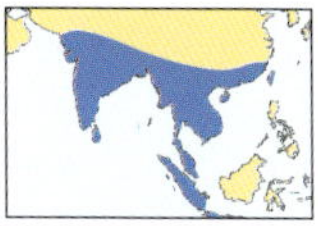

Diese Art, auch Asiatische Rattenschlange genannt, ist vom Kopf bis zur Körpermitte eintönig braun gefärbt, zum Schwanz hin sind zunehmend dunklere Querbinden zu erkennen. Der große braune Kopf weist eine gelbe Schnauzenspitze und große Augen mit runden Pupillen auf. Die großen, kräftigen, hauptsächlich terrestrisch lebenden Schlangen suchen gern Zuflucht in unterirdischen Bauten. Die Beute wird nicht erwürgt, sondern lebendig verschluckt.

Verbreitung: Asien. In zahlreichen Biotopen, z. B. in Regenwäldern, aber auch in lichteren und weniger feuchten Wäldern.

Fortpflanzung: Legt 6–18 Eier.

Ähnliche Arten: Königskobra (*Ophiophagus hannah*, S. 169).

Länge 1,3–3,7 m	Ernährungsweise	Aktivitätsphase

Familie COLUBRIDAE	Art *Rhinocheilus lecontei*	Bestand stellenweise häufig

Nasennatter

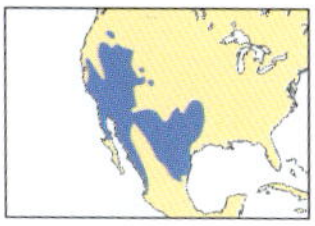

Die wühlende Schlange ist nach starken Regenfällen gelegentlich auf Straßen zu finden. Sie besitzt einen schlanken Körper und einen langen, spitz zulaufenden Kopf mit gekrümmten, nach unten gerichteten Kiefern. Aufgrund ihrer roten, schwarzen und weißen Färbung erinnern die Tiere ein wenig an Dreiecksnattern (*Lampropeltis* species, S. 142–143) oder Korallenschlangen (*Micrurus* species, S. 164), sie weisen jedoch eine rotschwarze Sattelzeichnung und keine Querbänder auf. Bei Gefahr scheiden sie oft Blut und Kot aus der Kloake aus.

Verbreitung: Südwesten der USA und Nordmexiko. In Wüsten, Prärien und strauchbewachsenen Biotopen.

Fortpflanzung: Legt 4–11 Eier.

Ähnliche Arten: Dreiecksnatter (*Lampropeltis triangulum*, S. 142–143), Schaufelnasenschlangen (*Chionactis* species).

Länge 50–100 cm	Ernährungsweise	Aktivitätsphase

Familie COLUBRIDAE | Art *Spilotes pullatus* | Bestand stellenweise häufig

Hühnerfresser

Diese große tropische, schwarzgelb gefärbte Baumschlange erhielt ihren umgangssprachlichen Namen eher zu Unrecht, denn sie ernährt sich überwiegend von Kleinsäugern, Wildvögeln, Echsen und anderen Schlangen, die erwürgt und dann verschlungen werden. Die flinken Tiere sind recht aggressiv und beißen bei Gefahr schnell zu.
Verbreitung: Mittel- und Südamerika. An bewaldeten Flussufern sowie in Küstenwäldern und Mangrovensümpfen.
Fortpflanzung: Legt 7–10 Eier.
Ähnliche Arten: *Pseustes poecilonotus.*

Mittel- und Südamerika

Länge 1,5–2 m | Ernährungsweise | Aktivitätsphase

Familie COLUBRIDAE | Art *Telescopus semiannulatus* | Bestand häufig

Getigerte Katzennatter

Diese Art ist lachs- bis orangefarben und weist ein dunkles Nackenband sowie ein Flecken- oder Sattelmuster auf dem Rücken auf, das sich bis zur Schwanzspitze fortsetzt. Die Tiere leben hauptsächlich am Boden, plündern aber manchmal auch Vogelnester.
Verbreitung: Ost- und Südafrika. In Savannen.
Fortpflanzung: Legt 5–20 Eier.
Ähnliche Arten: *Telescopus beetzii.*

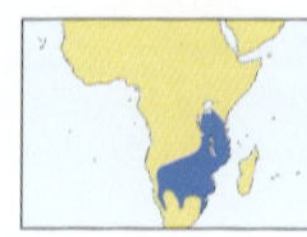
Afrika

Länge 80–100 cm | Ernährungsweise | Aktivitätsphase

Familie COLUBRIDAE | Art *Thamnophis proximus* | Bestand häufig

Westliche Streifenstrumpfbandnatter

Die Schlange zeigt oberseits eine braune Färbung mit manchmal undeutlichen, hellen Flecken, der Bauch ist cremefarben. Auf den Flanken verlaufen weiße und auf dem Rücken orangefarbene, gelbe oder rote Längsstreifen.
Verbreitung: Nord- und Mittelamerika. In Süßwasserbiotopen.
Fortpflanzung: Lebend gebärend, 4–27 Junge.
Ähnliche Arten: Bändernatter (*Thamnophis sauritus*).

Nord- und Mittelamerika

Länge 70–120 cm | Ernährungsweise | Aktivitätsphase

Familie COLUBRIDAE	Art *Thamnophis sirtalis*	Bestand häufig

Gewöhnliche Strumpfbandnatter

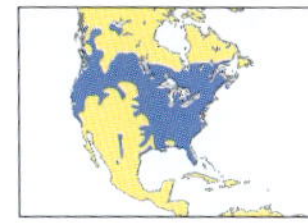

Nordamerika

Es gibt elf Unterarten dieser Schlangenart. Die Rotseiten-Strumpfbandnatter (*Thamnophis sirtalis parietalis*), die von Kanada bis zum Polarkreis vorkommt, ist am weitesten verbreitet; die Tiere sind an ihrer schwarzen Färbung mit drei leuchtenden gelben Streifen und roten Flecken auf den Flanken zu erkennen. Die Östliche Strumpfbandnatter (*T. sirtalis sirtalis*) ist olivgrün gefärbt und weist ein schwarzes Schachbrettmuster und hellgelbe Streifen auf. Die Florida-Strumpfbandnatter (*T. sirtalis similis*) zeigt eine dunkle Färbung mit hellblauen Streifen, während die San-Franzisko-Strumpfbandnatter (*T. sirtalis infernalis*) weiße, schwarz gesäumte Streifen und rote Flecken auf den Flanken besitzt.
Verbreitung: USA, Kanada und Nordmexiko. In Süßwasserbiotopen.
Fortpflanzung: Lebend gebärend, 11–23 Junge.
Ähnliche Arten: Tiefland-Strumpfbandnatter (*Thamnophis radix*), Berg-Strumpfbandnatter (*T. elegans*).

Rotseiten-Strumpfbandnatter

Östliche Strumpfbandnatter

San-Franzisko-Strumpfbandnatter

Länge 70–130 cm	Ernährungsweise	Aktivitätsphase

Familie Colubridae	Art *Thelotornis capensis*	Bestand häufig

Südafrikanische Baumnatter ☠

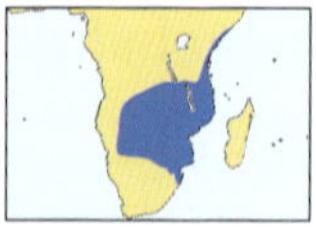

Diese schlanke Art zeigt eine graue bis graubraune Färbung mit schwarzen oder rosafarbenen Querbinden und Flecken. Der Kopf ist oberseits blaugrün gefärbt und mit schwarzen und rosafarbenen Tupfen versehen, die Augen weisen waagerechte Pupillen auf. Das Gift dieser sehr gefährlichen Schlange führt innerhalb von fünf Tagen zum Tod – ein Gegenmittel gibt es bisher nicht. Die Tiere ernähren sich hauptsächlich von Chamäleons und Jungvögeln, an die sie sich züngelnd anschleichen. Ist das Opfer in Reichweite, beißen sie blitzschnell zu und injizieren das Gift mit den hinten im Maul sitzenden Giftzähnen.

Verbreitung: Süd- und Ostafrika. In Savannen und Küstenbiotopen.
Fortpflanzung: Legt 8–10 Eier.
Ähnliche Arten: Graue Baumnatter (*Thelotornis kirtlandi*).

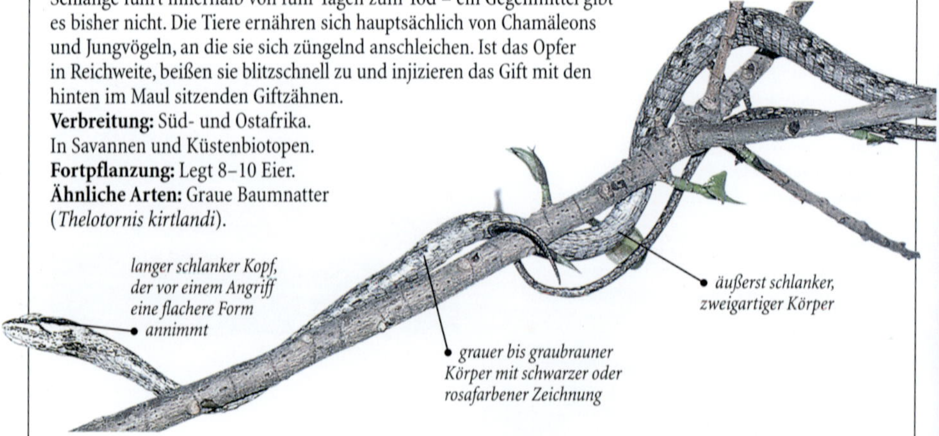

Länge 60–100 cm	Ernährungsweise	Aktivitätsphase

Familie Colubridae	Art *Trimorphodon biscutatus*	Bestand stellenweise häufig

Sonora-Leiernatter

Diese Schlange ist normalerweise grau oder braun gefärbt und zeigt dunkle, mit einem hellen Mittelpunkt versehene Flecken; der Hinterkopf weist eine braune Zeichnung auf, die an eine Leier erinnert. Je nach geographischer Verbreitung gibt es jedoch einige Abweichungen von der herkömmlichen Färbung. Die scheuen Schlangen fressen hauptsächlich Echsen und kleine Säugetiere, z. B. Fledermäuse, die sowohl durch Gift als auch durch Erwürgen getötet werden. Bei Gefahr heben die Tiere den Kopf, zischen laut und täuschen einen Angriff vor.

Verbreitung: Südwesten der USA und östliches Mittelamerika. In heißen, mit Dornenbüschen oder Gras bewachsenen felsigen Tieflandbiotopen.
Fortpflanzung: Legt 7–20 Eier.
Ähnliche Arten: Mexikanische Leiernatter (*Trimorphodon tau*).

Länge 50–120 cm	Ernährungsweise	Aktivitätsphase

Familie Colubridae	Art *Xenodon rabdocephalus*	Bestand häufig

Krötennatter

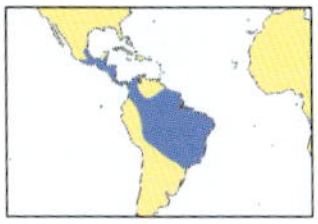

Mittel- und Südamerika

Aufgrund ihres dreieckigen Kopfes und des stämmigen, hell gefärbten und dunkelbraun gefleckten Körpers kann diese terrestrische Art leicht mit einer der sehr giftigen Amerikanischen Lanzenottern (*Bothrops* species, S. 180–181) verwechselt werden. Letztere weisen jedoch vorn im Maul sitzende spitze Giftzähne auf, wohingegen die Krötennattern große, weit hinten im Gaumen sitzende Zähne besitzen, die gut für das Töten von Kröten, ihrer Hauptbeute, geeignet sind; außerdem besitzen Krötennattern runde Pupillen und weisen keine Wärmegruben am Kopf auf.
Verbreitung: Mittel- und Südamerika. In tropischen Wäldern, meist in Flussnähe.
Fortpflanzung: Legt 8–12 Eier.
Ähnliche Arten: Neuwieds Haubennatter (*Xenodon neuwiedi*).

Länge 60–120 cm	Ernährungsweise	Aktivitätsphase

Familie Atractaspidae	Art *Atractaspis bibroni*	Bestand häufig

Südliche Erdotter ☠

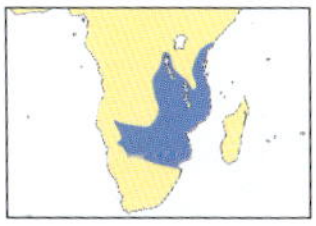

Afrika

Diese Art besitzt einen zylindrischen, glattschuppigen, dunkelbraunen Körper mit einer cremefarbenen Unterseite. An der Spitze des kurzen Schwanzes sitzt ein scharfer Dorn, der zum Graben in der Erde benutzt wird; als weitere Anpassung an die unterirdische Lebensweise ist der Kopf mit schaufelartigen Schilden bedeckt. Die Augen sind klein und weisen runde Pupillen auf. Ein typisches Erkennungsmerkmal der Tiere sind auch die sehr großen Giftzähne, die sogar seitlich aus dem Maul ragen können – so kann die Schlange seitwärts und nach hinten zuschlagen, ohne ihr Maul zu öffnen. Das Gift, für das es bisher noch kein Gegenmittel gibt, verursacht starke Schmerzen und Schwellungen.
Verbreitung: Zentral- und Südafrika. In Savannen und mit Dornbüschen bewachsenen Biotopen.
Fortpflanzung: Legt 6–8 Eier.
Anmerkung: Die Schlange gehört zu den ca. 16 Erdotterarten, die früher häufig auch als Maulwurfsvipern bezeichnet wurden.

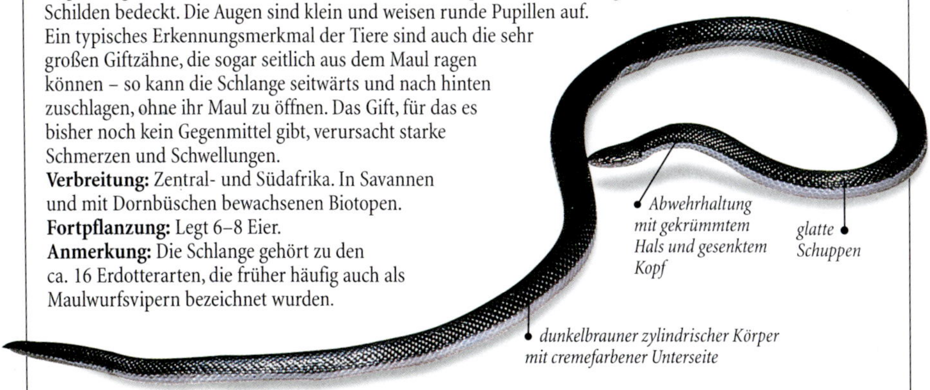

Länge 50–70 cm	Ernährungsweise	Aktivitätsphase

Familie ELAPIDAE	Art *Acanthophis praelongus*	Bestand häufig

Acanthophis praelongus ☠

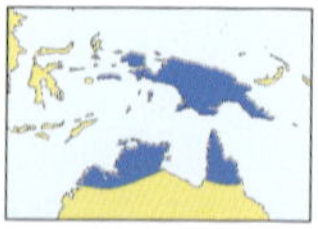

Australien, Ozeanien

Diese Natternart ähnelt mit ihrem kräftigen Körper, dem breiten Kopf und dem Jagdverhalten – sie lauert nachts im Verborgenen auf Beute – eher einer Viper, die in Australien und Ozeanien jedoch nicht vorkommt. Die Tiere besitzen einen kurzen dünnen Schwanz, leicht gekielte Körperschuppen und senkrechte Pupillen. Die Färbung reicht von Grau über Rot und Braun bis Schwarz; die Schwanzspitze ist zum Anlocken der Beute gelb oder weiß gefärbt.

Verbreitung: Nordaustralien und Südneuguinea. In Wäldern, Savannen, Gärten und auf Plantagen.

Fortpflanzung: Lebend gebärend, 2–8 Junge.

Ähnliche Arten: Gewöhnliche Todesotter (*Acanthophis antarcticus*).

Länge 30–100 cm	Ernährungsweise	Aktivitätsphase ☾

Familie ELAPIDAE	Art *Aipysurus laevis*	Bestand stellenweise häufig

Aipysurus laevis ☠

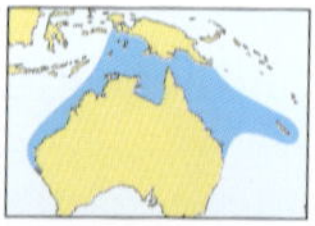

Australien, Ozeanien

Diese variable Art ist oberseits meist olivgrün bis bräunlich und unterseits etwas heller gefärbt, oft sind undeutliche Querbänder zu erkennen. Die Tiere besitzen einen seitlich abgeplatteten glattschuppigen Körper mit einem breiten paddelartigen Schwanz. Sie leben in Korallenriffen in Revieren; da sie neugierig sind, nähern sie sich gelegentlich Tauchern, beißen aber nur, wenn sie provoziert werden. Ihre Nahrung besteht aus Fischen und Krebsen.

Verbreitung: Meere vor Australien, Neuguinea und Neukaledonien. In Korallenriffen und in der Nähe von Flussmündungen.

Fortpflanzung: Lebend gebärend, 2–5 Junge.

Ähnliche Arten: Riff-Seeschlange (*Aipysurus fuscus*), Stokes Seeschlange (*Astrotia stokesii*).

glatte Körperschuppen

manchmal undeutliche Querbänder

Länge 1,2–2,2 m	Ernährungsweise	Aktivitätsphase ○

Familie ELAPIDAE	Art *Aspidelaps lubricus*	Bestand stellenweise häufig

Kap-Zwergschildkobra ☠

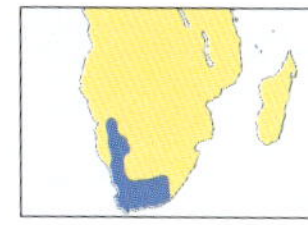
Afrika

Kennzeichnend für diese südafrikanische Schlange ist der kräftige, mit kleinen Schuppen bedeckte Körper und der vergrößerte Kopfschild. Die drei Unterarten unterscheiden sich durch Färbung und Zeichnung; *A. lubricus lubricus* (Abbildung), die im südlichsten Teil des Verbreitungsgebietes vorkommt, ist oberseits korallenrot und auf der Bauchseite rosa bis weiß gefärbt. *A. lubricus infuscatus* ist in Namibia heimisch und weist eine cremefarbene bis graubraune Körperfärbung mit einer undeutlichen Bänderzeichnung sowie einen schwarzen Kopf auf, während die in Angola lebende *A. lubricus cowlesi* einen cremefarbenen bis graubraunen Körper und einen hellen Kopf besitzt.

Verbreitung: Südafrika, Namibia und Südangola. In strauchbewachsenen Biotopen und am Wüstenrand.

Fortpflanzung: Legt 3–11 Eier.

Ähnliche Arten: *Elapsoidea sundevallii decosteri.*

Länge 50–80 cm	Ernährungsweise	Aktivitätsphase

Familie ELAPIDAE	Art *Aspidelaps scutatus*	Bestand stellenweise häufig

Schildkobra ☠

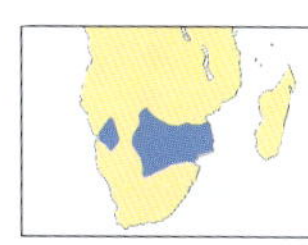
Afrika

Diese kräftige Giftnatter besitzt einen großen Schild auf der Schnauze, der zum Graben in lockerer Erde unter Büschen oder großen Steinen dient und dem die Art ihren umgangssprachlichen Namen verdankt. Die Schuppen am Vorderkörper sind glatt, in der Körpermitte dagegen leicht und am Schwanz stark gekielt. Der Rücken kann eine rote, orange, graue oder braune Färbung aufweisen, die Schuppen sind an den Spitzen jeweils schwarz gefärbt. Kopf und Nacken sind überwiegend schwarz, der Hals ist mit einem weißen Band versehen. Bei Gefahr richten sich die Tiere zunächst zischend auf und beißen dann recht schnell zu.

Verbreitung: Südafrika. In Savannen und sandigen, strauchbewachsenen Biotopen.

Fortpflanzung: Legt 4–11 Eier.

Länge 50–75 cm	Ernährungsweise	Aktivitätsphase

Familie	Art	Bestand
ELAPIDAE	*Austrelaps superbus*	häufig

Austrelaps superbus ☠

Diese Art kommt vor allem in den gemäßigten Klimazonen Australiens vor. Körper- und Kopfoberseite weisen eine dunkelbraune Färbung auf, die Flanken sind kupferfarben, und die unterste Schuppenreihe an den Seiten ist gelblich gefärbt. Die Tiere können ihren Körper stark abplatten, vermutlich um die Oberfläche zur besseren Wärmeabsorbierung zu vergrößern; der Kopf läuft leicht spitz zu. Bei Gefahr nimmt der Hals eine breite und flache Form an und bildet so eine Art Schild.

Verbreitung: Südostaustralien und Tasmanien. In Sümpfen, Wäldern und Steppen.
Fortpflanzung: Lebend gebärend, 9–45 Junge.
Ähnliche Arten: *Austrelaps ramsayi, A. labialis.*

Australien

Länge	Ernährungsweise	Aktivitätsphase
1,3–1,7 m		

Familie	Art	Bestand
ELAPIDAE	*Boulengerina annulata*	selten

Wasserkobra ☠

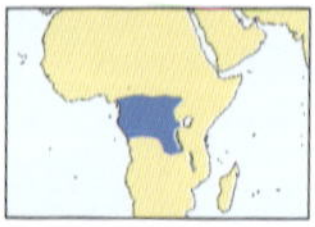

Afrika

Die große stämmige Schlange besitzt einen kurzen Kopf und recht große Augen. Der glattschuppige zylindrische Körper zeigt eine rotbraune Färbung mit schwarzen Querbinden. Es gibt zwei Unterarten; die westliche Subspezies *Boulengerina annulata annulata* weist auf dem gesamten Körper Querbänder auf, bei der östlichen Unterart *B. annulata stormsi* fehlt dagegen die Bänderung im Halsbereich. Die Tiere ähneln den ungiftigen Afrikanischen Wassernattern (*Grayia* species), die jedoch einen Zügelschild besitzen.

Verbreitung: West- und Zentralafrika. In Wäldern und Savannen sowie in Flüssen und Seen.
Fortpflanzung: Legt Eier (Menge unbekannt).
Ähnliche Arten: Afrikanische Wassernattern (*Grayia* species), *Boulengerina christyi.*

Länge	Ernährungsweise	Aktivitätsphase
1,4–2,7 m		

Familie ELAPIDAE	Art *Bungarus caeruleus*	Bestand häufig

Gewöhnlicher Bungar ☠

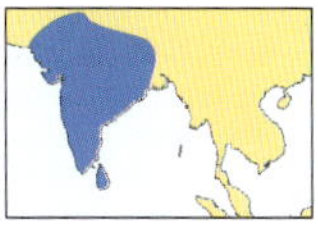
Asien

Diese Schlange, auch Indischer Krait genannt, besitzt einen glattschuppigen, glänzend blauschwarzen Körper, der manchmal eine weiße Bänderzeichnung aufweist. Der Kopf ist nur wenig breiter als der Hals, die Augen sind recht klein. Tagsüber verstecken sich die Tiere in Termitenhügeln, nachts machen sie Jagd auf Skinke, Säugetiere und andere Schlangen, z. B. kleinere *Bungarus*-Arten.
Verbreitung: Pakistan, Nepal und Sri Lanka. In Savannen und Wäldern.
Fortpflanzung: Legt 8–12 Eier.
Ähnliche Arten: *Lycodon jara, Bungarus sindanus.*
Anmerkung: Von den zwölf terrestrischen, asiatischen *Bungarus*-Arten verursacht der Gewöhnliche Bungar die häufigsten schwerwiegenden Vergiftungen.

glänzender, blauschwarzer Körper mit weißen Querbändern

Körper im Querschnitt rund

Länge 80–170 cm	Ernährungsweise	Aktivitätsphase

Familie ELAPIDAE	Art *Bungarus fasciatus*	Bestand häufig

Bänderkrait ☠

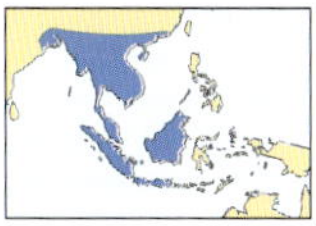
Asien

Diese gelbbraun oder gelbschwarz geringelte Art weist einen dreieckigen Körperquerschnitt auf, der sonst nur bei den afrikanischen Feilennattern (*Mehelya* species, S. 147) zu finden ist. Tagsüber ziehen sich die Tiere meist in ein sicheres Versteck zurück, wo sie sich bei Gefahr normalerweise sofort einrollen und den Kopf unter dem Körper verbergen; zu Angriffen kommt es in solchen Fällen selten. Nachts, wenn die Tiere auf Jagd sind, kann eine Begegnung mit dem Bänderkrait jedoch sehr gefährlich sein.
Verbreitung: Südostasien. In grasbewachsenen Tieflandbiotopen und an bewaldeten Flussufern.
Fortpflanzung: Legt 6–12 Eier.
Ähnliche Arten: Mangroven-Nachtbaumnatter (*Boiga dendrophila*, S. 127).

Länge 1,5–2,3 m	Ernährungsweise	Aktivitätsphase

Familie Elapidae	Art *Dendroaspis angusticeps*	Bestand stellenweise häufig

Blattgrüne Mamba ☠

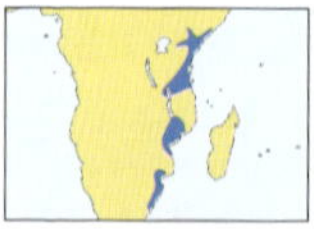
Afrika

Diese Art wird oft mit den häufigeren, aber harmlosen und kleineren, gelbgrünen Buschschlangen (*Philothamnus* species) aus dem tropischem Afrika verwechselt. Wie andere Mambas besitzt auch diese Schlange einen langen, sehr schlanken Kopf, der sie von der kurzköpfigen Boomslang (*Dispholidus typus*, S. 131) unterscheidet. Die in Ostafrika heimischen Tiere leben fast ausschließlich auf Bäumen. Jungtiere sind blaugrün gefärbt.
Verbreitung: Von Kenia bis Südafrika. In Wäldern und Dickichten.
Fortpflanzung: Legt 10–17 Eier.
Ähnliche Arten: Buschschlangen (*Philothamnus* species), Grüne Mamba (*Dendroaspis viridis*).

Länge 1,5–2,5 m	Ernährungsweise	Aktivitätsphase

Familie Elapidae	Art *Dendroaspis polylepis*	Bestand stellenweise häufig

Schwarze Mamba ☠

Zwar werden Menschen von der giftigsten Schlange Afrikas nur recht selten angegriffen, doch wenn es zu einem Unfall kommt, stirbt das Opfer oft schon innerhalb einer Stunde nach dem Biss. Die Tiere sind eigentlich nicht schwarz, sondern weisen eine graue bis braune Körperfärbung und hellgraue Kopfseiten auf. Bei Gefahr richten sie ihren Vorderkörper auf, reißen das Maul weit auf und zeigen ihrem Feind zur Abschreckung das tiefschwarze Maulinnere. Die sehr aktive und bewegliche Art ist sowohl am Boden als auch auf Bäumen zu finden.
Verbreitung: Ost- und Südafrika, z. T. auch Westafrika. In trockenen Savannenwäldern und mit Dornbüschen bewachsenen Biotopen.
Fortpflanzung: Legt 6–17 Eier.
Ähnliche Arten: Schwarze Baumschlangen (*Thrasops* species), Schwarzweiße Kobra (*Naja melanoleuca*).

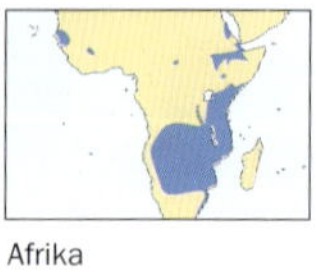
Afrika

Länge 2,2–3,5 m	Ernährungsweise	Aktivitätsphase

Familie ELAPIDAE	Art *Enhydrina schistosa*	Bestand selten

Schnabelköpfige Seeschlange ☠

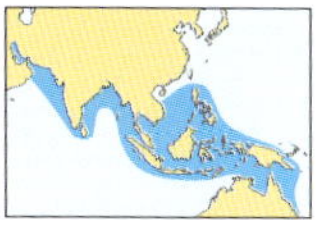

Indischer und Pazifischer Ozean

Diese schlanke Schlange ist cremfarben bis grau gefärbt und zeigt undeutliche, blaugraue Querbänder. Die Unterseite des Mauls ist mit einer langen dolchartigen Schuppe versehen und weist zudem sehr viel lose Haut auf, sodass das Maul sehr weit geöffnet werden kann. Die Tiere sind aufgrund ihres starken Giftes und des unberechenbaren Verhaltens sehr gefürchtet.

Verbreitung: Persischer Golf und Meere vor den Philippinen und Nordaustralien. In seichten Buchten und Mündungsdeltas, manchmal auch in Süßwasserbiotopen.

Fortpflanzung: Lebend gebärend, 3–30 Junge.

Ähnliche Arten: *Enhydrina zweifeli.*

Anmerkung: Vermutlich reicht das Gift eines einzigen Bisses dieser Schlange aus, um fünf bis 50 Menschen zu töten.

Länge 1–1,4 m	Ernährungsweise	Aktivitätsphase

Familie ELAPIDAE	Art *Hemachatus haemachatus*	Bestand häufig

Ringhalskobra ☠

Diese variabel gemusterte Art kann eine eintönig schwarze bzw. braune Färbung, aber auch Punkte oder eine schwarzgelb gebänderte Zeichnung aufweisen; die Kehle ist normalerweise schwarz gefärbt. Von anderen afrikanischen Kobras lässt sich diese südafrikanische Speikobra vor allem anhand ihres kurzen, eckigen Kopfes und den stark gekielten Rückenschuppen unterscheiden. Andere Kobraarten besitzen einen rundlicheren Kopf, einen glattschuppigen Körper, und sie legen Eier – die Ringhalskobra dagegen ist lebend gebärend. Bei Gefahr spuckt die Schlange einem Angreifer meist ihr Gift ins Gesicht, um anschließend zu flüchten. Gelingt die Abschreckung nicht, stellen sich die Tiere ähnlich wie Hakennattern (*Heterodon* species, S. 138) oder Ringelnattern (*Natrix natrix*, S. 148) tot, wobei sie sich auf den Rücken rollen und das Maul weit öffnen. Sie ernähren sich hauptsächlich von Kröten.

Verbreitung: Südafrika. In Steppen.

Fortpflanzung: Lebend gebärend, 20–60 Junge.

Anmerkung: Die Zähne der Ringhalskobra sind vermutlich am besten zum Giftspucken geeignet.

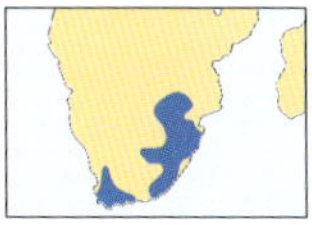

Afrika

Länge 1–1,5m	Ernährungsweise	Aktivitätsphase

Familie ELAPIDAE	Art *Lapemis curtus*	Bestand stellenweise häufig

Plumpseeschlange ☠

Diese kräftig gebaute Meeresschlange zeigt eine hellbraune Färbung mit braunem Sattelmuster; besonders auffällig sind die kurzen dornigen Fortsätze auf den gekielten Bauchschuppen der Männchen. Mit der Schnabelköpfigen Seeschlange (*Enhydrina schistosa,* S. 161) gehört diese in Küstennähe lebende Art vermutlich zu den gefährlichsten Meeresschlangen der Erde.

Indischer und Pazifischer Ozean

Verbreitung: Persischer Golf und Meere vor Australien und Südjapan. In Mündungsdeltas und Korallenriffen.
Fortpflanzung: Lebend gebärend, 1–6 Junge.
Ähnliche Arten: *Hydrophis ornatus.*

Länge 90–110 cm	Ernährungsweise	Aktivitätsphase

Familie ELAPIDAE	Art *Laticauda colubrina*	Bestand häufig

Nattern-Plattschwanz ☠

Diese im Meer lebende Schlange weist eine schwarzblau geringelte Körperzeichnung und gelb gefärbte Lippen auf. Manchmal sind die Tiere auch an Land anzutreffen.
Verbreitung: Meere vor Ostindien, Südjapan und den Fidschi-Inseln. In Korallenriffen und küstennahen Mangrovensümpfen.
Fortpflanzung: Legt 6–18 Eier.
Ähnliche Arten: Gewöhnlicher Plattschwanz (*Laticauda laticaudata*).

Indischer und Pazifischer Ozean

Länge 1–2 m	Ernährungsweise	Aktivitätsphase

Familie ELAPIDAE	Art *Micropechis ikaheka*	Bestand stellenweise häufig

Micropechis ikaheka ☠

Diese glattschuppige Art ist braun, gelblich oder weiß gefärbt und mit dunkel gesäumten, roten oder rotbraunen Querbinden versehen, die zum Schwanzende hin immer dünner und weniger werden. Der Vorderkörper kann Flecken aufweisen, der Kopf zeigt eine graue Färbung. Tagsüber verstecken sich die Tiere gern unter vertrockneten Kokosnussschalen oder anderen Pflanzenresten.

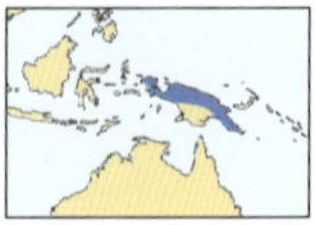

Neuguinea

Verbreitung: Neuguinea. In feuchten Wäldern, Sümpfen und auf Plantagen.
Fortpflanzung: Legt Eier (Menge unbekannt).

Länge 1–2 m	Ernährungsweise	Aktivitätsphase

Familie ELAPIDAE	Art *Micruroides euryxanthus*	Bestand selten

Arizona-Korallenschlange ☠

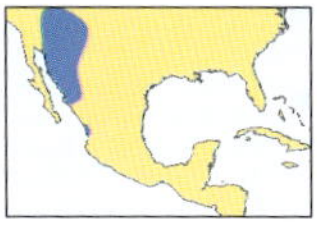

Nordamerika

Die glattschuppige Art ist eine der kleinsten Korallenschlangen. Ihre Körperzeichnung besteht aus roten, weißen oder gelben und schwarzen Ringen. Die Tiere halten sich überwiegend unter der Erde auf und sind daher selten zu sehen. Bei Gefahr richten sie ihren Schwanz auf und bewegen ihn hin und her – ähnlich wie die Echten Korallenschlangen aus der Gattung *Micrurus* (s. u. und S. 164). Zur Beute dieser Art gehören kleine Schlangen, etwa die Texas-Blindschlange (*Leptotyphlops dulcis*, S. 105) und Halsbandnattern (*Diadophis* species), aber auch Skinke.

Verbreitung: Südwesten der USA und Nordwestmexiko. In trockenen Biotopen, z. B. Wüsten, Savannen, Wäldern und ausgetrockneten Flussbetten.

Fortpflanzung: Legt 1–3 Eier.

Ähnliche Arten: *Sonora*-Arten, Schaufelnasen-Wühlnattern (*Chionactis* species).

Anmerkung: Dies ist die einzige Korallenschlange im Südwesten der USA und im Nordwesten Mexikos.

Länge 40–55 cm	Ernährungsweise	Aktivitätsphase

Familie ELAPIDAE	Art *Micrurus alleni*	Bestand selten

Micrurus alleni ☠

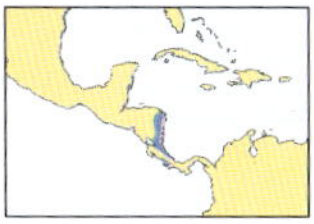

Mittelamerika

Diese orangerote, in Mittelamerika vorkommende Schlange weist eine Zeichnung aus roten, gelben und schwarzen Ringen auf, der schwarzgelbe Kopf und die Augen sind recht klein. Die Tiere besitzen ein starkes Gift, sind jedoch eher scheu, sodass es selten zu Begegnungen mit Menschen kommt; da das Maul der Schlangen sehr klein ist, sind Unfälle auch bei einem Zusammentreffen die Ausnahme.

Verbreitung: Nicaragua und Costa Rica. In Tieflandregenwäldern.

Fortpflanzung: Legt 2–3 Eier.

Ähnliche Arten: Schwarzgebänderte Korallenschlange (*Micrurus nigricinctus*), Clarks Korallenschlange (*M. clarki*).

Anmerkung: Möglicherweise muss die am Pazifik vorkommende Population als eine gesonderte Art betrachtet werden.

Länge 80–110 cm	Ernährungsweise	Aktivitätsphase

Familie ELAPIDAE	Art *Micrurus fulvius*	Bestand häufig

Harlekin-Korallenschlange ☠

Diese sehr giftige Art ist klein und schlank und weist einen rundlichen Kopf, kleine Augen und eine Zeichnung aus roten, gelben und schwarzen Ringen auf. Die Tiere sind leicht mit dreifarbigen ungiftigen Nattern zu verwechseln, die jedoch einen Zügelschild besitzen. Harlekin-Korallenschlangen fressen hauptsächlich andere Schlangen.

Verbreitung: Südosten und Süden der USA sowie Nordostmexiko. In trockenen Wäldern, häufig unter welken Blättern.

Fortpflanzung: Legt 3–13 Eier.

Ähnliche Arten: Dreiecksnatter (*Lampropeltis triangulum,* S. 142–143), Scharlachnatter (*Cemophora coccinea*).

Nordamerika

Länge 70–100 cm	Ernährungsweise	Aktivitätsphase

Familie ELAPIDAE	Art *Micrurus lemniscatus*	Bestand häufig

Micrurus lemniscatus ☠

Die sehr giftige schlanke Schlange besitzt einen abgerundeten Kopf mit kleinen Augen. Sie ähnelt der Harlekin-Korallenschlange (*Micrurus fulvius,* s. o.), lässt sich jedoch anhand der typischen Zeichnung aus breiten schwarzen und schmalen weißen Ringen auf rotem Untergrund unterscheiden.

Verbreitung: Südamerika. In flussnahen Wäldern und Regenwäldern, aber auch in Savannen und jahreszeitlich überfluteten Biotopen.

Fortpflanzung: Legt 5–6 Eier.

Ähnliche Arten: *Micrurus surinamensis, M. filiformis.*

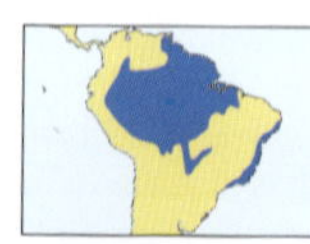

Südamerika

Länge 70–140 cm	Ernährungsweise	Aktivitätsphase

Familie Elapidae	Art *Naja haje*	Bestand häufig

Uräusschlange ☠

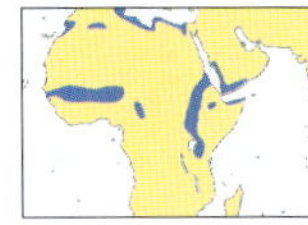

Afrika, Naher Osten

Diese kräftige, sehr giftige Kobra weist einen abgerundeten Kopf und glatte Körperschuppen auf. Die Kopfschilde sind – im Gegensatz zu denen der ähnlich aussehenden Gebänderten Uräusschlange (*Naja annulifera*) aus Südafrika, die früher als Unterart der Uräusschlange galt – recht klein. Es werden in der Regel drei Subspezies unterschieden: die gelblich grau bis braun gefärbte, in Ägypten heimische *N. haje haje* (Abbildung), die in Marokko vorkommende fast schwarze *N. haje legionis* und die zumeist gelbe *N. haje arabica,* die an Kopf und Hals eine schwarze Färbung aufweist und im Süden der arabischen Halbinsel heimisch ist. Bei Gefahr richten sich die Tiere auf und spreizen ihre beweglichen Halsrippen, sodass sich unterhalb des Kopfes der typische Halsschild bildet; wird diese Drohung ignoriert, kommt es häufig zum Angriff. Zur Nahrung der Schlangen gehören andere Schlangen, Kröten und Vogeleier.

Verbreitung: Nordafrika und arabische Halbinsel (nur *N. haje arabica*). In Savannen, trockenen Wäldern und Halbwüsten.

Fortpflanzung: Legt 10–20 Eier.

Ähnliche Arten: Gebänderte Uräusschlange (*Naja annulifera*).

Länge 1,5–2,4 m	Ernährungsweise	Aktivitätsphase

Familie ELAPIDAE | Art *Naja kaouthia* | Bestand häufig

Monokelkobra ☠

Im Gegensatz zur Vorderindischen Kobra (*Naja naja,* s. u.), die eine an eine Brille erinnernde Markierung auf dem Halsschild aufweist, zeigt diese Schlange eine „Monokelzeichnung" – daher der umgangssprachliche Name. Bei Gefahr bilden die Tiere mithilfe ihrer beweglichen Halsrippen einen breiten Halsschild. Sie ernähren sich hauptsächlich von Ratten, Kröten und anderen Schlangen; gelegentlich fressen sie auch kleinere Exemplare ihrer eigenen Art. Die Monokelkobra ist die häufigste Kobra Südostasiens.

Verbreitung: Osthimalaja bis Südthailand und Vietnam. In Mittelgebirgs- und Tieflandwäldern, auf Reisfeldern und in der Nähe menschlicher Siedlungen.
Fortpflanzung: Legt 25–45 Eier.
Ähnliche Arten: Indochinesische Kobra (*Naja atra*), Indochinesische Speikobra (*N. siamensis,* S. 168).

Länge 1,5–2 m | Ernährungsweise | Aktivitätsphase

Familie ELAPIDAE | Art *Naja naja* | Bestand gefährdet

Brillenschlange ☠

Diese Art kann recht variabel gezeichnet sein, die meisten Exemplare weisen jedoch die typische, an eine Brille erinnernde Markierung auf der Rückseite des Halsschildes auf. Die Färbung der Tiere ist häufig eintönig braun, das hier abgebildete Exemplar aus Nepal dagegen ist pechschwarz und zeigt eine undeutliche Zeichnung. Brillenschlangen sind gefährliche Giftschlangen, die viele schwerwiegende Unfälle verursachen. In ihrer Heimat gelten die Tiere heute als gefährdet und sind geschützt.

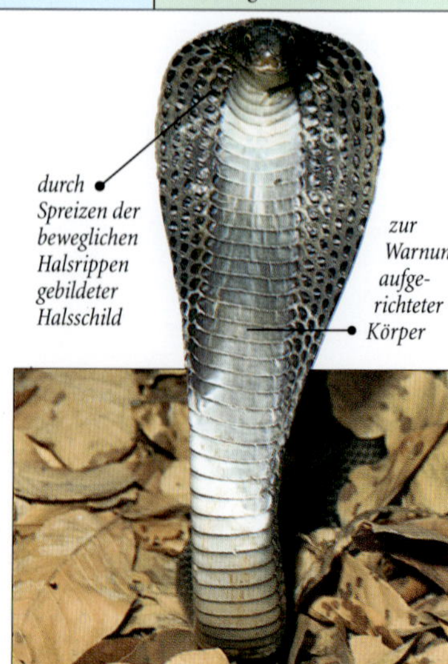

Verbreitung: Südhimalaja bis Sri Lanka. In Mittelgebirgs- und Tieflandwäldern, auf Reisfeldern und in der Nähe menschlicher Siedlungen.
Fortpflanzung: Legt 10–30 Eier.
Ähnliche Arten: Monokelkobra (*Naja kaouthia,* s. o.), Mittelasiatische Kobra (*N. oxiana*).
Anmerkung: Diese Schlange ist bei Vorführungen indischer Schlangenbeschwörer zu sehen; bei Buddhisten und Hindus gilt sie als heilig.

Länge 1,2–1,7 m | Ernährungsweise | Aktivitätsphase

Familie ELAPIDAE	Art *Naja nivea*	Bestand stellenweise häufig

Kapkobra ☠

Diese Schlange ist zwar vergleichsweise klein, gilt aber als giftigste Kobraart Afrikas. Je nach geographischer Verbreitung gibt es unterschiedliche Variationen in der Färbung. Cremefarbene bis zitronengelbe Exemplare kommen vor allem in Botsuana und Transvaal, aber auch in anderen Teilen des Verbreitungsgebietes vor; in Botsuana ist zudem eine gelbe, braun gepunktete Form zu finden, während in der Kapregion hauptsächlich schwarze oder braune Kapkobras heimisch sind. Zur Beute der Tiere gehören Schlangen und Webervögel.
Verbreitung: Südafrika, Botsuana und Namibia. In trockenen Savannen und Halbwüsten.
Fortpflanzung: Legt 8–20 Eier.
Anmerkung: Das Gift der Kapkobra gilt als ebenso gefährlich wie das der gefürchteten Schwarzen Mamba (*Dendroaspis polylepis*, S. 160).

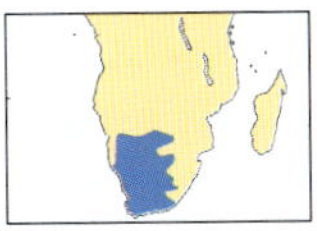

Afrika

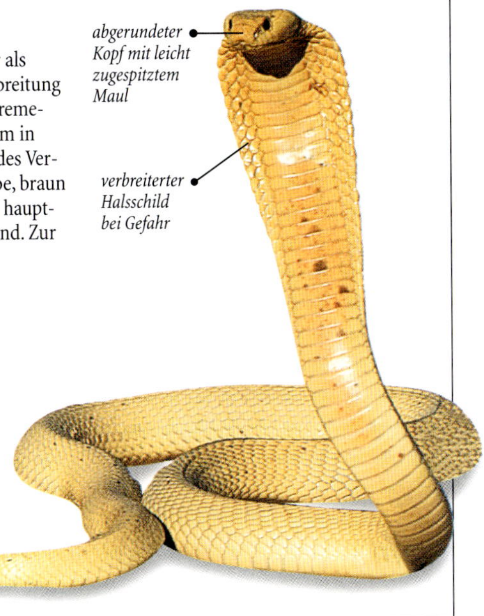

Länge 1,2–1,7 m	Ernährungsweise	Aktivitätsphase

Familie ELAPIDAE	Art *Naja pallida*	Bestand stellenweise häufig

Rote Speikobra ☠

Die Art ist entweder lachsfarben bis korallenrot oder weist eine braune Färbung mit einem breiten schwarzen Band im Halsbereich auf. Sie besitzt einen kleinen abgerundeten Kopf und große Augen mit runden Pupillen; unter den Augen sind schwarze Markierungen vorhanden, die an Tränen erinnern. Rötliche Exemplare sind hauptsächlich in den Halbwüsten Kenias und des Sudan zu finden, wo die Erde häufig rot gefärbt ist; in Ägypten vorkommende Exemplare sind dagegen meist braun. Bei Gefahr richten sich die Schlangen auf, präsentieren ihren verbreiterten Halsschild und öffnen das Maul, um einem Angreifer ihr Gift aus 1–2 m Entfernung ins Gesicht zu spucken.
Verbreitung: Ostafrika. In trockenen Savannen und Halbwüsten.
Fortpflanzung: Legt 6–15 Eier.
Ähnliche Arten: *Naja katiensis.*

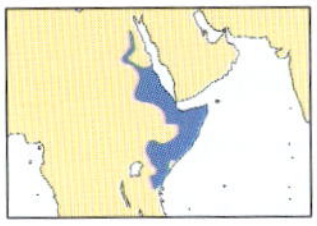

Afrika

Länge 60–75 cm	Ernährungsweise	Aktivitätsphase

Familie ELAPIDAE | Art *Naja siamensis* | Bestand häufig

Indochinesische Speikobra ☠

Diese Art zeigt eine graue, braune oder schwarze Färbung mit einer weißen Zeichnung, die allerdings sehr variabel sein kann. Einige Exemplare weisen zahlreiche helle Punkte auf, andere sind fast völlig weiß gefärbt und mit einem breiten, schwarzen Rückenstreifen versehen; die meisten Tiere tragen jedoch nur eine weiße Markierung auf der Rückseite des Halsschildes. Zur Verteidigung spucken die Schlangen den Angreifern ihr Gift in die Augen.

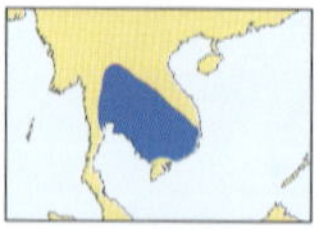
Asien

Verbreitung: Südostasien. Im Tiefland und in Mittelgebirgen.
Fortpflanzung: Legt 13–19 Eier.
Ähnliche Arten: *Naja sumatrana*, Sunda-Speikobra (*N. sputatrix*).

Länge 1,2–1,6 m | Ernährungsweise | Aktivitätsphase

Familie ELAPIDAE | Art *Notechis ater* | Bestand häufig

Schwarze Tigerotter ☠

Die kräftig gebaute Schlange besitzt einen großen Kopf, kleine Augen und glatte, glänzend schwarz oder bräunlich gefärbte Schuppen. Dank ihrer dunklen Körperfärbung können sich die Tiere in den kühlen Klimazonen, in denen sie heimisch sind, schneller aufwärmen. Jungtiere weisen oft Querbänder auf.
Verbreitung: Südostaustralien. In Sümpfen, aber auch in grasbewachsenen Küstenbiotopen und auf Felseninseln.
Fortpflanzung: Lebend gebärend, 6–100 Junge.
Ähnliche Arten: Schwarzottern (*Pseudechis* species, S. 172), Östliche Tigerotter (*Notechis scutatus*, s. u.).

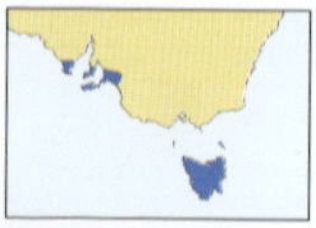
Australien

Länge 1,2–2,4 m | Ernährungsweise | Aktivitätsphase

Familie ELAPIDAE | Art *Notechis scutatus* | Bestand häufig

Östliche Tigerotter ☠

Diese Art weist unterseits eine gelbe und oberseits eine schwärzliche oder braune Färbung mit dünnen, gelben Bändern auf; der abgerundete Kopf mit den kleinen Augen ist ebenfalls gelb. Vor dem Zubeißen zeigen die Tiere als Warnung ihren abgeplatteten Hals.
Verbreitung: Südost- und Südwestaustralien. In Regenwäldern, Überschwemmungsgebieten, Sümpfen und in der Nähe menschlicher Siedlungen.
Fortpflanzung: Lebend gebärend, 10–90 Junge.
Ähnliche Arten: Schwarze Tigerotter (*Notechis ater*, s. o.), Kupferköpfe (*Austrelaps* species, S. 158).

Australien

Länge 1,2–2,1 m | Ernährungsweise | Aktivitätsphase

Familie ELAPIDAE	Art *Ophiophagus hannah*	Bestand stellenweise häufig

Königskobra ☠

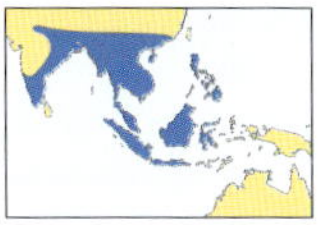

Asien

Die weit verbreitete Art ist variabel gefärbt. Die ausgewachsenen Exemplare sind gelbbraun bis graugrün, die Jungtiere weisen meist eine dunkle Färbung mit gelben Bändern und V-förmigen Markierungen auf dem langen schmalen Halsschild auf; bei einigen Populationen wird die Jugendfärbung beibehalten. Königskobras unterscheiden sich von anderen Kobras durch ihre großen Hinterkopfschilde sowie durch die von Weibchen und Männchen gemeinsam durchgeführte Brutpflege; das Weibchen baut ein Nest aus Pflanzenmaterial, das dann von beiden Elternteilen bewacht wird. Bei Gefahr richten sich die Schlangen bis zu einem Drittel ihrer Körperlänge auf, zischen laut und spreizen ihren Halsschild. Zu ihrer Hauptnahrung gehören hauptsächlich andere Schlangen, manchmal fressen sie auch Ratten und Echsen. Obwohl die Königskobras ein sehr starkes Gift besitzen, kommt es nur selten zu schwerwiegenden Unfällen, da die Tiere meist tief versteckt in Wäldern leben.

Verbreitung: Süd- und Südostasien. In Wäldern, manchmal auch auf Plantagen.

Fortpflanzung: Legt 20–50 Eier.

Ähnliche Arten: Dhaman (*Ptyas mucosus,* S. 151).

Anmerkung: Die Königskobra ist die größte Giftschlange der Erde.

Jungtier

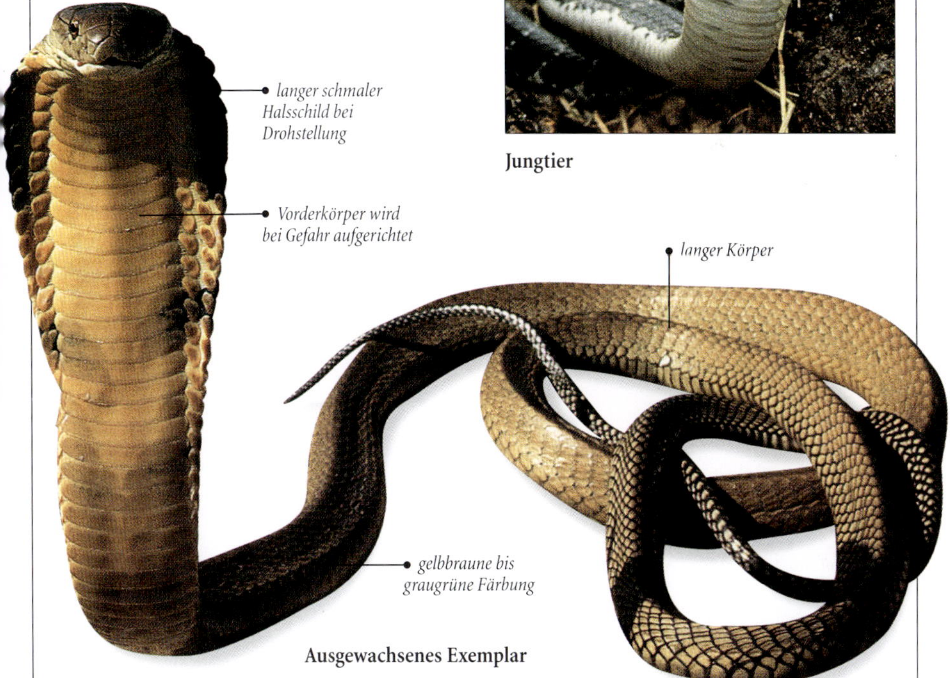

Ausgewachsenes Exemplar

Länge 3–5 m	Ernährungsweise	Aktivitätsphase ☼ ☾

Familie ELAPIDAE	Art *Oxyuranus microlepidotus*	Bestand stellenweise häufig

Oxyuranus microlepidotus ☠

Diese Art besitzt sehr kleine, graue bis gelbbraune Schuppen, die mit einem dünnen schwarzen Saum versehen sein können. Der Kopf läuft leicht spitz zu, die Augen sind recht groß. Die scheuen Tiere gehören zu den giftigsten landlebenden Schlangen der Erde. Sie ernähren sich hauptsächlich von Ratten und kleinen Beuteltieren, die sie in den Rissen austrocknender Flussbetten erbeuten.
Verbreitung: Östliches Zentralaustralien. In ausgetrockneten Flussbetten.

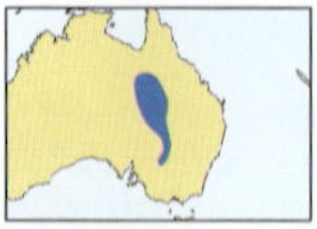

Australien

Fortpflanzung: Legt 12–20 Eier.
Ähnliche Arten: Taipan (*Oxyuranus scutellatus*, s. u.).

Länge 2–2,5 m	Ernährungsweise	Aktivitätsphase

Familie ELAPIDAE	Art *Oxyuranus scutellatus*	Bestand stellenweise häufig

Taipan ☠

Die zwei Unterarten der sehr giftigen, in Australien heimischen Schlange lassen sich anhand ihrer Färbung leicht unterscheiden. Die Subspezies *Oxyuranus scutellatus scutellatus* besitzt normalerweise einen braunen Körper und einen etwas helleren Kopf; die in Neuguinea vorkommende Unterart *O. scutellatus canni* kann ebenfalls braun gefärbt und mit einem breiten orangefarbenen Rückenstreifen versehen sein oder auch eine pechschwarze Färbung zeigen. Die flinken Tiere ernähren sich hauptsächlich von Säugetieren. Bei Zusammentreffen mit Menschen können sie recht schnell zubeißen.
Verbreitung: Nordaustralien und Südneuguinea. In Dickichten, Savannen und auf Zuckerrohrfeldern.
Fortpflanzung: Legt 3–22 Eier.
Ähnliche Arten: *Oxyuranus microlepidotus* (s. o.).
Anmerkung: Die meisten Schlangenbisse mit Todesfolge im Süden Neuguineas stammen von dieser Art.

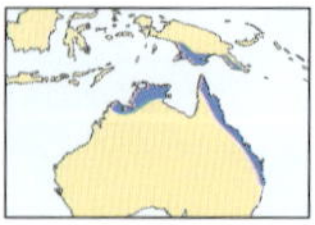

Australien, Ozeanien

Länge 2–3,6 m	Ernährungsweise	Aktivitätsphase

Familie ELAPIDAE	Art *Paranaja multifasciata*	Bestand selten

Paranaja multifasciata ☠

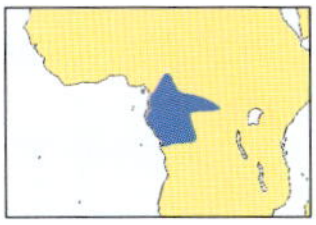

Diese Schlange besitzt einen kräftigen Körper und weist im Gegensatz zu anderen Kobras keinen Halsschild auf. Die glatten Schuppen sind cremefarben und jeweils mit einem grünlichen oder schwarzen Punkt versehen; das so entstehende netzartige Muster ähnelt bei ausgewachsenen Exemplaren dem der Schwarzweißen Kobra (*Naja melanoleuca*). Die Körperunterseite ist eintönig cremefarben, am kurzen dunklen Kopf sind im Augenbereich helle Querbänder zu erkennen, und der Nacken weist ebenfalls ein helles Band auf. Von der Lebensweise der im Regenwald lebenden Tiere ist wenig bekannt. Vermutlich sind sie tagaktiv, jagen Echsen und Frösche und leben ansonsten versteckt im Boden oder unter welken Blättern. Für Menschen ist diese Art vermutlich nicht lebensgefährlich, da sie nur sehr klein und überdies äußerst scheu ist.

Verbreitung: Zentralafrika. In Regenwäldern.

Fortpflanzung: Legt 20–60 Eier.

Länge 50–80 cm	Ernährungsweise	Aktivitätsphase

Familie ELAPIDAE	Art *Pelamis platurus*	Bestand stellenweise häufig

Plättchen-Seeschlange ☠

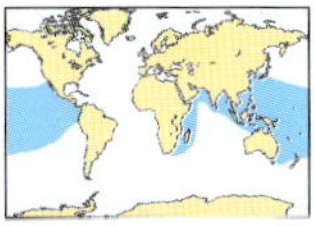

Anhand ihres markant schwarzgelb gefärbten Körpers und des gelben, schwarz gefleckten, paddelartigen Schwanzes ist diese im Meer lebende Art leicht zu erkennen. Ihre Warnfarbe zeigt möglichen Feinden die hohe Giftigkeit an und schützt sie u. a. vor Haiangriffen. Diese am weitesten verbreiteten und häufigsten Meeresschlangen sind oft in Gruppen von tausend und mehr Exemplaren anzutreffen. Als Anpassung an das Leben im Meer besitzen sie spezielle Drüsen unter der Zunge, mit deren Hilfe überschüssiges Salz ausgeschieden wird. Um sich von Parasiten zu befreien, häuten sich die Tiere häufiger als terrestrische Arten.

Verbreitung: Indischer und Pazifischer Ozean. An der Wasseroberfläche in offenen Meeren.

Fortpflanzung: Lebend gebärend, 2–6 Junge.

Länge 1–1,5 m	Ernährungsweise	Aktivitätsphase

Familie	Art	Bestand
ELAPIDAE	*Pseudechis australis*	stellenweise häufig

Mulgaschlange ☠

Australien, Ozeanien

Die in Australien am weitesten verbreitete Giftschlange besitzt einen braun oder rot gefärbten Körper mit glatten Schuppen, einen breiten Kopf und große Augen. Bisher wurde angenommen, die Mulgaschlange sei auch in Südneuguinea heimisch, doch inzwischen gibt es Hinweise, dass die dort lebenden Exemplare eine gesonderte Art bilden. Bei Gefahr heben die Tiere den Vorderkörper an und bilden mithilfe beweglicher Halsrippen einen schmalen Halsschild.
Verbreitung: Australien und Südneuguinea. In unterschiedlichsten Biotopen, von tropischen Wäldern bis hin zu Wüsten.
Fortpflanzung: Legt 11–16 Eier, kann aber auch lebend gebärend sein (18–22 Junge).
Ähnliche Arten: Taipan (*Oxyuranus scutellatus,* S. 170), Braunschlange (*Pseudonaja textilis,* S. 173).

Länge	Ernährungsweise	Aktivitätsphase
1,5–2,7 m		

Familie	Art	Bestand
ELAPIDAE	*Pseudechis porphyriacus*	stellenweise häufig

Rotbäuchige Schwarzotter ☠

Australien

Diese oberseits glänzend schwarz und unterseits hellrot gefärbte Schlange besitzt einen abgerundeten Kopf mit recht großen Augen. Die Tiere sind häufig in Sümpfen und an Flussufern zu finden und jagen hauptsächlich Frösche, fressen aber auch kleine Säugetiere, Echsen und andere Schlangen.
Verbreitung: Ost- und Südostaustralien. In Sümpfen, Bächen und Lagunen.
Fortpflanzung: Lebend gebärend, 8–40 Junge.
Ähnliche Arten: Gefleckte Schwarzotter *(Pseudechis guttatus).*
Anmerkung: Die Bestände der Rotbäuchigen Schwarzotter und anderer Frösche fressenden Schlangen sind in Australien stark zurückgegangen, seit die südamerikanische Aga-Kröte *(Bufo marinus,* S. 224) zur Bekämpfung von Zuckerrohrschädlingen ausgesetzt wurde. Diese Kröte ist für viele Schlangen nicht nur tödlich giftig, sondern verdrängt auch die einheimischen Lurche, die Hauptnahrung der australischen Schlangenarten.

Länge	Ernährungsweise	Aktivitätsphase
2–2,7 m		

Familie ELAPIDAE	Art *Pseudohaje goldii*	Bestand selten

Schwarze Waldkobra ☠

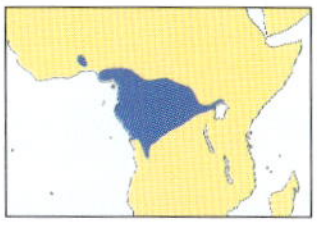
Afrika

Die schlanke Art ist glänzend schwarz gefärbt und besitzt eine gelbe Unterseite. Der Kopf mit den großen Augen ist kurz, die Schwanzspitze weist einen spitzen Dorn auf, der möglicherweise als Kletterhilfe dient. Die Tiere leben auf Bäumen, können sich aber auch geschickt am Boden fortbewegen; zu sehen sind sie nur sehr selten. Zu ihrer Beute gehören baumbewohnende Säugetiere, z. B. Eichhörnchen, aber auch terrestrische Amphibien.
Verbreitung: West- und Zentralafrika. An bewaldeten Flussufern.
Fortpflanzung: Legt 10–20 Eier.
Ähnliche Arten: *Pseudohaje nigra, Boiga blandingi.*

Länge 2,2–2,7 m	Ernährungsweise	Aktivitätsphase

Familie ELAPIDAE	Art *Pseudonaja textilis*	Bestand stellenweise häufig

Braunschlange ☠

Diese Schlangenart ist sowohl im Aussehen wie auch im Verhalten recht variabel. Ausgewachsene Tiere können hell- bis dunkelbraun oder sogar schwarz sein, Jungtiere weisen meist eine eintönige Färbung auf – von einem schwarzen Nackenband abgesehen – oder sind am ganzen Körper schwarz, cremefarben bzw. rot gebändert. Die weit verbreitete Art, die tag- oder auch nachtaktiv sein kann, ist in den unterschiedlichsten Biotopen anzutreffen (die in Neuguinea entdeckten Exemplare gehören jedoch möglicherweise einer gesonderten Art an). Die Tiere gelten als äußerst gefährlich, da sie bei einer Bedrohung schnell sehr aggressiv reagieren können.
Verbreitung: Ost-, Mittel- und Nordaustralien sowie Neuguinea. In trockenen Wäldern, Savannen und strauchbewachsenen Biotopen.
Fortpflanzung: Legt 8–35 Eier.
Ähnliche Arten: Taipan *(Oxyuranus scutellatus,* S. 170), Westliche Braunschlange *(Pseudonaja nuchalis).*

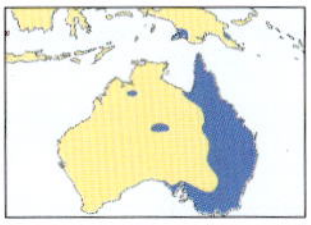
Australien, Ozeanien

Länge 1,5–2,2 m	Ernährungsweise	Aktivitätsphase

Familie Elapidae	Art *Tropidechis carinatus*	Bestand stellenweise häufig

Tropidechis carinatus ☠

Australien

Mit den stark gekielten Schuppen am abgerundeten Kopf und der braun gesprenkelten Färbung ähnelt diese sehr giftige Schlange der ungiftigen *Tropidonophis mairii,* die im selben Gebiet heimisch ist. Im Unterschied zur Letztgenannten besitzt die hier vorgestellte Art jedoch keinen Zügelschild am Kopf. Die Tiere können ausgezeichnet klettern und verstecken sich tagsüber gern in Bäumen. Bei Gefahr biegen sie den Hals S-förmig zurück, zischen laut und beißen dann sehr schnell zu.

Verbreitung: Ostaustralien. In Süßwasserbiotopen, strauchbewachsenen Biotopen und feuchten Wäldern.

Fortpflanzung: Lebend gebärend, 5–8 Junge.

Ähnliche Arten: *Tropidonophis mairii.*

Länge 70–100 cm	Ernährungsweise	Aktivitätsphase ☾

Familie Elapidae	Art *Walterinnesia aegyptia*	Bestand stellenweise häufig

Schwarze Wüstenkobra ☠

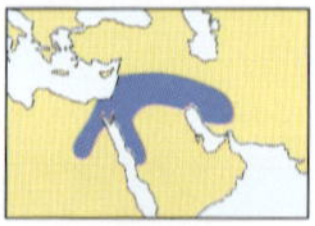
Afrika, Naher Osten

Diese glattschuppige Schlange weist eine glänzend schwarze oder dunkelgraue Ober- und eine etwas hellere Unterseite auf. Die nachtaktiven Tiere kamen bis vor einiger Zeit nur in trockenen Biotopen vor, sind neuerdings jedoch auch auf bewässerten Feldern zu finden. Sie ernähren sich hauptsächlich von Dornschwänzen (*Uromastyx* species) und kommen daher im Verbreitungsgebiet dieser Echsen besonders zahlreich vor. Die heißen Stunden des Tages verbringt die Schwarze Wüstenkobra gern in Säugetierbauten. Bei Gefahr hebt sie den Kopf und zischt laut; ihr Biss kann für Menschen tödlich sein.

Verbreitung: Ägypten bis Iran. In Wüsten, felsigen Biotopen und auf bewässerten Feldern.

Fortpflanzung: Legt Eier (Menge unbekannt).

Ähnliche Arten: Erdviper (*Atractaspis microlepidota*)

Länge 1–1,3 m	Ernährungsweise	Aktivitätsphase ☾

Familie	Art	Bestand
VIPERIDAE	*Agkistrodon bilineatus*	selten

Mexikanische Mokassinschlange ☠

Die vier Unterarten dieser Schlage lassen sich anhand ihrer Färbung gut unterscheiden. *Agkistrodon bilineatus bilineatus*, die von Nordwestmexiko bis El Salvador vorkommt, ist dunkelbraun gefärbt und weist ein hellbraunes, weiß und dunkelbraun gesäumtes Sattelmuster auf. Eine ähnliche Musterung zeigt die von Westhonduras bis Costa Rica verbreitete *A. bilineatus howardgloydi*, bei der jedoch die weißen Farbtöne zum größten Teil fehlen. *A. bilineatus taylori*, die im Nordosten Mexikos zu finden ist, zeigt eine hellgraue Färbung mit gelben und dunkelgrauen Querbinden, während *A. bilineatus russeolus* aus Yukatan und Belize einen braunen Körper besitzt. Das gemeinsame Merkmal aller vier Unterarten sind die fünf weißen Streifen am abgerundeten Kopf; jeweils zwei Streifen verlaufen von der Maulspitze zum Hinterkopf, eine Linie führt vom Maul zum Kinn.

Verbreitung: Mexiko und Mittelamerika, außer Panama. In trockenen, tropischen Wäldern und Savannen.

Fortpflanzung: Lebend gebärend, 7–20 Junge.

***A. bilineatus bilineatus* (Jungtier)**

hellbraunes Sattelmuster auf dunkelbraunem Grund

weiße Streifen verlaufen vom Maul zum Hinterkopf

hellgrau mit gelben und dunkelgrauen Querbinden

A. bilineatus taylori

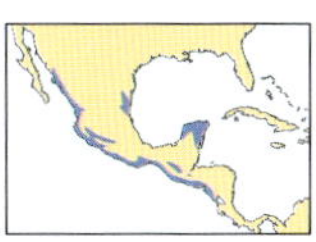

Nord- und Mittelamerika

Länge	Ernährungsweise	Aktivitätsphase
80–130 cm		

Familie	Art	Bestand
VIPERIDAE	*Agkistrodon blomhoffi*	häufig

Mamushi ☠

Diese Grubenotter ist grau bis sandfarben und weist dunklere U-förmige Markierungen oder große, dunkel gesäumte Flecken auf. Die Tiere lassen sich anhand winziger Vertiefungen auf den einzelnen Schuppen von anderen asiatischen *Agkistrodon*-Arten unterscheiden. Die Art wird in Japan zum Verzehr sowie zur Herstellung von Sake und traditionellen Arzneimitteln gejagt.

Verbreitung: Japan und südostasiatisches Festland. Auf Wiesen und Feldern, aber auch an Felshängen.

Fortpflanzung: Lebend gebärend, 2–13 Junge.

Ähnliche Arten: *Agkistrodon intermedius*, Halysschlange (*A. halys*).

Asien

pfeilförmiger Kopf

dunkelbraune Streifen verlaufen von der Schnauze zum Hinterkopf

Länge	Ernährungsweise	Aktivitätsphase
40–60 cm		

Familie VIPERIDAE	Art *Agkistrodon contortrix*	Bestand stellenweise häufig

Kupferkopf ☠

Kennzeichnend für diese Art sind die unregelmäßig verlaufenden, oft auch gezackten rotbraunen Querbinden auf hell- bis rötlich braunem Untergrund. Der ockerfarbene Kopf weist im hinteren Bereich einige kleine dunkle Flecken auf, die Oberseite ist durch eine feine dunkelbraune Linie von den helleren Lippen abgesetzt.

Nordamerika

Verbreitung: Südosten der USA und Nordostmexiko. An bewaldeten, felsigen Berghängen.
Fortpflanzung: Lebend gebärend, 4–16 Junge.

Länge 70–130 cm	Ernährungsweise	Aktivitätsphase

Familie VIPERIDAE	Art *Agkistrodon piscivorus*	Bestand häufig

Wassermokassinschlange ☠

Diese Schlange ist in ihrer Heimat gelegentlich auf Reisfeldern zu finden. Ausgewachsene Exemplare zeigen eine dunkle Färbung ohne Zeichnung, während Jungtiere (Abbildung) in der Regel ein helles Muster aufweisen.
Verbreitung: Südosten der USA. In Sümpfen, langsam fließenden Flüssen und Altarmen.

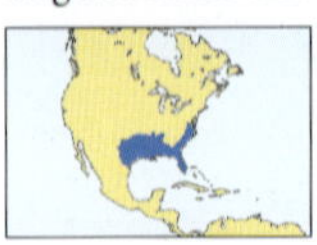

Nordamerika

Fortpflanzung: Lebend gebärend, 1–16 Junge.
Ähnliche Arten: Amerikanische Wassernattern (*Nerodia* species, S. 148).

Länge 1,5–1,8 m	Ernährungsweise	Aktivitätsphase

Familie VIPERIDAE	Art *Azemiops feae*	Bestand selten

Azemiops feae ☠

Diese Art – die als primitivste Viper gilt – ist schwarzbraun gefärbt und mit schmalen rosafarbenen oder gelben Querbinden versehen. Kopf und Hals zeigen eine gelbe Färbung mit einigen dunkleren Längsstreifen oberseits. Die Augen sind klein und weisen senkrechte Pupillen auf. Die Tiere sind nur selten zu sehen; über ihre Lebensweise ist sehr wenig bekannt.

Asien

Verbreitung: Ausläufer des Südhimalaja. In Bergregenwäldern.
Fortpflanzung: Unbekannt. Legt vermutlich Eier.

Länge 50–90 cm	Ernährungsweise	Aktivitätsphase unbekannt

Familie VIPERIDAE	Art *Bitis arietans*	Bestand häufig

Gewöhnliche Puffotter ☠

Die kräftige Schlange weist eine graue, gelbe oder braune Färbung und ein Muster aus V-förmigen, dunklen, hell gesäumten Markierungen auf dem Rücken auf. Der große, breite Kopf ist braun gefärbt und auf beiden Seiten mit einem hellen Streifen versehen. Große Puffottern sind so schwer, dass sie sich – ähnlich wie Boas – nur geradlinig und nicht schlängelnd fortbewegen können.
Verbreitung: Afrika und Jemen. In nahezu allen Biotopen, außer Wüsten und Gebirgen.
Fortpflanzung: Lebend gebärend, 40–150 Junge.

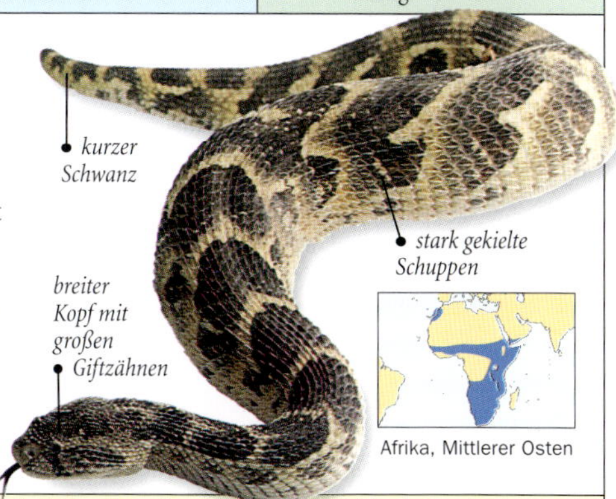

Afrika, Mittlerer Osten

Länge 90–180 cm	Ernährungsweise	Aktivitätsphase

Familie VIPERIDAE	Art *Bitis caudalis*	Bestand stellenweise häufig

Gehörnte Puffotter ☠

Diese kurze stämmige Viper ist oberseits grau bis ockerfarben, rotbraun oder orangefarben und weist drei Längsreihen dunkel gesäumter Flecken auf. Die Unterseite ist vollkommen weiß gefärbt.
Verbreitung: Südwestafrika. In Wüsten und trockenen, strauchbewachsenen Biotopen.
Fortpflanzung: Lebend gebärend, 4–27 Junge.
Ähnliche Arten: Afrikanische Eierschlange (*Dasypeltis scabna,* S. 130).

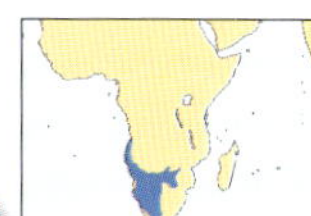

Afrika

Länge 30–50 cm	Ernährungsweise	Aktivitätsphase

Familie VIPERIDAE	Art *Bitis cornuta*	Bestand stellenweise häufig

Büschelbrauenotter ☠

Diese Art ist grau bis braun gefärbt und zeigt auf dem Rücken zwei Längsreihen dunkler, hell gesäumter Quadrate oder Rechtecke. Auf den Flanken sind kleine dunkle Flecken zu erkennen, die Unterseite ist mit dunklen Punkten versehen. Die meisten Exemplare weisen zwei bis sieben Hornschuppen über jedem Auge auf.
Verbreitung: Östliches Südafrika und Namibia. Auf Berghängen und in felsigen Tieflandbiotopen.
Fortpflanzung: Lebend gebärend, 6–8 Junge.
Ähnliche Arten: *Bitis inornata.*

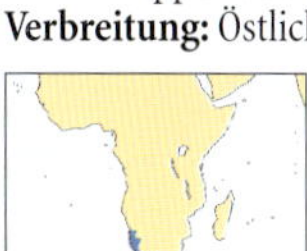

Afrika

Länge 25–34 cm	Ernährungsweise	Aktivitätsphase

Familie Viperidae	Art *Bitis gabonica*	Bestand stellenweise häufig

Gabunviper ☠

Mit ihren braunen, grauen und purpurfarbenen, ornamentartigen Markierungen und dem großen, blattförmigen Kopf gehört diese Art zu den am besten getarnten bodenbewohnenden Schlangen Afrikas. Die langen und schweren Tiere bewegen sich nicht gern und lauern meist versteckt auf Beute. Sie ernähren sich hauptsächlich von Ratten und Eichhörnchen, fressen aber auch kleine Antilopen und Stachelschweine. Es gibt zwei Unterarten: die Ostafrikanische Gabunviper (*Bitis gabonica gabonica*) und die Westafrikanische Gabunviper (*B. gabonica rhinocerus*).
Verbreitung: Tropisches Afrika. In Wäldern.
Fortpflanzung: Lebend gebärend, 16–60 Junge.
Ähnliche Arten: Nashornviper (*Bitis nasicornis,* S. 179).

Hornschuppen auf der Schnauze sind länger als die der Ostafrikanischen Gabunviper

dunkle Zeichnung hinter jedem Auge

Westafrikanische Gabunviper (Jungtier)

schwerer Körper mit kurzem Schwanz

Tarnfärbung macht die Viper zwischen welken Blättern fast unsichtbar

großer dreieckiger Kopf mit bis zu 5 cm langen Giftzähnen

Gabunviper (Jungtier)

heller, senkrechter Streifen unter dem Auge

Hornschuppen sind kleiner als bei der Westafrikanischen Gabunviper

Ostafrikanische Gabunviper (Jungtier)

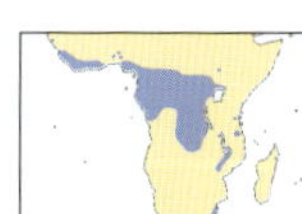

Afrika

Länge 1,2–2 m	Ernährungsweise	Aktivitätsphase

Familie VIPERIDAE	Art *Bitis nasicornis*	Bestand stellenweise häufig

Nashornviper ☠

Diese große Vipernart (Abbildung zeigt ein Jungtier) ähnelt im Aussehen sehr stark der verwandten Gabunviper (*Bitis gabonica,* S. 178). Ihre Tarnfärbung besteht aus grauen, blauen, purpur- und orangefarbenen, ornamentartigen Markierungen auf dem Rücken und einer schwarzen, pfeilförmigen Zeichnung auf der Oberseite des langen Kopfes; die Hornschuppe auf der Schnauze ist länger und stärker ausgeprägt als die der Westafrikanischen Gabunviper (*B. gabonica rhinocerus*). Die Tiere leben hauptsächlich auf dem Boden, können aber auch gut schwimmen und klettern. Sie lauern gern versteckt auf kleine Säugetiere und große Frösche.
Verbreitung: West- und Zentralafrika. An bewaldeten Flussufern.
Fortpflanzung: Lebend gebärend, 6–40 Junge.
Ähnliche Arten: Gabunviper (*Bitis gabonica,* S. 178).

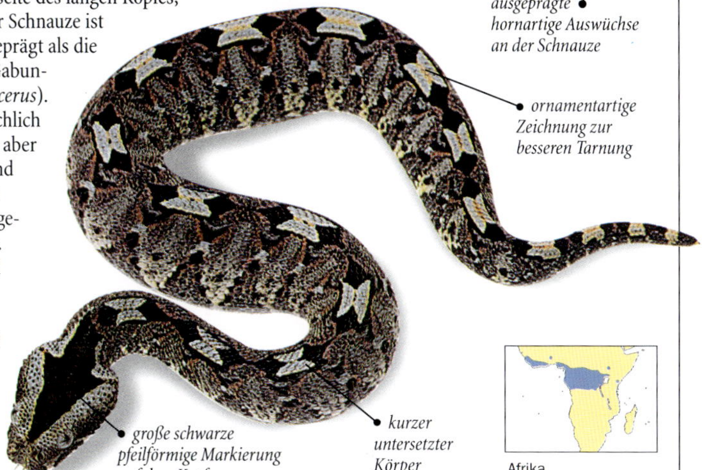

Länge 90–120 cm	Ernährungsweise	Aktivitätsphase ☾

Familie VIPERIDAE	Art *Bitis peringueyi*	Bestand gefährdet

Zwergpuffotter ☠

Die Schlange bewegt sich durch seitliches Winden fort und kommt auf diese Weise selbst auf losem Dünensand schnell vorwärts, wobei sie zwei parallele Streifen als Spur hinterlässt. In den heißen Stunden des Tages vergraben sich die Tiere im Schatten von Pflanzen fast vollständig in den Sand, sodass – wie bei Plattfischen – nur noch die Augen zu sehen sind; nähert sich eine Echse diesem Versteck, wird sie sofort erbeutet. Nachts machen die Schlangen Jagd auf Geckos.
Verbreitung: Südwestafrika. In Dünen von Sandwüsten.
Fortpflanzung: Lebend gebärend, 4–10 Junge.
Ähnliche Arten: *Bitis schneideri.*
Anmerkung: Die Zwergpuffotter besitzt als einzige Schlange auf der Kopfoberseite sitzende Augen.

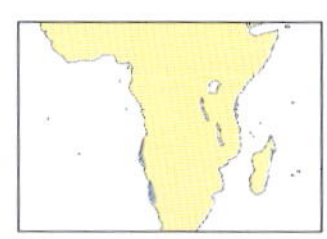

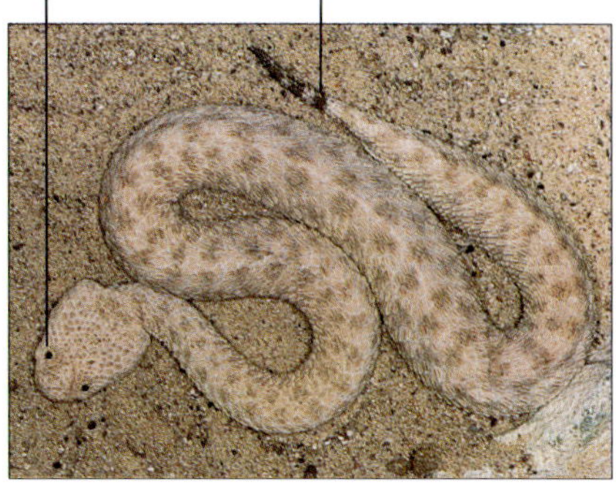

Länge 25–30 cm	Ernährungsweise	Aktivitätsphase ☾

Familie	Art	Bestand
VIPERIDAE	*Bothriechis schlegelii*	stellenweise häufig

Greifschwanz-Lanzenotter ☠

Dank der kleinen wimpernartigen Schuppenhörnchen über den Augen gehört diese Art zu den leicht bestimmbaren amerikanischen Lanzenottern. Der Körper kann grau oder grün gefärbt sein und goldfarbene Punkte oder Flecken aufweisen. Die Tiere leben überwiegend auf Bäumen, lauern nach Einbruch der Dunkelheit jedoch auch gern zwischen niedrigen Pflanzen auf Beute.
Verbreitung: Mittelamerika und nordwestliches Südamerika. In Regenwäldern.
Fortpflanzung: Lebend gebärend, 11–24 Junge.

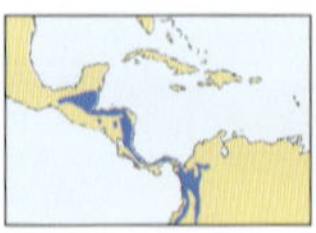

Mittel- und Südamerika

Länge	Ernährungsweise	Aktivitätsphase
50–80 cm		☾

Familie	Art	Bestand
VIPERIDAE	*Bothrops asper*	häufig

Terciopelo ☠

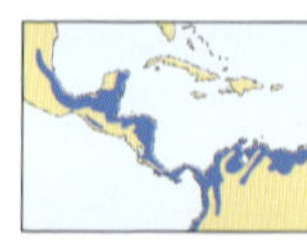

Mittel- und Südamerika

Diese gefährliche Schlange besitzt einen langen, recht schlanken Körper und einen großen, lanzenförmigen Kopf. Sie kann grau oder gelbbraun bis fast schwarz gefärbt sein und eine Zeichnung aus dunklen, hell gesäumten Dreiecken aufweisen. Die Jungtiere leben z. T. auf Bäumen.
Verbreitung: Mittel- und nördliches Südamerika. In unterschiedlichsten Biotopen, von Regenwäldern bis hin zu Feldern.
Fortpflanzung: Lebend gebärend, 5–86 Junge.
Ähnliche Arten: Mittelamerikanischer Buschmeister (*Lachesis stenophrys*), Gewöhnliche Lanzenotter (*Bothrops atrox*, S. 181).
Anmerkung: Bei Zusammentreffen mit Menschen können Terciopelos sehr schnell zubeißen – sie sind für ca. 90 Prozent der schwerwiegenden Unfälle mit Schlangen in Mittelamerika und im Norden Südamerikas verantwortlich.

Länge	Ernährungsweise	Aktivitätsphase
1,2–2,5 m		☾

Familie VIPERIDAE | Art *Bothrops atrox* | Bestand häufig

Gewöhnliche Lanzenotter ☠

Diese Schlange ist grau bis braun gefärbt und zeigt eine dunkle Dreieckszeichnung auf der Oberseite, die bei Jungtieren deutlicher ausgeprägt sein kann; von den Augen zum Hinterkopf verläuft jeweils ein dunkler Streifen. Jungtiere leben auf Bäumen, ausgewachsene Exemplare auf dem Boden.
Verbreitung: Nördliches Südamerika. In unterschiedlichsten Biotopen, von Regenwäldern bis hin zu Feldern.
Fortpflanzung: Lebend gebärend, 10–30 Junge.
Ähnliche Arten: *Bothrops brazili, B. marajoensis.*

Südamerika

Länge 80–150 cm | Ernährungsweise | Aktivitätsphase

Familie VIPERIDAE | Art *Bothrops insularis* | Bestand häufig

Insel-Lanzenotter ☠

Diese schlanke orangefarbene Art, die sowohl auf Bäumen wie auch am Boden lebt, ist bis zu fünfmal giftiger als jede andere Giftschlange Südamerikas. Sie kommt nur auf einer kleinen Insel vor, wo sie sich von Vögeln ernährt.
Verbreitung: Queimada Grande (Brasilien). In trockenen Wäldern.
Fortpflanzung: Lebend gebärend, 6–12 Junge.

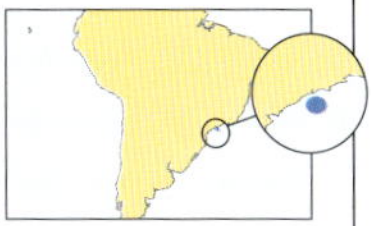
Queimada-Grande-Insel

Länge 70–100 cm | Ernährungsweise | Aktivitätsphase

Familie VIPERIDAE | Art *Bothrops jararaca* | Bestand häufig

Jararaca ☠

Die Art weist eine braune Färbung mit einer variablen Zeichnung auf; viele Exemplare zeigen ein markantes, dunkles Dreiecksmuster auf hellem Untergrund. Ausgewachsene Tiere leben am Boden, Jungtiere sind manchmal auch auf Bäumen zu finden. Die Schlangen halten sich gern in offenem Gelände auf, wo es oft zu Zusammentreffen mit Menschen kommt – manchmal sind gefährliche Bissverletzungen die Folge.
Verbreitung: Südbrasilien und Südostparaguay. In trockenen Wäldern, Savannen und in der Nähe menschlicher Siedlungen.
Fortpflanzung: Lebend gebärend, 12–18 Junge.

Südamerika

Länge 1–1,6 m | Ernährungsweise | Aktivitätsphase

Familie VIPERIDAE	Art *Calloselasma rhodostoma*	Bestand häufig

Malayische Mokassinschlange ☠

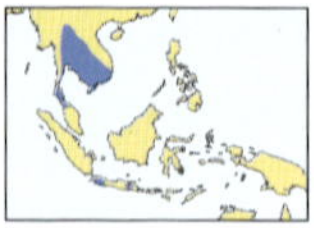

Diese Schlange zeigt eine braune Färbung mit einem dunklen Dreiecksmuster auf dem Rücken. Der lanzenförmige Kopf ist an der Oberseite braun gefärbt und mit zwei gelbbraunen Streifen versehen, zwei weitere breite dunkelbraune Streifen verlaufen von den Augen bis zum Hals; Lippen, Kinn und Kehle sind weiß. Im Gegensatz zu den meisten Vipern legt diese Art Eier.
Verbreitung: Südostasiatisches Festland und Java.
In trockenen Wäldern und auf Plantagen.
Fortpflanzung:
Legt 20–40 Eier.
Ähnliche Arten:
Chinesische Nasenotter (*Deinagkistrodon acutus*).

Länge 70–100 cm	Ernährungsweise	Aktivitätsphase ☾

Familie VIPERIDAE	Art *Cerastes cerastes*	Bestand häufig

Sandviper ☠

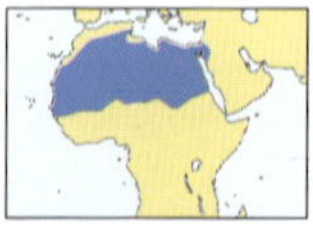

Diese Wüstenschlange zeigt eine graubraune Tarnfärbung mit dunkleren Flecken auf dem Rücken. Bei den meisten Exemplaren ist über jedem Auge ein einzelnes großes Schuppenhorn zu erkennen. Die trägen Tiere vergraben sich tagsüber in Erdlöchern, unter Pflanzen oder im Sand, wo sie auf Beute lauern. Sie bewegen sich durch seitliches Winden fort und kommen auf diese Weise selbst auf losem Wüstensand schnell vorwärts. Zur Feindabschreckung reiben die Schlangen ihre rauen Schuppen an den Flanken aneinander und erzeugen so ein lautes Geräusch.
Verbreitung: Nordafrika.
In Sandwüsten und Oasen.
Fortpflanzung: Legt 10–23 Eier.
Ähnliche Arten: *Cerastes gasperettii*, Avicenaviper (*C. vipera*).

Länge 60–85 cm	Ernährungsweise	Aktivitätsphase ☾

Familie VIPERIDAE	Art *Crotalus adamanteus*	Bestand stellenweise häufig

Diamantklapperschlange ☠

Nordamerikas längste und schwerste Giftschlange weist eine braune Färbung mit einer schwarz-weißen, gelb gesäumten Diamantzeichnung auf dem Rücken und gelben Ringen auf dem Schwanz auf.
Verbreitung: Südosten der USA. In trockenen Tieflandwäldern.
Fortpflanzung: Lebend gebärend, 6–21 Junge.
Ähnliche Arten: Texas-Klapperschlange (*Crotalus atrox*, s. u.).

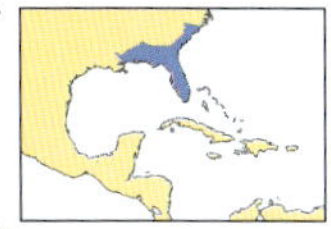
Nordamerika

Länge 1–2,4 m	Ernährungsweise	Aktivitätsphase

Familie VIPERIDAE	Art *Crotalus atrox*	Bestand häufig

Texas-Klapperschlange ☠

Diese Schlange ist gelb bis grau oder rot gefärbt und zeigt ein schwarzes, hell gesäumtes Diamantmuster sowie einen schwarzweiß geringelten Schwanz.
Verbreitung: Süden der USA und Nordmexiko. In Wüsten, strauchbewachsenen Biotopen und trockenen Wäldern.
Fortpflanzung: Lebend gebärend, 4–25 Junge.
Ähnliche Arten: Rote Diamantklapperschlange (*Crotalus exsul ruber*).

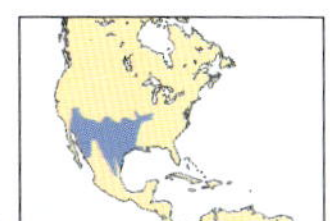
Nordamerika

Länge 1–2,1 m	Ernährungsweise	Aktivitätsphase

Familie VIPERIDAE	Art *Crotalus cerastes*	Bestand stellenweise häufig

Gehörnte Klapperschlange ☠

Diese schlanke Art lässt sich anhand ihrer typischen Augenbrauenschilde leicht von allen anderen Klapperschlangen unterscheiden. Der Körper ist gelb, rosafarben oder braun und weist in Längsreihen angeordnete helle Flecken und dunkle Punkte auf; der Schwanz ist dunkel geringelt. Die an Wüstenverhältnisse angepassten Tiere bewegen sich auf dem losen Sand durch seitliches Winden vorwärts, wobei sie zwei parallele Streifen als Spur hinterlassen.
Verbreitung: Südwesten der USA und Nordwestmexiko. In Sandwüsten.
Fortpflanzung: Lebend gebärend, 5–18 Junge.

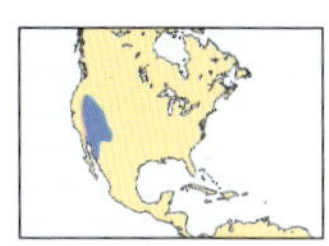
Nordamerika

Länge 60–80 cm	Ernährungsweise	Aktivitätsphase

Familie	Art	Bestand
VIPERIDAE	*Crotalus durissus*	häufig

Tropische Klapperschlange ☠

Die einzige südlich von Mexiko vorkommende Klapperschlange weist eine helle Färbung und einen dunklen, vom Hinterkopf bis zum Rücken verlaufenden Doppelstreifen auf. Zu den 13 bis 14 Unterarten gehören u. a. die kleine nur auf der Insel Aruba heimische und im Bestand gefährdete *Crotalus durissus unicolor* sowie die Subspezies *C. durissus vegrandis* aus Venezuela. Diese Art lässt normalerweise kein warnendes Rasseln hören.

Verbreitung: Nordostmexiko bis Nordargentinien (außer Ecuador und Chile). In Savannen.

Fortpflanzung: Lebend gebärend, 2–47 Junge.

Ähnliche Arten: Basilisken-Klapperschlange (*Crotalus basiliscus*).

Crotalus durissus unicolor

Tropische Klapperschlange

***Crotalus durissus vegrandis* (Jungtier)**

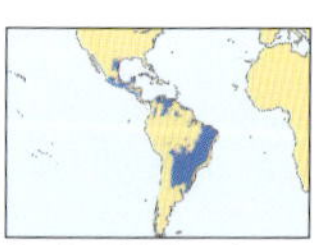

Nord-, Mittel- und Südamerika

Länge	Ernährungsweise	Aktivitätsphase
1–1,8 m		

Familie VIPERIDAE	Art *Crotalus horridus*	Bestand gefährdet

Waldklapperschlange ☠

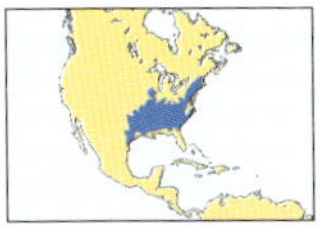
Nordamerika

Diese variabel gefärbte Klapperschlange – mit der schon die ersten europäischen Kolonisten Bekanntschaft machten – gehört zu den am stärksten bedrohten Schlangenarten in den Vereinigten Staaten. Die Tiere können schwarz bis dunkelbraun, aber auch hellbraun bis gelb oder hellgrau gefärbt sein und weisen eine Zeichnung aus unregelmäßigen dunklen Querbinden und einen vollkommen schwarzen Schwanz auf; hellere Exemplare zeigen oft einen orangefarbenen Längsstreifen auf dem Rücken. Der Artname *horridus* bezieht sich auf die stachelig wirkenden Schuppen.

Verbreitung: Osten der USA. In Bergwäldern und Tieflandsümpfen.

Fortpflanzung: Lebend gebärend, 3–19 Junge.

Ähnliche Arten: Schwarzschwanz-Klapperschlange (*Crotalus molossus*).

Anmerkung: Eine isolierte kanadische Population ist 1941 ausgestorben.

Länge 90–180 cm	Ernährungsweise	Aktivitätsphase

Familie VIPERIDAE	Art *Crotalus viridis*	Bestand häufig

Präriekapperschlange ☠

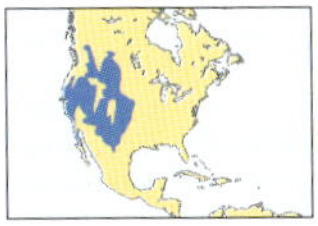
Nordamerika

Diese Klapperschlangenart ist im nordamerikanischen Westen am weitesten verbreitet. Sie zeigt ein Grundmuster aus dunkel gesäumten Flecken auf hellerem Untergrund, das bei allen neun Unterarten allerdings deutlich abgewandelt auftritt. Die Schwarze Arizona-Klapperschlange (*Crotalus viridis cerberus*) z. B. weist eine sehr dunkle, die Präriekapperschlange (*C. viridis viridis*, Abbildung) eine grünliche oder rotbraune Färbung auf; die kleine Hopi-Präriekapperschlange (*C. viridis nuntius*) ist rotbraun und die Unterart *C. viridis concolor* meist cremefarben.

Verbreitung: Östliches Südkanada bis Baja California (Mexiko). In zahlreichen Biotopen, bis ca. 3 300 m Höhe.

Fortpflanzung: Lebend gebärend, 3–25 Junge.

Ähnliche Arten: Mojave-Klapperschlange (*Crotalus scutellatus*), Texas-Klapperschlange (*C. atrox*, S. 183).

Länge 60–160 cm	Ernährungsweise	Aktivitätsphase

Familie VIPERIDAE	Art *Daboia russelii*	Bestand stellenweise häufig

Kettenviper ☠

Diese Art, auch Daboya genannt, ist anhand ihres typischen Drohverhaltens und ihres Aussehens leicht von anderen Vipern zu unterscheiden. Sie ist orange, rosa oder grau gefärbt und zeigt drei Längsreihen großer dunkel gesäumter Punkte und oft noch zwei weitere Reihen kleinerer, aber ähnlicher Markierungen. Bei Gefahr geben die Tiere ein lautes, durchdringendes Zischen von sich.
Verbreitung: Pakistan bis Thailand und Taiwan sowie Indonesien (Java und Kleine Sundainseln). In trockenen Wäldern und an grasbewachsenen Hängen.
Fortpflanzung: Lebend gebärend, 30–60 Junge.
Anmerkung: In Sri Lanka verursacht diese äußerst giftige Schlange mehr ernsthafte Unfälle als Kobras, Nattern, Plattschwänze oder Sandrasselottern.

Länge 1–1,5 m	Ernährungsweise	Aktivitätsphase ☾

Familie VIPERIDAE	Art *Echis pyramidum*	Bestand stellenweise häufig

Ägyptische Sandrasselotter ☠

Die kurze Schlange ist braun gefärbt und besitzt einen abgerundeten Kopf; die schräg angeordneten Schuppen an den Flanken sind gekielt und weisen Zacken auf. Wenn die Tiere sich bedroht fühlen, führen sie drehende Bewegungen aus und erzeugen dabei mit den gezackten Schuppen ein lautes Rasseln. Zeigt das keine Wirkung, können sie blitzschnell zubeißen.
Verbreitung: Nord- und Nordostafrika. In Oasen sowie in felsigen und grasbewachsenen Biotopen.
Fortpflanzung: Legt 4–20 Eier.
Ähnliche Arten: Arabische Sandrasselotter (*Echis coloratus*).

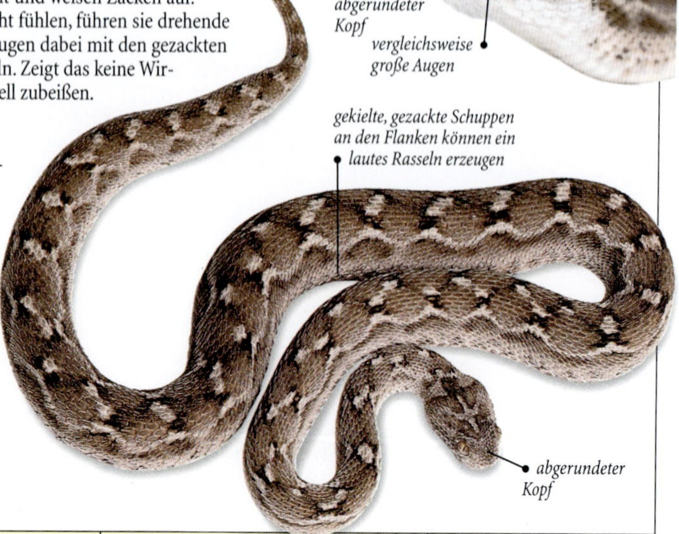

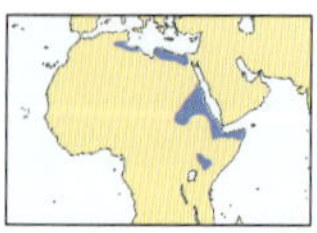

Länge 50–85 cm	Ernährungsweise	Aktivitätsphase ☾

Familie VIPERIDAE	Art *Lachesis muta*	Bestand stellenweise häufig

Buschmeister ☠

Diese Viper ist braun, gelb oder rosafarben und zeigt ein dunkelbraunes oder schwarzes Rautenmuster auf dem Rücken; der Kopf weist an den Seiten jeweils einen schwarzen Streifen auf. Das Schwanzende ist mit einem verhornten Stachel versehen. Es gibt zwei Unterarten, die beide stark in ihrem Bestand gefährdet sind: *Lachesis muta muta*, die im Amazonasgebiet heimisch ist, und die an der brasilianischen Küste vorkommende *L. muta rhombeata*.

Verbreitung: Amazonasbecken (Südamerika) und Küste Brasiliens. In Regenwäldern.

Fortpflanzung: Legt 5–18 Eier.

Ähnliche Arten: *Lachesis melanocephala*, Mittelamerikanischer Buschmeister (*L. stenophrys*).

Anmerkung: Buschmeister (*Lachesis* species) sind die größten und die einzigen Eier legenden Vipern in Amerika.

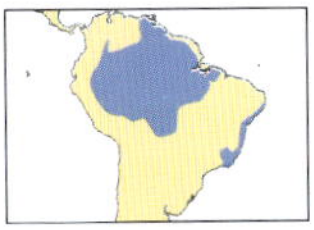

Südamerika

Länge 2–3,5 m	Ernährungsweise	Aktivitätsphase

Familie VIPERIDAE	Art *Sistrurus catenatus*	Bestand gefährdet

Massasauga ☠

Diese kleine Art, auch Kettenklapperschlange genannt, ist hellgrau bis braun gefärbt und zeigt mehrere Längsreihen dunkler Flecken; auf beiden Kopfseiten verläuft von der Schnauzenspitze bis zum Hinterkopf jeweils ein dunkler Streifen. Die Schilde auf der Kopfoberseite sind nicht in kleine Schuppen unterteilt und somit für Klapperschlangen ungewöhnlich groß. Die Tiere können recht gut schwimmen; einige Populationen halten einen Winterschlaf in Flusskrebsbauten.

Verbreitung: Südostkanada bis Nordostmexiko. In Sümpfen, auf Wiesen und an Flüssen.

Fortpflanzung: Lebend gebärend, 2–19 Junge.

Ähnliche Arten: Eigentliche Zwergklapperschlange (*Sistrurus miliarius*), Westliche Hakennatter (*Heterodon nasicus*, S. 138).

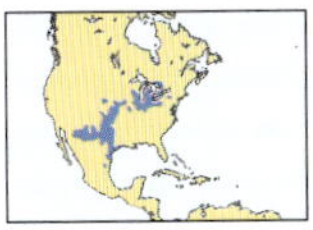

Nordamerika

Länge 80–100 cm	Ernährungsweise	Aktivitätsphase

Familie VIPERIDAE	Art *Trimeresurus albolabris*	Bestand häufig

Weißlippen-Bambusotter ☠

Diese Art ist eine von mehreren grünen, auf Bäumen lebenden asiatischen Lanzenottern, die jedoch anhand des breiten roten Streifens auf der Schwanzoberseite leicht von ihren Verwandten zu unterscheiden ist. Ungeachtet des umgangssprachlichen Namens sind die Lippen dieser Schlange grün, während Kehle und Bauchseite eine weiße Färbung zeigen. Die Augen sind orangefarben und weisen senkrechte Pupillen auf. Ihre Beute machen die Tiere mithilfe großer Wärmegruben am Kopf ausfindig; sie ernähren sich von kleinen Säugetieren und Vögeln.
Verbreitung: Süd- und Südostasien. In Tieflandbiotopen und Bergwäldern.
Fortpflanzung: Lebend gebärend, 15–25 Junge.
Ähnliche Arten: Popes-Lanzenotter (*Trimeresurus popeiorum*).

Asien

Länge 60–100 cm	Ernährungsweise	Aktivitätsphase

Familie VIPERIDAE	Art *Tropidolaemus wagleri*	Bestand stellenweise häufig

Waglers Lanzenotter ☠

Die ausgewachsenen Weibchen dieser sehr variablen Art lassen sich an ihrem großen Kopf, der grünen, türkisfarbenen oder schwarzen Färbung sowie den gelbenoder hellgrünen Streifen und schwarzen Punkten erkennen. Jungtiere und ältere Männchen sind hellgrün gefärbt; ihr Kopf weist an den Seiten jeweils einen braunen Streifen auf, der auch die Augen maskiert.
Verbreitung: Thailand, Indonesien, Malaysia und Philippinen. In Tieflandwäldern und Sümpfen.
Fortpflanzung: Lebend gebärend, 15–40 Junge.
Ähnliche Arten: Mangrovenviper (*Trimeresurus purpureomaculatus*).
Anmerkung: Diese Art wird im berühmten Schlangentempel von Penang (Malaysia) verehrt.

Asien

Länge 80–130 cm	Ernährungsweise	Aktivitätsphase

Familie	Art	Bestand
VIPERIDAE	*Vipera ammodytes*	häufig

Sandotter ☠

Diese Art – die giftigste Europas – weist ein kleines Horn auf der Schnauze und ein Zickzackmuster auf dem Rücken auf. Die Männchen sind normalerweise hellgrau, die Weibchen dagegen dunkelgrau bis braun gefärbt. **Verbreitung:** Von Nordostitalien bis in die Türkei, den Libanon und zum Kaspischen Meer. In lichten Wäldern und an trockenen Felshängen. **Fortpflanzung:** Lebend gebärend, 5–15 Junge.

Europa, Asien

Länge	Ernährungsweise	Aktivitätsphase
65–90 cm		

Familie	Art	Bestand
VIPERIDAE	*Vipera berus*	stellenweise häufig

Kreuzotter ☠

Die Männchen dieser auch in Mitteleuropa heimischen Giftschlangenart sind hellgrau und zeigen ein schwarzes Zickzackmuster auf dem Rücken. Die meisten Weibchen weisen eine braune Färbung und eine dunkelbraune Zickzackmarkierung auf; einige können auch völlig schwarz gefärbt sein. **Verbreitung:** Britische Inseln, außer Irland, sowie von Skandinavien bis zur Insel Sachalin (Nordostasien). Auf Heiden, Wiesen, an Bahndämmen sowie in Sümpfen und lichten Wäldern. **Fortpflanzung:** Lebend gebärend, 4–20 Junge.

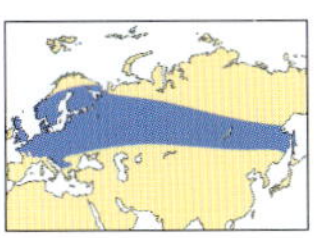

Europa, Asien

Länge	Ernährungsweise	Aktivitätsphase
65–90 cm		

Familie	Art	Bestand
VIPERIDAE	*Vipera latastei*	stellenweise häufig

Stülpnasenotter ☠

Mit ihrer grauen bis braunen Färbung und dem hornartigen Auswuchs auf der Schnauzenspitze ähnelt diese in Südwest- und Südosteuropa heimische Art der Sandotter (*Vipera ammodytes*, s. o.), ist aber kleiner und weniger gefährlich. Die Tiere tragen ein rötliches, dunkel gesäumtes Zickzackmuster auf dem Rücken. **Verbreitung:** Spanien, Portugal und Marokko. An trockenen, bewaldeten Felshängen. **Fortpflanzung:** Lebend gebärend, 2–8 Junge. **Ähnliche Arten:** Atlas-Zwergotter (*Vipera monticola*), Sandotter (*V. ammodytes*).

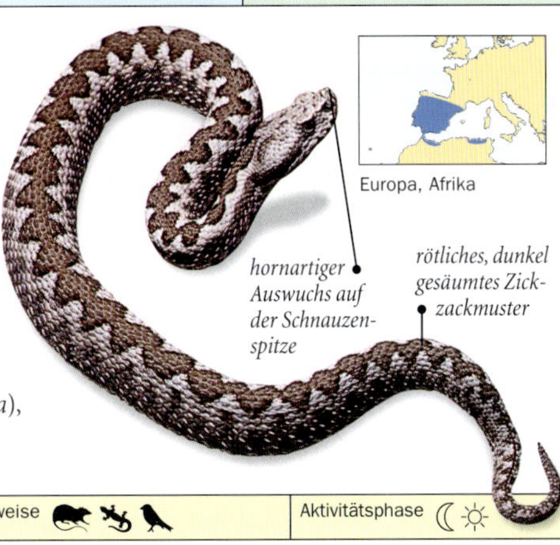

Europa, Afrika

Länge	Ernährungsweise	Aktivitätsphase
60–75 cm		

Krokodile

Die Echten Krokodile, Alligatoren und Gaviale werden in der Gruppe der Krokodile zusammengefasst. Der Körper dieser Tiere ist mit einer widerstandsfähigen lederartigen Haut bedeckt, die zudem durch Hautknochen (Osteodermata) verstärkt sein kann. Da Krokodile aufgrund dieser undurchlässigen Körperoberfläche nicht schwitzen können, geben sie die überschüssige Wärme über das weit geöffnete Maul ab. Trotz ihrer eher urtümlichen Erscheinung sind sie hoch entwickelte Tiere; sie besitzen ein aus vier Kammern bestehendes Herz, das durchaus mit dem der Säugetiere verglichen werden kann. Entgegen früheren Theorien vertreten heute die meisten Biologen die Ansicht, dass die nächsten Verwandten der Krokodile die Vögel sind.

Außer dem Mississippi-Alligator (*Alligator mississippiensis*) sind alle Krokodilarten – zumindest in Teilen ihres Verbreitungsgebietes – im Bestand gefährdet, einige von ihnen sind durch die Zerstörung ihres Lebensraumes bzw. durch Jagd oder Wilderei sogar vom Aussterben bedroht.

Die 23 heute lebenden Krokodilarten werden normalerweise – und so auch in diesem Buch – in drei Familien unterteilt (Alligatoridae, Crocodylidae und Gavialidae); es gibt jedoch auch Ansätze, sie in einer Familie mit drei Unterfamilien zusammenzufassen.

Familie ALLIGATORIDAE	Art *Alligator mississippiensis*	Bestand häufig

Mississippi-Alligator

Jungtiere dieser Art sind schwarz gefärbt und weisen unregelmäßige gelbe Querbinden auf, die sich später jedoch schwarz verfärben oder von Algen überwachsen sein können. Ausgewachsene Exemplare unterscheiden sich durch ihre Färbung und die breite abgerundete Schnauze vom verwandten Spitzkrokodil (*Crocodylus acutus*), das ebenfalls in Südflorida vorkommt, aber braun gefärbt ist und eine spitz zulaufende Schnauze besitzt. Zur Paarungszeit brüllen die Männchen – die viel größer werden als die Weibchen – sehr laut, um eine Partnerin anzulocken. Gleichzeitig biegen sie ihren Körper so durch, dass Kopf und Schwanz hoch aus dem Wasser ragen und durch die Vibration des Brüllens unzählige kleine Wasserfontänen von den Schuppen spritzen. Die Paarung findet im Wasser statt; anschließend werden die Eier in einem Nest aus Pflanzenteilen abgelegt und 65 Tage lang vom Weibchen bewacht. Junge Alligatoren ernähren sich von Wirbellosen, Fröschen und Fischen, während ausgewachsene Tiere Jagd auf Schildkröten, Wasservögel und Säugetiere machen.

mithilfe ihres halb durchsichtigen dritten Lides (Nickhaut) können die Tiere auch unter Wasser sehen

Verbreitung: Südosten der USA. In Süßwassersümpfen, Seen und Flüssen.

Fortpflanzung: Legt 20–50 Eier.

Ähnliche Arten: China-Alligator (*Alligator sinensis*, S. 191).

Anmerkung: Alligatoren sind für Menschen viel weniger gefährlich als Echte Krokodile, dennoch kommt es manchmal zu tödlichen Angriffen. Da der Mississippi-Alligator seit den 60er-Jahren des letzten Jahrhunderts gesetzlich geschützt ist, haben sich die Bestände inzwischen so weit erholt, dass besonders aggressive Exemplare sogar wieder abgeschossen werden.

Länge 2,8–5 m	Ernährungsweise	Aktivitätsphase

Familie ALLIGATORIDAE	Art *Alligator sinensis*	Bestand gefährdet

China-Alligator

Dieser Alligator – der nächste Verwandte des Mississippi-Alligators (*Alligator mississippiensis*, S. 190) – weist eine grünlich schwarze Färbung mit gelben Flecken und Querbändern auf den Flanken auf. Jungtiere sind lebhafter gefärbt und zeigen gelbe und schwarze Querbinden.
Verbreitung: China. Im Unterlauf des Jangtse sowie in benachbarten Grassümpfen und Seen.
Fortpflanzung: Legt 10–40 Eier.
Ähnliche Arten:
Mississippi-Alligator (*Alligator mississippiensis*, S. 190).

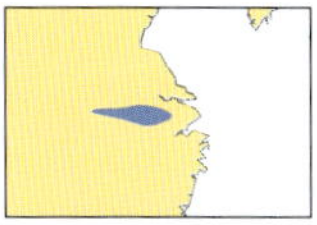

Asien

Länge 1,5–2 m	Ernährungsweise	Aktivitätsphase

Jungtier

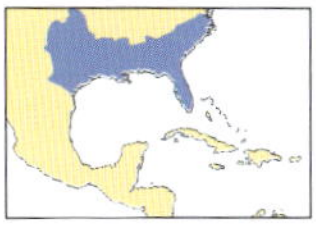

Nordamerika

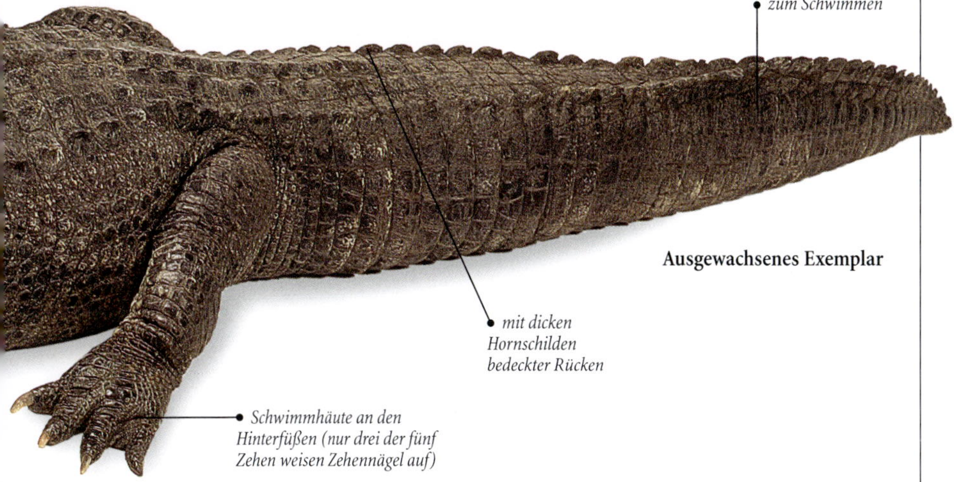

Ausgewachsenes Exemplar

Familie ALLIGATORIDAE | Art *Caiman crocodilus* | Bestand häufig

Krokodilkaiman

Mittel- und Südamerika

Dieser kräftige, ockerfarbene bis dunkelbraune Kaiman weist eine breite Schnauze und eine knochige Querleiste zwischen den Augen auf. Trotz ihrer beachtlichen Größe werden diese Krokodile manchmal von Anakondas (*Eunectes* species) erbeutet.
Verbreitung: Mittel- und Südamerika (nach Florida und Kuba eingeschleppt). In Seen, Flüssen und Sümpfen.
Fortpflanzung: Legt 40 Eier.
Ähnliche Arten: Breitschnauzen-kaiman (*Caiman latirostris*), *C. yacare*.
Anmerkung: In Florida und Kuba vertreibt der Krokodolkaiman die Menschen zunehmend aus ihren bisherigen Erholungsgebieten.

Länge 2,5–3 m | Ernährungsweise | Aktivitätsphase

Familie ALLIGATORIDAE | Art *Melanosuchus niger* | Bestand gefährdet

Mohrenkaiman

Südamerika

Die wichtigsten Merkmale des größten Kaimans der Erde sind sein langer und breiter Kopf und der deutliche Rückenkamm. In Guyana werden die für Menschen gefährlichen Tiere sehr gefürchtet, in den meisten Regionen ihres Verbreitungsgebietes sind sie jedoch fast ausgestorben.
Verbreitung: Südamerika. In Seen, Flüssen und Sümpfen sowie auf überfluteten Wiesen.
Fortpflanzung: Legt 50–65 Eier.
Ähnliche Arten: Mississippi-Alligator (*Alligator mississippiensis*, S. 190).

Länge 4–4,5 m | Ernährungsweise | Aktivitätsphase

Familie ALLIGATORIDAE | Art *Paleosuchus palpebrosus* | Bestand häufig

Brauen-Glattstirnkaiman

Südamerika

Die kleinste Kaimanart zeigt eine braune Färbung mit dunkelbraunen oder schwarzen Querbändern; die Haut ist durch Hautknochen verstärkt. Die Nester werden aus verwesendem Pflanzenmaterial und Schlamm gebaut.
Verbreitung: Nördliches Südamerika. In überfluteten Wäldern.
Fortpflanzung: Legt 12 Eier.
Ähnliche Arten: Keilkopf-Glattstirnkaiman (*Paleosuchus trigonatus*).

Länge 1,2–1,5 m | Ernährungsweise | Aktivitätsphase

Familie GAVIALIDAE	Art *Gavialis gangeticus*	Bestand gefährdet

Ganges-Gavial

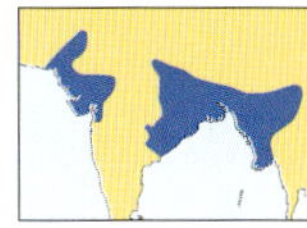

Diese schlanke olivgrüne Art besitzt ein langes schmales Maul mit bis zu 100 Zähnen, das den Tieren die Jagd auf Fische sehr erleichtert. Ausgewachsene Männchen weisen eine knollig verdickte Maulspitze auf, deren Funktion bis heute unbekannt ist. Der Ganges-Gavial gehört zu den größten Krokodilen der Erde, über Angriffe auf Menschen ist bisher jedoch nichts bekannt. Dank neuer Schutzmaßnahmen haben sich die Bestände in Nepal und Indien wieder stabilisiert.

Verbreitung: Südasien. In großen Flüssen.

Fortpflanzung: Legt 40–90 Eier.

Ähnliche Arten: Sunda-Gavial (*Tomistoma schlegeli*, S. 195).

Anmerkung: Dies ist die einzige Art aus der Familie der Gavialidae.

Länge 4–7 m	Ernährungsweise	Aktivitätsphase

Familie CROCODYLIDAE	Art *Crocodylus niloticus*	Bestand häufig

Nilkrokodil

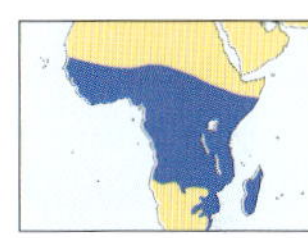

Dieses große, überaus kräftige Krokodil ist olivgrün bis braun gefärbt und zeigt schwarze Punkte und eine netzartige Zeichnung; der Oberkiefer weist eine Kerbe auf, durch die der vierte Zahn des Unterkiefers auch bei geschlossenem Maul sichtbar bleibt. Ausgewachsene Exemplare, die bis zu einer Tonne wiegen können, machen Jagd auf Gnus, Zebras und Büffel, töten jedoch manchmal auch Flusspferde, Löwen und Menschen. Die Eier werden auf Sandbänken vergraben und fallen häufig Nilwaranen (*Varanus niloticus*, S. 100) oder Überschwemmungen zum Opfer.

Verbreitung: Afrika und Madagaskar. In Flüssen und Seen.

Fortpflanzung: Legt 25–100 Eier.

Ähnliche Arten: Panzerkrokodil (*Crocodylus cataphractus*).

Anmerkung: Am Nil ist diese Art heute nahezu ausgestorben.

Länge 5–6,5 m	Ernährungsweise	Aktivitätsphase

Familie	Art	Bestand
CROCODYLIDAE	*Crocodylus porosus*	stellenweise häufig

Leistenkrokodil

Asien, Ozeanien

Dieses Krokodil ist nicht nur das größte, sondern sicher auch das am meisten gefürchtete Reptil der Erde. Die Tiere, die ausgezeichnet schwimmen können und manchmal auch im offenen Meer anzutreffen sind, kommen von Indien bis Australien sowie von den Koko-Keeling-Inseln im Indischen Ozean bis zu den Fidschi-Inseln im Pazifik vor. In Teilen des Verbreitungsgebietes sind die Bestände in den letzten Jahren jedoch deutlich zurückgegangen.

Verbreitung: Von Süd- und Südostasien bis Nordaustralien und zum Südwestpazifik. In küstennahen Flüssen, Lagunen und Flussmündungen, gelegentlich auch im offenen Meer.

Fortpflanzung: Legt 20–90 Eier.

Ähnliche Arten: Sumpfkrokodil (*Crocodylus palustris*), Neuguineakrokodil (*C. novaeguineae*).

Anmerkung: Diese Art kann auch Menschen töten.

Länge	Ernährungsweise	Aktivitätsphase
7–9 m		

Familie	Art	Bestand
CROCODYLIDAE	*Crocodylus rhombifer*	gefährdet

Rautenkrokodil

Diese Art lässt sich an ihrer schwarzgelben Färbung und den knochigen Auswüchsen über den Augen erkennen. Die aggressiven Tiere können in ganzer Länge aus dem Wasser ans Ufer springen, um kleinere Reptilien oder Säugetiere zu erbeuten. Das nicht sehr verbreitete Krokodil war 1959 schon fast ausgestorben, aufgrund von Schutzmaßnahmen ist die Zahl der Exemplare jedoch wieder gestiegen. Auf einigen Inseln werden die Jungtiere von eingeschleppten Krokodilkaimanen (*Caiman crocodilus fuscus*) gejagt.

Verbreitung: Kuba. In Süßwassersümpfen.

Fortpflanzung: Legt 20–50 Eier.

Ähnliche Arten: Spitzkrokodil (*Crocodylus acutus*).

Anmerkung: Gelegentlich kommt es zu Bastardisierung dieser Art mit dem Spitzkrokodilen (*C. acutus*).

Kuba

Länge	Ernährungsweise	Aktivitätsphase
3–3,5 m		

Familie CROCODYLIDAE | Art *Osteolaemus tetraspis* | Bestand gefährdet

Stumpfkrokodil

Von dieser kleinen, versteckt lebenden, kurzköpfigen Art gibt es zwei getrennt lebende Populationen. Ausgewachsene Exemplare sind schwarzbraun gefärbt, Jungtiere weisen eine hellbraune Färbung mit schwarzen Punkten und Querbändern auf. Bei Gefahr taucht das Stumpfkrokodil unter und versteckt sich in Höhlungen der Uferböschung.
Verbreitung: West- und Zentralafrika. In Regenwaldsümpfen, Teichen und langsam fließenden Flüssen.
Fortpflanzung: Legt 10–17 Eier.
Ähnliche Arten: Glattstirnkaimane (*Paleosuchus* species, S. 192).

Länge 1,5–2 m | Ernährungsweise | Aktivitätsphase

Familie CROCODYLIDAE | Art *Tomistoma schlegeli* | Bestand gefährdet

Sunda-Gavial

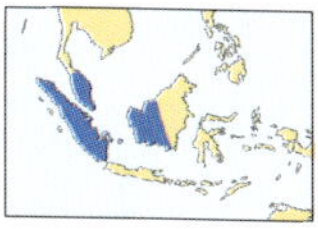

Diese Art ähnelt in ihrer Erscheinung dem Ganges-Gavial (*Gavialis gangeticus*, S. 193), sie besitzt jedoch eine weniger spitze Schnauze, und den Männchen fehlt der knollige Auswuchs an der Schnauzenspitze. Die Tiere zeigen eine dunkelbraune Färbung mit undeutlichen, schwarzen Bändern auf dem Rücken; anders als bei den übrigen Familien ist die Iris des Sunda-Gavials braun gefärbt. Die Art ist in Südthailand durch Wilderei und die Zerstörung ihres Lebensraumes stark in ihrem Bestand gefährdet. In Malaysia gilt sie bereits als nahezu ausgestorben.
Verbreitung: Südostasien. In Süßwassersümpfen, Seen und Flüssen.
Fortpflanzung: Legt 20–60 Eier.
Ähnliche Arten: Ganges-Gavial (*Gavialis gangeticus*, S. 193).

Länge 4–5,5 m | Ernährungsweise | Aktivitätsphase unbekannt

AMPHIBIEN

Schwanzlurche

Zur Ordnung Urodela (Schwanzlurche) gehören fünf Familien mit insgesamt 450 Molch- und Salamanderarten; über die Hälfte davon sind lungenlose Salamander, die in der Familie Plethodontidae zusammengefasst werden. Typisch für Schwanzlurche sind der langgestreckte schlanke Körper und der lange Schwanz. Alle vier Beine sind vergleichsweise kurz und weisen etwa dieselbe Länge auf. Die Färbung kann sehr variabel sein; einige Arten besitzen Gift absondernde Hautdrüsen und sind zur Abschreckung sehr auffällig gefärbt.

Schwanzlurche sind zumeist nachtaktiv. Sie halten sich überwiegend am Boden auf und verstecken sich tagsüber unter Baumstämmen, Steinen oder in den Bauten anderer Tiere. Manche Arten können gut klettern, und viele sind gute Schwimmer. Einige der ständig im Wasser lebenden Salamander ähneln im Aussehen den Aalen.

Die meisten Salamander und Molche kehren jedes Jahr für einige Wochen ins Wasser zurück, um ihre Eier abzulegen. Aus den Eiern schlüpfen Larven, die sich räuberisch ernähren und im Gegensatz zu den Kaulquappen der Frösche und Kröten einen langen schlanken Körper besitzen. Einige Salamanderarten legen die Eier jedoch auf dem Land ab; in diesem Fall verläuft die gesamte Larvenentwicklung im Ei, sodass die Tiere bereits beim Schlüpfen wie kleine Abbilder ihrer Eltern aussehen.

Familie	Art	Bestand
SIRENIDAE	*Siren lacertina*	stellenweise häufig

Großer Armmolch

Nordamerika

Diese große aalähnliche Art weist sehr kleine Vorderbeine auf, während die Hinterbeine völlig fehlen. Der Rücken ist grau gefärbt und dunkel gepunktet, die Flanken sind etwas heller und zeigen eine unregelmäßige gelbbraune Zeichnung. Der flossenartige Schwanz ist zur Fortbewegung im Wasser seitlich abgeplattet, der flache Kopf eignet sich gut für die Futtersuche im Schlamm. Zur bevorzugten Nahrung der Tiere gehören Schnecken und Muscheln.

Verbreitung: Südosten der USA. In flachen, schlammigen, dicht mit Pflanzen bewachsenen Flüssen, Kanälen, Seen, Teichen und Gräben.

Fortpflanzung: Legt im Frühjahr Eier im Wasser ab.

Anmerkung: Trocknen ihre Heimatgewässer aus, können die Molche sich im Schlamm vergraben und – dank ihrer Fettreserven – in einen Kokon gehüllt bis zu zwei Jahre überleben.

Länge	Lebensweise	Aktivitätsphase
50–90 cm	vollständig aquatisch	☾

Familie PROTEIDAE	Art *Necturus maculosus*	Bestand stellenweise häufig

Gefleckter Furchenmolch

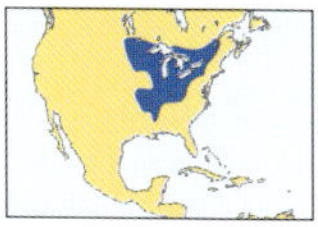

Nordamerika

Diese große aggressive, gefräßige Art zeigt normalerweise eine graue oder braune Färbung mit einer helleren Zeichnung und buschige, rötlich braune äußere Kiemen an beiden Seiten des Kopfes. Der Körper ist lang und abgeplattet. Tagsüber verstecken sich die Tiere unter Baumstämmen und Steinen, nachts jagen sie nach Wirbellosen, Fischen und anderen Amphibien. Die Eier werden unter Baumstämmen und Steinen abgelegt und vom Weibchen bewacht.

Verbreitung: Östliches und mittleres Nordamerika. In Bächen, Flüssen, Kanälen und Seen.

Fortpflanzung: Legt im Herbst und Winter Eier im Wasser ab.

Länge 20–50 cm	Lebensweise vollständig aquatisch	Aktivitätsphase ☾

Familie CRYPTOBRANCHIDAE	Art *Cryptobranchus alleganiensis*	Bestand selten

Schlammteufel

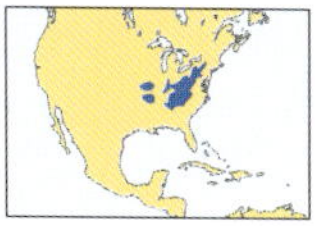

Nordamerika

Dieser große Molch, auch Hellbender genannt, weist auffällige Hautwülste an den Flanken seines braunen, gefleckten Körpers auf. Kopf und Körper sind abgeplattet, sodass die Tiere sich gut unter Steinen verstecken können; zudem sind sie durch Gift absondernde Drüsen vor Feinden geschützt. Zur Paarungszeit hebt das Männchen eine Brutgrube aus und lockt ein Weibchen hinein, das dort seine Eier ablegt. Anschließend werden diese vom Männchen befruchtet und bis zum Schlüpfen der Larven bewacht.

Verbreitung: Osten der USA. In großen, felsigen, schnell fließenden Bächen.

Fortpflanzung: Legt im Herbst Eier im Wasser ab.

Anmerkung: Aufgrund der zunehmenden Verschmutzung ihres Lebensraumes sind die Bestände dieser einst häufigen Art stark zurückgegangen.

Länge 30–75 cm	Lebensweise vollständig aquatisch	Aktivitätsphase ◯

Familie PROTEIDAE	Art *Proteus anguinus*	Bestand selten

Grottenolm

Diese Art, die ausschließlich in unterirdischen Gewässern zu finden ist, verlässt das Wasser nie. Die Körperfärbung ist meist weiß, es gibt jedoch auch graue, rosafarbene oder gelbe Exemplare. Die Tiere behalten ihre äußeren Kiemen ein Leben lang. Als Anpassung an ein Leben in ständiger Dunkelheit weisen sie rudimentäre Augen auf; der große Schwanz dient der Fortbewegung im Wasser. Grottenolme durchlaufen keine Metamorphose, sondern werden bereits als Larven geschlechtsreif. Zur Paarungszeit sondern die Männchen zum Anlocken von Weibchen Geruchsstoffe ab; nach der Begattung werden bis zu 70 Eier unter Steinen abgelegt.
Verbreitung: Slowenien bis Montenegro. In unterirdischen Bächen und in Teichen von Kalksteinhöhlen.
Fortpflanzung: Legt im Frühjahr Eier im Wasser ab.

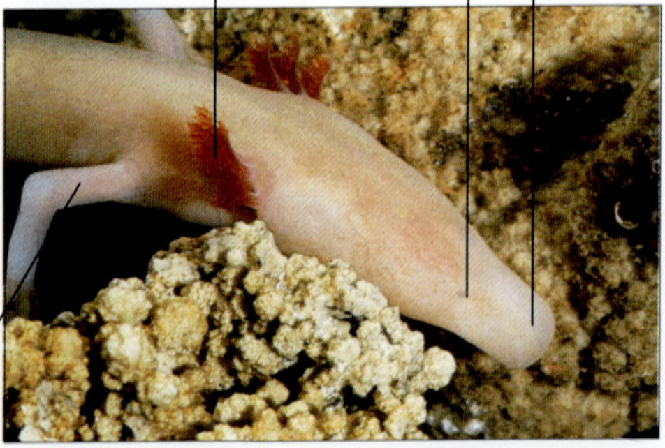

Länge 20–30 cm	Lebensweise vollständig aquatisch	Aktivitätsphase ○

Familie DICAMPTODONTIDAE	Art *Dicamptodon tenebrosus*	Bestand stellenweise häufig

Pazifischer Riesenquerzahnmolch

Dieser kräftige Molch ist dunkelbraun gefärbt und zeigt hellbraune Punkte oder Flecken. Die Larven durchlaufen eine mehrjährige Entwicklung. Einige ausgewachsene Exemplare behalten ihre Kiemen und verlassen ihre Heimatgewässer nie, andere leben an Land und kehren nur zur Eiablage ins Wasser zurück; letztere gehören zu den größten landlebenden Molchen der Erde.
Verbreitung: Nordwesten der USA. In küstennahen, von Bäumen gesäumten Bächen.
Fortpflanzung: Legt im Frühjahr und Herbst Eier im Wasser ab.

Länge 17–34 cm	Lebensweise terrestrisch oder aquatisch	Aktivitätsphase ☾

Familie	Art	Bestand
AMPHIUMIDAE	*Amphiuma tridactylum*	stellenweise häufig

Dreizehen-Aalmolch

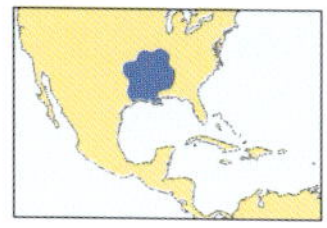

Mit seiner schleimigen Haut, dem langen Schwanz und den winzigen Beinen (von denen jedes drei Zehen aufweist) ähnelt dieser große Molch einem Aal. Die Tiere besitzen einen schwarzen, grauen oder braunen Rücken und eine hellgraue Unterseite. Männchen paaren sich normalerweise jedes Jahr, Weibchen dagegen nur jedes zweite. Die Eier werden bis zum Ausschlüpfen vom Weibchen bewacht.
Verbreitung: Süden der USA. In küstennahen Gräben, Sümpfen, Bächen und Teichen.
Fortpflanzung: Legt im Winter und Frühjahr Eier im Wasser ab.

Länge	Lebensweise	Aktivitätsphase
40–110 cm	hauptsächlich aquatisch	◯

Familie	Art	Bestand
SALAMANDRIDAE	*Chioglossa lusitanica*	selten

Goldstreifensalamander

Diese Art besitzt einen schlanken Körper und einen langen Schwanz; ihre schnellen Bewegungen erinnern ein wenig an eine Eidechse. Die Tiere zeigen eine dunkelbraune Färbung mit zwei goldbraunen Längsstreifen auf dem Rücken, die auf dem Schwanz zusammenlaufen. Die lange klebrige Zunge dient dem Beutefang, die Augen sind recht groß. Bei einem Angriff kann der Schwanz abgeworfen werden; er wächst später nach, erreicht jedoch nie wieder seine ursprüngliche Länge.
Verbreitung: Nordportugal und Nodwestspanien. In feuchten Gebirgen.
Fortpflanzung: Legt im Sommer und Herbst Eier im Wasser ab.

Länge	Lebensweise	Aktivitätsphase
12–14 cm	hauptsächlich terrestrisch	☾

Familie SALAMANDRIDAE	Art *Cynops pyrrhogaster*	Bestand stellenweise häufig

Feuerbauchmolch

Mit seinem breiten seitlich abgeplatteten Schwanz, der schnelle Schwimmbewegungen ermöglicht, ist dieser Molch gut an sein Leben im Wasser angepasst. Die helle Färbung auf dem Bauch der Tiere warnt Feinde vor übel schmeckenden Sekreten, die bei einem Angriff von speziellen Drüsen am Kopf und auf der Haut ausgeschieden werden. Die Männchen dieser Art sind an ihrem dünnen fadenartigen Schwanzfortsatz zu erkennen. Der Paarung geht ein Ritual voraus, bei dem das Männchen dem Weibchen mit der Schwanzspitze Duftstoffe zufächelt. Nachdem das Weibchen ein männliches Spermapaket aufgenommen hat, legt es die befruchteten Eier einzeln an Blättern von Wasserpflanzen ab.
Verbreitung: Japan. In Teichen und Tümpeln.
Fortpflanzung: Legt im Frühjahr Eier im Wasser ab.

Japan

Länge 9–12 cm	Lebensweise hauptsächlich aquatisch	Aktivitätsphase ◯

Familie SALAMANDRIDAE	Art *Pachytriton brevipes*	Bestand stellenweise häufig

Chinesischer Kurzfußmolch

Asien

Diese Art besitzt kurze Beine und Zehen sowie einen großen, am Ende abgerundeten paddelartigen Schwanz, der zum Schwimmen in schnell fließenden Bächen benutzt wird. Die Lippen weisen Hautlappen auf, mit deren Hilfe die Tiere ihre zumeist wirbellosen Beutetiere aussaugen. Der Bauch ist mit einer leuchtend gelben oder orangefarbenen Zeichnung versehen, die mögliche Angreifer vor übel schmeckenden Hautsekreten warnt. Bei der Paarung nimmt das Weibchen ein männliches Spermapaket auf und legt die befruchteten Eier anschließend im Wasser ab.
Verbreitung: Südostchina. In Gebirgsbächen.
Fortpflanzung: Legt im Sommer Eier im Wasser ab.

Länge 14–18 cm	Lebensweise hauptsächlich aquatisch	Aktivitätsphase ☾

Familie SALAMANDRIDAE	Art *Paramesotriton hongkongensis*	Bestand stellenweise häufig

Hongkong-Warzenmolch

Dieser Molch verbringt die meiste Zeit seines Lebens im Wasser, wo er sich mithilfe seines langen seitlich abgeplatteten Schwanzes vorwärts bewegt. Die Beine sind recht kurz und dick – typisch für Schwanzlurche, die selten an Land kriechen. Bei Gefahr stellen sich die Tiere oft tot, indem sie sich auf den Rücken rollen und ihren auffällig gefärbten Bauch zeigen. Werden sie angegriffen, sondern ihre zahlreichen Warzen auf der Haut und die großen Parotoiddrüsen auf dem Kopf ein giftiges Sekret ab. Zur Paarungszeit versucht das Männchen durch heftige Bewegungen seines weiß oder bläulich gestreiften Schwanzes eine Partnerin anzulocken. Nachdem das Weibchen ein männliches Spermapaket aufgenommen hat, legt es die befruchteten Eier einzeln an Blättern von Wasserpflanzen ab.
Verbreitung: Hongkong. In Bächen.
Fortpflanzung: Legt im Winter Eier im Wasser ab.

Hongkong

Länge 12–16 cm	Lebensweise hauptsächlich aquatisch	Aktivitätsphase ☾

Familie SALAMANDRIDAE	Art *Pleurodeles waltl*	Bestand stellenweise häufig

Spanischer Rippenmolch

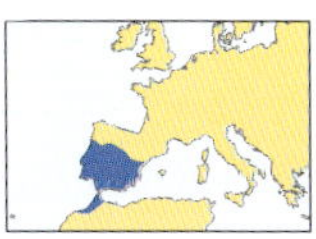

Europa, Afrika

Diese große, kräftige, gefräßige Molchart ernährt sich überwiegend von aquatischen Wirbellosen. Auf den Flanken sind eine Reihe großer heller Punkte zu erkennen; darunter zeichnen sich deutlich die spitzen Rippen ab, die der Verteidigung dienen und denen die Tiere ihren Namen verdanken. Trocknen ihre Heimatgewässer aus, können sich die Molche in Schlamm eingraben und ein bis zwei Jahre überleben. Im Frühjahr entwickeln die Männchen Brunstschwielen an den Vorderbeinen, mit deren Hilfe sie die Weibchen bei der Paarung umklammern.
Verbreitung: Spanien, Portugal und Marokko. In verkrauteten Seen, Teichen und Gräben.
Fortpflanzung: Legt im Frühjahr und Sommer Eier im Wasser ab.

Länge 15–30 cm	Lebensweise hauptsächlich aquatisch	Aktivitätsphase ☾

Familie Salamandridae	Art *Salamandra salamandra*	Bestand stellenweise häufig

Feuersalamander

Nach Vollendung des Larvenstadiums lebt dieser robuste Salamander fast das ganze Jahr über an Land. Färbung und Zeichnung der Art zeigen innerhalb des großen Verbreitungsgebietes beträchtliche Schwankungen. So sind einige Exemplare schwarz gefärbt und gelb gemustert, andere dagegen tragen eine schwarze Zeichnung auf gelbem Untergrund; gelegentlich kommen auch orangefarbene oder rote Farbtöne vor. Die kurzen, kräftigen Beine weisen breite Zehen auf, der Schwanz ist zylindrisch geformt und kürzer als der Körper. Spezielle Drüsen auf den Flanken und große Parotoiddrüsen am Kopf können bei Gefahr Gift absondern. Die Tiere kriechen nachts – vor allem nach Regenfällen – aus ihren Verstecken unter Baumstämmen und Steinen, um nach Würmern, Insekten, Insektenlarven und Nacktschnecken zu suchen. Die Eier entwickeln sich im Weibchen und werden als voll bewegliche Larven abgesetzt. Während ihrer Entwicklung im Mutterleib verhalten sich die Larven oft kannibalisch, d.h. sie fressen ihre kleineren Geschwister oder auch die Eier auf. Die Weibchen der Feuersalamander sind etwas größer als die Männchen.

Verbreitung: Europa, Nordwestafrika und Südwestasien. In Bergwäldern.

Fortpflanzung: Setzt im Frühjahr und Sommer Larven im Wasser ab.

Ähnliche Arten: Alpensalamander (*Salamandra atra*).

Gestreiftes Exemplar

Geflecktes Exemplar

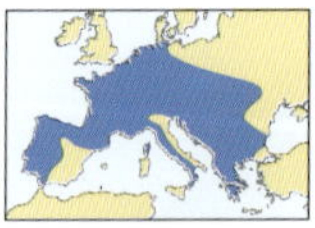

Europa, Afrika, Asien

Länge 18–28 cm	Lebensweise hauptsächlich terrestrisch	Aktivitätsphase ☾

Familie SALAMANDRIDAE	Art *Taricha torosa*	Bestand häufig

Kalifornischer Molch

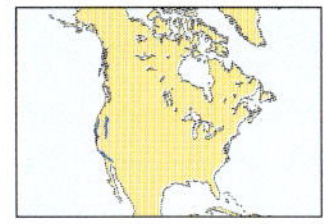

Nordamerika

Dieser schlanke, ziegelrote bis braune Molch besitzt eine auffallend warzige Haut. Zur Paarungszeit verlieren die Männchen jedoch ihr raues Erscheinungsbild und legen deutlich an Gewicht zu. Bei Gefahr können beide Geschlechter ein Nervengift aus Hautdrüsen absondern. Die Eier werden in Teichen, Seen und Bächen an Pflanzen geheftet.
Verbreitung: Kalifornien (USA). Auf grasbewachsenen oder bewaldeten Hügeln und Bergen.
Fortpflanzung: Legt im Winter und Frühjahr Eier im Wasser ab.
Ähnliche Arten: Rauhäutiger Molch (*Taricha granulosa*).

Länge 12–20 cm	Lebensweise hauptsächlich terrestrisch	Aktivitätsphase ☾

Familie SALAMANDRIDAE	Art *Triturus alpestris*	Bestand stellenweise häufig

Bergmolch

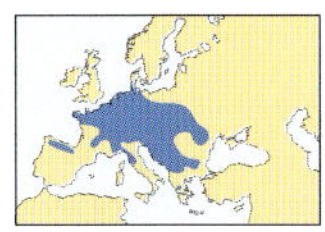

Europa

Ungeachtet seines Namens ist dieser leuchtend blau, orange, schwarz und braun gefärbte Molch in weiten Teilen Europas auch im Flachland zu finden. Zur Paarungszeit entwickeln die Männchen eine leuchtende Färbung und einen Rückenkamm. Die Eier werden einzeln in Blätter gewickelt.
Verbreitung: Europa. Im Boden und unter Baumstämmen, im Süden des Verbreitungsgebietes auch in höheren Lagen.
Fortpflanzung: Legt im Frühjahr und Sommer Eier im Wasser ab.
Anmerkung: Einige Populationen (z. B. im Balkan) besitzen äußere Kiemen und sind vollständig aquatisch.

Länge 6–12 cm	Lebensweise hauptsächlich terrestrisch	Aktivitätsphase ☾

Familie SALAMANDRIDAE	Art *Triturus marmoratus*	Bestand stellenweise häufig

Marmormolch

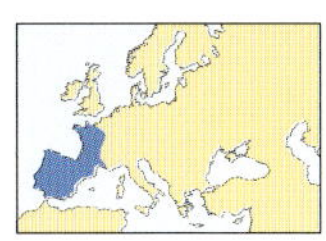

Europa

Die grünliche Färbung unterscheidet diese Art von allen anderen europäischen Molchen. Zur Paarungszeit verstärkt sich der grüne Farbton meist noch, und die Männchen entwickeln einen großen Rückenkamm mit senkrechten schwarzen und weißen Streifen. Weibchen (Abbildung) weisen einen roten Streifen auf dem Rücken auf.
Verbreitung: Spanien und Südfrankreich. In Wäldern, auf Heiden und unter Hecken.
Fortpflanzung: Legt im Frühjahr und Sommer Eier im Wasser ab.

Länge 10–14 cm	Lebensweise hauptsächlich terrestrisch	Aktivitätsphase ◐

Familie SALAMANDRIDAE	Art *Triturus vulgaris*	Bestand stellenweise häufig

Teichmolch

Außerhalb der Paarungszeit zeigen männliche und weibliche Teichmolche eine graubraune Färbung, die sich bei den Männchen (Abbildung) zur Paarungszeit jedoch deutlich verändert; der Hautton wird blasser und es bilden sich große, dunkle Punkte. Zudem entwickelt sich ein auffälliger Rückenkamm, der Schwanz verbreitert sich und weist eine gezackte Oberseite sowie hellrote und blaue Streifen an der Wurzel auf. Die Eier werden von den Weibchen einzeln in Blätter gewickelt; die fleischfressenden Larven verlassen das Wasser im Herbst und kehren frühestens nach zwei bis drei Jahren zur Fortpflanzung zurück.
Verbreitung: Westeuropa und Asien. Im Boden und unter Baumstämmen.
Fortpflanzung: Legt im Frühjahr und Sommer Eier im Wasser ab.
Ähnliche Arten: Fadenmolch (*Triturus helveticus*).

Europa, Asien

Länge 7–10 cm	Lebensweise hauptsächlich terrestrisch	Aktivitätsphase ◑

Familie SALAMANDRIDAE	Art *Tylototriton verrucosus*	Bestand stellenweise häufig

Geknöpfter Krokodilmolch

Die robuste Art, auch Burma-Krokodilmolch genannt, weist eine raue warzige Haut auf. Der Körper zeigt eine dunkelbraune Färbung, Kopf und Schwanz sind orangefarben. Die ebenfalls orangefarbene Zeichnung auf dem Rücken warnt mögliche Angreifer vor übel schmeckenden Sekreten, die von den großen Parotoiddrüsen am Kopf und von Drüsen in der Haut produziert werden. Die Tiere verbringen die meiste Zeit ihres Lebens auf dem Land und kehren nur zur Fortpflanzung während des Monsuns ins Wasser zurück. Die Weibchen können bis zu 50 Eier legen, die sie an Pflanzen heften.
Verbreitung: China, Nordindien, Nordthailand und Nordvietnam. In feuchten Bergwäldern.
Fortpflanzung: Legt in der Regenzeit Eier im Wasser ab.

Asien

Länge 12–18 cm	Lebensweise hauptsächlich terrestrisch	Aktivitätsphase ☾

Familie	Art	Bestand
AMBYSTOMATIDAE	*Ambystoma macrodactylum*	stellenweise häufig

Langzehenquerzahnmolch

Diese kleine Art ist dunkelgrau bis schwarz gefärbt und zeigt gelbe, braune oder grüne Streifen oder Punkte auf dem Rücken. Die Tiere leben meist versteckt im Boden, besiedeln zur Paarungszeit jedoch in großer Zahl Wasserlöcher, Seen und Bäche. Die Eier werden einzeln oder in Klumpen an Pflanzen geheftet.
Verbreitung: Nordosten der USA und Kanada. In Wäldern, Steppen und auf Wiesen.
Fortpflanzung: Legt im Frühjahr Eier im Wasser ab.
Anmerkung: Die kalifornische Unterart *Ambystoma macrodactylum croceum* gilt als gefährdet.

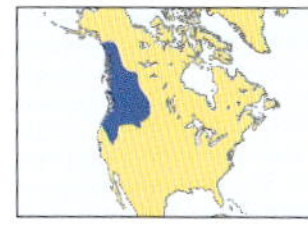

Nordamerika

Länge	Lebensweise	Aktivitätsphase
10–17 cm	hauptsächlich terrestrisch	☾

Familie	Art	Bestand
AMBYSTOMATIDAE	*Ambystoma maculatum*	stellenweise häufig

Fleckenquerzahnmolch

Tagsüber hält sich dieser kleine kurzbeinige Molch meist versteckt, in den Nächten kommt er heraus, um nach Nahrung zu suchen. Die Eiablage erfolgt im zeitigen Frühjahr in Tümpeln; die Entwicklung der Larven dauert nur zwei bis vier Monate.
Verbreitung: Östliches Nordamerika. In Wäldern.
Fortpflanzung: Legt im Frühjahr Eier im Wasser ab.
Anmerkung: Der Fleckenquerzahnmolch kehrt zur Fortpflanzung stets in das Gewässer zurück, in dem er geschlüpft ist.

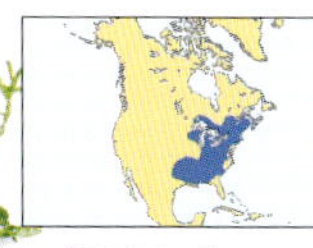

Nordamerika

Länge	Lebensweise	Aktivitätsphase
15–25 cm	hauptsächlich terrestrisch	☾

Familie	Art	Bestand
AMBYSTOMATIDAE	*Ambystoma tigrinum*	stellenweise häufig

Tigerquerzahnmolch

Diese Art weist normalerweise eine schwarze oder braune Färbung mit einer helleren Zeichnung auf. Die Tiere leben meist sehr versteckt im Boden; zur Fortpflanzung besiedeln sie ein ruhiges Gewässer, wo die Eier in Klumpen an Pflanzen abgelegt werden. Die Larven bleiben den Winter über im Wasser.
Verbreitung: Nordamerika. In Wüsten, Steppen, Wäldern sowie auf Feldern und Wiesen.
Fortpflanzung: Legt im Frühjahr Eier im Wasser ab.
Ähnliche Arten: *Ambystoma californiense.*

Nordamerika

Länge	Lebensweise	Aktivitätsphase
18–25 cm	hauptsächlich terrestrisch	☾

Familie Ambystomatidae	Art *Ambystoma mexicanum*	Bestand gefährdet

Axolotl

Nordamerika

Diese Art gilt als klassisches Beispiel für Amphibien, die ihre Geschlechtsreife bereits im Larvenstadium erreichen. In der Natur durchlaufen die Tiere niemals eine Metamorphose zum Erwachsenenstadium, während sie sich in menschlicher Obhut manchmal dazu anregen lassen. Die natürliche Färbung der Lurche ist dunkelgrau oder schwarz, Zuchtformen können eintönig gelb oder mit grauen bzw. schwarzen Flecken versehen sein; gelegentlich tritt auch eine Albinoform auf. Die Eier werden auf dem Seegrund abgelegt.
Verbreitung: Xochimilcosee (Mexiko).
Fortpflanzung: Legt im Herbst und Frühjahr Eier im Wasser ab.
Anmerkung: Die Tiere galten in Mexiko City früher als Delikatesse, sind inzwischen aber gesetzlich geschützt.

Albino-Zuchtform

In der Natur lebendes Exemplar

Länge 10–20 cm	Lebensweise vollständig aquatisch	Aktivitätsphase ◯

Familie Plethodontidae	Art *Batrachoceps attenuatus*	Bestand stellenweise häufig

Kalifornischer Wurmsalamander

Dieser schlanke Salamander weist winzige Füße auf. Er hält sich meist im Boden und unter Baumstämmen oder Steinen versteckt und ist nur nach starken Regenfällen und nachts zu sehen. Zur Eiablage teilen sich mehrere Weibchen ein Erdloch; die Tiere gleichen bereits beim Schlüpfen ihren Eltern, ein aquatisches Larvenstadium gibt es nicht.

Nordamerika

Verbreitung: Kalifornien und Oregon (USA). Auf Wiesen sowie in Kiefern- und anderen Wäldern.
Fortpflanzung: Legt im Herbst Eier im Boden oder unter Steinen ab.

Länge 7,5–14 cm	Lebensweise vollständig terrestrisch	Aktivitätsphase ☾

Familie PLETHODONTIDAE	Art *Desmognathus ochrophaeus*	Bestand häufig

Bachsalamander

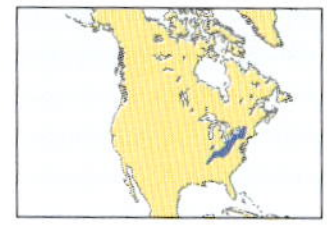

Nordamerika

Diese variabel gefärbte und gezeichnete Art kommt recht häufig vor, ist jedoch nur selten zu sehen. Die meisten Exemplare zeigen eine dunkelgraue Färbung mit einem Längsstreifen oder einer Reihe großer Flecken auf dem Rücken, die gelb, orangefarben, olivgrün, grau, gelbbraun, braun oder rotbraun sein können; die Flanken sind hellgrau oder ockerfarben. Ausgewachsene Tiere leben normalerweise versteckt im Boden und kommen nur nachts heraus, die Larven sind in Bächen zu finden. Zur Paarungszeit wird in einer Drüse am Kinn des Männchens ein Aphrodisiakum produziert, das dem Weibchen auf die Haut gerieben wird. Die Paarung findet an Land statt, die Eier werden an der Unterseite von Steinen oder Baumstümpfen befestigt. Einige Exemplare pflanzen sich mehrmals im Jahr fort.

Verbreitung: Osten der USA. In Wäldern.

Fortpflanzung: Legt vom Frühjahr bis zum Herbst Eier am Boden ab.

Länge 7–11 cm	Lebensweise vollständig terrestrisch	Aktivitätsphase ☾

Familie PLETHODONTIDAE	Art *Plethodon cinereus*	Bestand stellenweise häufig

Rotrücken-Waldsalamander

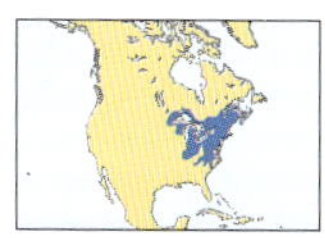

Nordamerika

Dieser kleine schlanke Salamander besitzt kurze Beine und einen abgerundeten Schwanz, der fast ebenso lang ist wie der Körper. Der umgangssprachliche Name der Art bezieht sich auf den breiten, roten, schwarz gesäumten Streifen, der vom Kopf bis zum Schwanz verläuft; bei einzelnen Exemplaren kann der Streifen auch gelb, grau oder orangefarben sein. Die Tiere leben normalerweise zwischen welken Blättern und ernähren sich von Ameisen und Termiten. Die Männchen markieren ihr Revier mit ihrem Kot, den die Weibchen zur Paarungszeit gründlich untersuchen, um den Partner auszuwählen, der bei der Termitenjagd besonders erfolgreich war. Die sechs bis 13 ungewöhnlich großen Eier werden an der Oberseite einer unterirdischen Höhle abgelegt.

Verbreitung: Osten der USA und Südostkanada. In Wäldern.

Fortpflanzung: Legt vom Frühjahr bis zum Herbst Eier im Boden ab.

Länge 7–12 cm	Lebensweise vollständig terrestrisch	Aktivitätsphase ☾

Familie PLETHODONTIDAE	Art *Plethodon jordani*	Bestand stellenweise häufig

Rotwangen-Waldsalamander

Nordamerika

Dieser recht große Salamander besitzt einen langen, schlanken, grauen bis schwarzen Körper und einen schmalen Kopf mit auffälligen Augen. Einige Populationen sind eintönig gefärbt, während andere hellrote Gesichtsflecken oder Beine aufweisen. Bei Gefahr produzieren Drüsen am Schwanz einen übel schmeckenden Schleim, zudem kann der Schwanz zur Ablenkung des Angreifers abgeworfen werden. Die Tiere verstecken sich tagsüber meist unter Baumstämmen und kommen nur nachts heraus, vor allem nach Regenfällen. Zur Paarungszeit wird in einer Drüse am Kinn des Männchens ein Aphrodisiakum produziert, das das Weibchen zur Paarung anregt.

Verbreitung: Südappalachen (USA). In Bergwäldern.

Fortpflanzung: Legt im Sommer und Herbst Eier ab.

Länge 9–18,5 cm	Lebensweise vollständig terrestrisch	Aktivitätsphase ☾

Familie PLETHODONTIDAE	Art *Pseudotriton ruber*	Bestand stellenweise häufig

Roter Wiesensalamander

Nordamerika

Aufgrund ihres stämmigen Körpers und der kurzen Beine ist diese Art nicht so beweglich wie die meisten anderen Salamander, dennoch macht sie erfolgreich Jagd auf ihre nahen Verwandten. Mit der hellroten, bei älteren Exemplaren oft dunkleren Färbung und den unregelmäßigen schwarzen Punkten wird vermutlich das Jugendstadium des stark giftigen Grünlichen Wassermolches (*Notophthalmus viridescens*) imitiert. Bei Gefahr richten die Tiere ihren Schwanz auf und schwenken ihn hin und her.

Verbreitung: Osten der USA. Unter Baumstämmen und Steinen in der Nähe von Quellen und klaren Bächen.

Fortpflanzung: Legt im Herbst Eier an Land oder im Wasser ab.

Anmerkung: Die Weibchen legen ihre Eier oft erst mehrere Monate nach der Paarung ab.

Länge 10–17 cm	Lebensweise hauptsächlich terrestrisch	Aktivitätsphase ☾

Blindwühlen

Die beinlosen Blindwühlen, die oft eine deutliche Querringelung zeigen, werden häufig mit großen Regenwürmern verwechselt. Einige Arten besitzen einen langen dünnen Körper, während andere kürzer und stämmiger gebaut sind; der durch Schädelknochen verstärkte, spitz zulaufende Kopf der Tiere erleichtert das Graben im Boden. Der Geruchssinn ist gut entwickelt, die Augen sind nur noch rudimentär vorhanden.
Zur Ordnung der Blindwühlen (Gymnophiona, manchmal auch Apoda genannt) gehören fünf Familien mit insgesamt ca. 165 Arten. Die meisten von ihnen sind in lockerer Erde oder zwischen welken Blättern auf dem Boden tropischer Wälder zu finden, einige leben jedoch auch in Flüssen und Bächen. Alle Familien sind Fleischfresser, wobei Regenwürmer, Termiten und andere Wirbellose zu ihrer Hauptnahrung gehören. Zum Beutefang legen sich die Tiere auf die Lauer, um sich dann auf das Opfer zu stürzen und zuzubeißen. Der Oberkiefer weist eine Doppelreihe von Zähnen auf, im Unterkiefer ist eine einzelne oder eine doppelte Zahnreihe vorhanden.
Bei allen Blindwühlen findet die Befruchtung im Körperinnern des Weibchens statt; das Männchen besitzt ein Begattungsorgan, mit dessen Hilfe das Sperma in den Körper des Weibchens gebracht wird. Einige Tiere bringen lebende Junge zur Welt, bei anderen erfolgt die Eiablage im Boden. Manche Arten durchlaufen ein aquatisches Larvenstadium und legen die Eier im Wasser ab.

Familie	Art	Bestand
ICHTHYOPHIDAE	*Ichthyophis glutinosus*	stellenweise häufig

Ceylonwühle

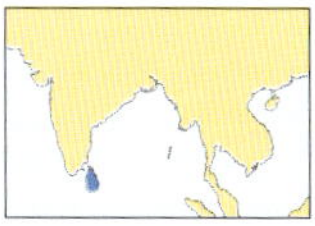

Sri Lanka

Die zahlreichen (ca. 400) Ringe auf dem dunkelbraunen, zylindrischen Körper lassen diese Blindwühle wie einen sehr großen Regenwurm aussehen. Die Körperunterseite ist hellbraun gefärbt, auf den Flanken ist ein markanter gelber Streifen zu erkennen; der Kopf ist oval geformt und recht klein. Zwischen Auge und Nasenloch sitzt ein kleiner, einziehbarer Fühler, der feinstoffliche Substanzen aus der Umgebung wahrnehmen kann und somit den Geruchssinn der Tiere verbessert. Die winzigen, rudimentären, meist von einer Hautschicht bedeckten Augen sind kaum sichtbar. Die Tiere – die sich hauptsächlich von Regenwürmern und anderen Wirbellosen ernähren – leben überwiegend im Boden verborgen und kommen nur selten an die Oberfläche. Die bis zu 54 Eier werden vom Weibchen in einer Erdhöhle in der Nähe des Wassers abgelegt und bewacht; die ausschlüpfenden Larven kriechen anschließend in das nahegelegene Gewässer.
Verbreitung: Sri Lanka.
In Schlammböden und Sümpfen.
Fortpflanzung: Legt in der Regenzeit Eier an Land ab.

Länge	Lebensweise	Aktivitätsphase
30–40 cm	vollständig terrestrisch	○

Familie CAECILIIDAE	Art *Dermophis mexicanus*	Bestand stellenweise häufig

Mexikanische Hautwühle

Diese Art weist eine glänzende, graue bis olivbraune Haut und deutlich entwickelte Querringe auf dem langen, zylindrischen Körper auf; der Schwanz ist sehr kurz. Die recht großen Tiere ernähren sich hauptsächlich von Wirbellosen, fressen gelegentlich jedoch auch kleine Echsen. Sie können klickende Geräusche von sich geben, deren Bedeutung allerdings unbekannt ist. Die Entwicklung der Larven findet im Körper des Weibchens statt.

Nord-, Mittel- und Südamerika

Verbreitung: Mexiko bis Nordkolumbien. Im Boden.
Fortpflanzung: Lebend gebärend.

Länge 10–60 cm	Lebensweise vollständig terrestrisch	Aktivitätsphase ○

Familie CAECILIIDAE	Art *Siphonops annulatus*	Bestand stellenweise häufig

Ringelwühle

Diese dunkelblaue, weiß geringelte Blindwühle ist recht klein. Die Tiere ernähren sich hauptsächlich von Regenwürmern und legen ihre Eier im Boden ab. Zur Abschreckung von Feinden kann die Haut giftige Sekrete absondern.

Südamerika

Verbreitung: Kolumbien bis Argentinien. Im Waldboden.
Fortpflanzung: Legt Eier an Land ab (Jahreszeit unbekannt).

Länge 20–40 cm	Lebensweise vollständig terrestrisch	Aktivitätsphase ☾

Familie TYPHLONECTIDAE	Art *Typhlonectes compressicaudus*	Bestand stellenweise häufig

Schwimmwühle

Die lange schlanke Art ist oberseits glänzend schwarz, unterseits dunkelgrau gefärbt und weist 80 bis 95 Querringe auf. Zum Ende hin zeigt der Körper eine seitlich abgeplattete Form und geht dann in den ruderartigen Schwanz über. Die Tiere leben ausschließlich im Wasser und können daher leicht mit einem Aal verwechselt werden. Zum Schutz vor Raubfischen wird in Hautdrüsen ein giftiges Sekret produziert. Die befruchteten Eier verbleiben bis zum Schlüpfen der Jungen im Körper des Weibchens.
Verbreitung: Guyana und Brasilien. In Flüssen, Seen und Bächen.

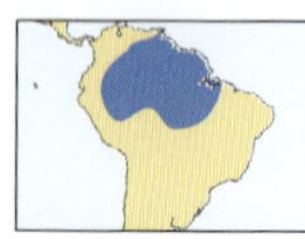

Südamerika

Länge 30–60 cm	Lebensweise vollständig aquatisch	Aktivitätsphase ☾

Froschlurche

Die Ordnung Anura, in der über 4 100 Froschlurcharten zusammengefasst werden, stellt die größte Gruppe innerhalb der Amphibien dar. Die meisten Arten kommen in den Tropen vor, wo sie überwiegend im oder am Wasser leben.

Ausgewachsene Froschlurche besitzen keinen Schwanz; die Hinterbeine sind oft viel länger als die Vorderbeine, sodass die Tiere große Sprünge machen können. Viele Arten weisen eine unauffällige Tarnfärbung auf, andere warnen mögliche Angreifer mit ihren leuchtenden Farben vor dem giftigen Sekret, das über ihre Haut abgesondert werden kann. Zwar sind nicht alle hübsch gefärbten Arten giftig, doch produzieren einige Froscharten die tödlichsten Gifte in der Natur.

Die Ordnung der Froschlurche weist eine überraschend große Vielfalt unterschiedlicher Entwicklungen auf. Manche Arten z. B. benutzen ihre Beine nicht nur zum Springen und Kriechen, sondern können mithilfe ihrer Gliedmaßen schwimmen, Erdlöcher graben, auf Bäume klettern oder sogar durch die Luft gleiten. Besonders ausgeprägt sind das Sehvermögen – die meisten Tiere haben große Augen – und das Gehör; viele Frösche kommunizieren durch Rufe miteinander, und zur Paarungszeit werden die Weibchen von den Männchen durch bestimmte Laute angelockt.

Die hauptsächlich nachtaktiven Frösche und Kröten legen ihre Eier normalerweise im Wasser ab. Daraus schlüpfen Larven (die sogenannten Kaulquappen), die einen rundlichen Körper besitzen und sich von Pflanzen ernähren. Ausgewachsene Froschlurche dagegen sind Karnivoren und fressen meist Insekten.

Der Ausdruck „Kröte“ wird hauptsächlich für die ca. 250 Arten der Gattung *Bufo*, manchmal aber auch für andere Froschlurche mit warziger Haut verwendet.

Familie ASCAPHIDAE	Art *Ascaphus truei*	Bestand stellenweise häufig

Schwanzfrosch

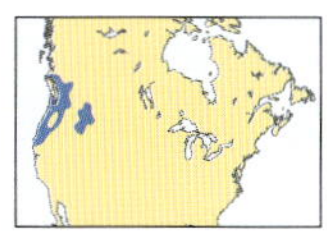
Nordamerika

Diese ungewöhnliche Art verdankt ihren umgangssprachlichen Namen dem schwanzartigen Anhang der Männchen – einer röhrenförmigen Verlängerung der Kloake. Der Körper ist leicht abgeplattet und weist eine raue Haut auf. Die Tiere sind olivgrün, braun, grau oder rötlich braun gefärbt und zeigen normalerweise gelbe oder hellgrüne Flecken auf dem Kopf; auf beiden Kopfseiten verläuft jeweils ein dunkler Streifen, der auch das Auge maskiert. Das Männchen entwickelt zur Paarungszeit dunkel gefärbte Brunstschwielen an den Vorderbeinen und an der Bauchseite, mit deren Hilfe es das Weibchen bei der Paarung umklammert. Das Sperma wird vom Männchen mit seiner verlängerten Kloake in den Körper des Weibchens übertragen. Die Kaulquappen besitzen ein Saugmaul, mit dem sie sich in schnell fließenden Bächen an Steine heften können.

Verbreitung: Nordwesten der USA. In feuchten Wäldern sowie gras- und strauchbewachsenen Biotopen bis ca. 2000 m Höhe.

Fortpflanzung: Legt im Sommer Eier im Wasser ab.

Länge 2,5–5 cm	Lebensweise hauptsächlich terrestrisch	Aktivitätsphase ☾

Familie	Art	Bestand
DISCOGLOSSIDAE	*Alytes muletensis*	gefährdet

Balearen-Geburtshelferkröte

Mallorca

Diese Kröte, die sehr viel kleiner ist als ihre Verwandten vom Festland, versteckt sich gern in engen und tiefen Felsspalten. Sie ist gelb bis bräunlich gefärbt und zeigt ein markantes dunkles Fleckenmuster. Das Weibchen – das mit dem Männchen durch Rufe kommunizieren kann – legt mehrmals im Jahr in Schnüren angeordnete Eier ab, die sich das Männchen nach der Paarung um die Hinterbeine wickelt und mehrere Wochen an Land mit sich herumträgt; kurz vor dem Schlüpfen der Larven werden die Eier ins Wasser fallen gelassen. Die Kaulquappen werden sehr groß, nach der Metamorphose wachsen die Tiere jedoch nur noch wenig.

Verbreitung: Mallorca und Spanien. In Gebirgsschluchten.

Fortpflanzung: Eier werden vom Männchen vom Frühjahr bis zum Herbst ins Wasser getragen.

Anmerkung: Diese sehr ungewöhnlichen, stark vom Aussterben bedrohten Amphibien konnten inzwischen nachgezüchtet und erfolgreich in neuen Biotopen auf Mallorca angesiedelt werden.

Länge	Lebensweise	Aktivitätsphase
3–4,5 cm	hauptsächlich terrestrisch	☾

Familie	Art	Bestand
DISCOGLOSSIDAE	*Alytes obstetricans*	stellenweise häufig

Geburtshelferkröte

Europa

Diese kleine, plump wirkende Art besitzt kräftige Vorderbeine, die zum Graben benutzt werden. Sie weist eine hellgrüne, graue oder braune Färbung mit einer dunkleren Zeichnung auf. Zur Paarungszeit versucht das in Felsspalten oder Erdbauten sitzende Männchen mit unverkennbaren, durchdringenden Lauten eine Partnerin anzulocken. Nach der Paarung übernimmt es die vom Weibchen in Schnüren abgelegten Eier, wickelt sie sich um die Hinterbeine und trägt sie bis zum Ausschlüpfen der Larven mit sich herum – daher der Name.

Verbreitung: Westeuropa. In Wäldern, Gärten, Steinbrüchen und Sanddünen sowie auf Felshängen und Mauern.

Fortpflanzung: Eier werden vom Männchen im Frühjahr und Sommer ins Wasser getragen.

Ähnliche Arten:
Spanische Geburtshelferkröte (*Alytes cisternasii*).

Länge	Lebensweise	Aktivitätsphase
3–5 cm	vollständig terrestrisch	☾

Familie DISCOGLOSSIDAE	Art *Bombina orientalis*	Bestand stellenweise häufig

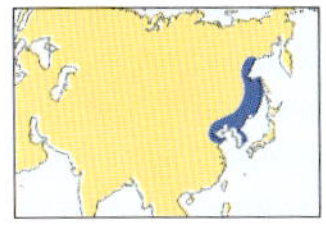

Asien

Chinesische Rotbauchunke

Diese Art zeigt eine hellgrün oder braun gefärbte Oberseite mit schwarzen Flecken. Die auffällige, ebenfalls schwarz gefleckte, zinnoberrote Unterseite wird dem Feind bei Gefahr entgegengehalten; außerdem sondern die Tiere ein giftiges Hautsekret ab. Die Weibchen legen nur ca. zwei bis acht große Eier, die sie in Bächen unter Steinen verstecken. Die Männchen entwickeln in der lang andauernden Paarungszeit dunkle Brunstschwielen an den Vorderbeinen, die der Umklammerung der Weibchen dienen.

Verbreitung: Nordostchina und Korea. In küstennahen Bergbächen.

Fortpflanzung: Legt im Frühjahr und Sommer Eier im Wasser ab.

Anmerkung: Diese Amphibien sind beliebte Terrarientiere, da sie sehr einfach zu halten sind.

Länge 3–5 cm	Lebensweise hauptsächlich aquatisch	Aktivitätsphase ◯

Familie DISCOGLOSSIDAE	Art *Bombina variegata*	Bestand häufig

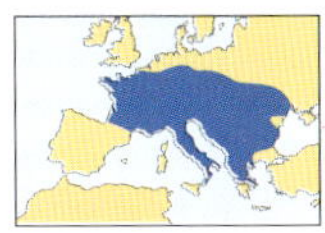

Europa

Gelbbauchunke

Diese kleine, abgeplattete Kröte lebt in den unterschiedlichsten Gewässern. Der Körper ist mit einer warzigen Haut bedeckt und zeigt eine graue, braune oder olivgrüne Ober- und eine gelbe, manchmal auch orangefarbene Unterseite. Die geselligen Männchen bilden oft regelrechte Chöre, um mit ihren Rufen Weibchen anzulocken. Zur Feindabwehr werden giftige Hautsekrete abgesondert; zudem verfügen die Tiere – wie auch andere *Bombina*-Arten – über den sogenannten Unkenreflex, der sie bei Gefahr alle vier Gliedermaßen von sich strecken lässt, sodass die helle Warnfärbung auf der Unterseite sichtbar wird. Dank der Schwimmhäute an den Hinterfüßen können sich die Tiere im Wasser schnell fortbewegen.

Verbreitung: Mittel- und Südeuropa. In Flüssen, Bächen, Teichen, Tümpeln, Sümpfen und Pfützen, im Tiefland und in Gebirgen.

Fortpflanzung: Legt im Frühjahr und Sommer Eier im Wasser ab.

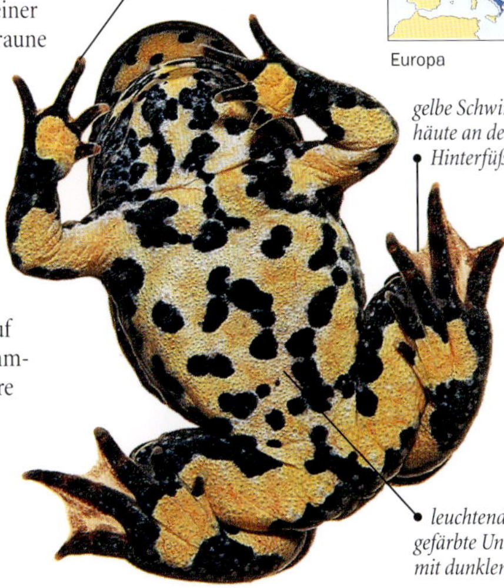

Länge 4–5 cm	Lebensweise hauptsächlich aquatisch	Aktivitätsphase ◯

Familie	Art	Bestand
PIPIDAE	*Xenopus laevis*	häufig

Glatter Krallenfrosch

Afrika

Diese Art ist sehr gut an ein Leben im Wasser angepasst; der abgeplattete stromlinienförmige Körper, die muskulösen Hinterbeine und die langen, durch Schwimmhäute verbundenen Zehen machen die Tiere zu ausgezeichneten Schwimmern. Die kleinen Vorderbeine weisen drei krallenbewehrte Zehen auf, mit denen die gefräßigen Amphibien ihre Nahrung zum Maul führen. Mithilfe der nach oben gerichteten Augen können nahende Feinde, z. B. Reiher, schnell erkannt werden. Ein typisches Merkmal der Tiere ist das weiße Seitenliniensystem auf den Flanken.

Verbreitung: Südafrika. In Teichen und Seen.
Fortpflanzung: Legt in der Regenzeit Eier im Wasser ab.
Anmerkung: Mithilfe des als helle Zeichnung auf den Flanken sichtbare Seitenliniensystems können die Frösche Vibrationen im Wasser wahrnehmen und somit Feinde und Beute frühzeitig erkennen.

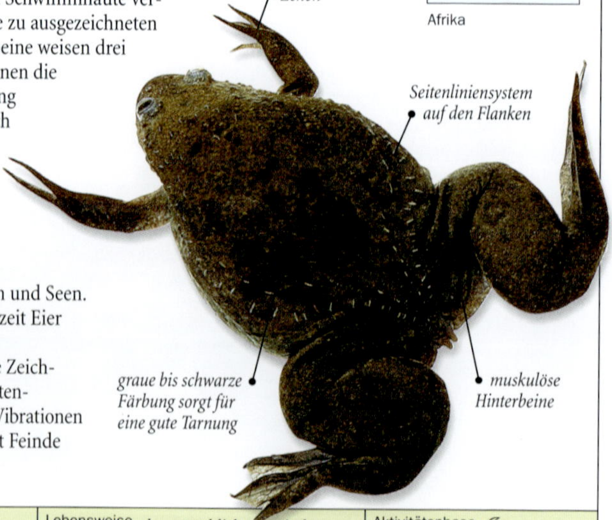

Länge	Lebensweise	Aktivitätsphase
6–13 cm	hauptsächlich aquatisch	☾

Familie	Art	Bestand
PELOBATIDAE	*Megophrys nasuta*	stellenweise häufig

Zipfelkrötenfrosch

Asien

Die schwarzgrüne Tarnfärbung und die zipfelartigen Körperanhänge, denen die Art ihren umgangssprachlichen Namen verdankt, machen diese Amphibien zwischen welken Blättern fast unsichtbar. Der Kopf ist groß und weist ein auffälliges Maul auf, der Rücken ist mit zwei knöchernen Leisten versehen. Die Tiere ernähren sich von kleineren Fröschen und Wirbellosen, denen sie versteckt auflauern. Die Kaulquappen stehen zumeist senkrecht im Wasser, um mit ihrem großen trichterartigen Maul winzige auf der Wasseroberfläche treibende Nahrungspartikel einzusaugen.

Verbreitung: Südostasien. In tropischen Wäldern.
Fortpflanzung: Legt in der Regenzeit Eier im Wasser ab.

Länge	Lebensweise	Aktivitätsphase
7–14 cm	hauptsächlich terrestrisch	☾

Familie PELOBATIDAE	Art *Pelobates fuscus*	Bestand stellenweise häufig

Knoblauchkröte

Europa, Asien

Diese Kröte besitzt scharfrandige Hornschaufeln an den Hinterbeinen, mit deren Hilfe sie sich in den Boden eingräbt. Weitere typische Merkmale sind ihr plumper Körper, die recht glatte Haut und der hoch aufgewölbte Kopf. Die Körperfärbung ist sehr variabel und reicht von cremefarben über grau bis braun. Die Tiere sind vor allem bei Regenwetter aktiv. Bei Gefahr geben sie oft kreischende Laute von sich, blähen ihren Körper auf und verbreiten einen knoblauchartigen Geruch – daher ihr Name. Zur Paarungszeit halten sich die Männchen unter Wasser auf und versuchen durch laute Rufe eine Partnerin anzulocken.

Verbreitung: Europa und Ostasien. In Sanddünen sowie auf Heiden und Feldern.

Fortpflanzung: Legt im Frühjahr Eier im Wasser ab.

große Augen mit senkrechten Pupillen

hoch aufgewölbter Kopf

plumper, glatter Körper

Länge 4–8 cm	Lebensweise hauptsächlich terrestrisch	Aktivitätsphase ☾

Familie PELOBATIDAE	Art *Scaphiopus couchii*	Bestand stellenweise häufig

Südlicher Schaufelfuß

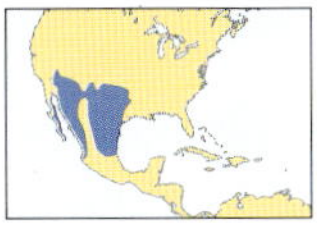

Nordamerika

Der Name dieser Art bezieht sich auf die schwarzen Hornschaufeln an den Hinterbeinen, mit deren Hilfe sich die Tiere in den Boden eingraben. Der plumpe Körper weist helle Warzen auf; die Oberseite ist grün, gelbgrün oder braun gefärbt und zeigt eine schwarze, braune oder dunkelgrüne Zeichnung, die Unterseite ist eintönig weiß. Die meiste Zeit ihres Lebens verbringen die Lurche in ihrem unterirdischen Bau, der mit einer Art Kokon ausgekleidet ist. Die Eier werden in flachen, schnell austrocknenden Gewässern abgelegt, wo die Kaulquappen schon nach drei bis vier Tagen schlüpfen und sich sehr rasch zu ausgewachsenen Lurchen entwickeln.

Verbreitung: Süden der USA und Mexiko. In Steppen, strauchbewachsenen Wüsten und mit Dornenbüschen bewachsenen Biotopen.

Fortpflanzung: Legt im Sommer Eier im Wasser ab.

senkrechte Pupillen

glatte weiße Unterseite

plumper Körper

Länge 5,5–9 cm	Lebensweise hauptsächlich terrestrisch	Aktivitätsphase ☾

Familie PELOBATIDAE	Art *Pelodytes punctatus*	Bestand stellenweise häufig

Westlicher Schlammtaucher

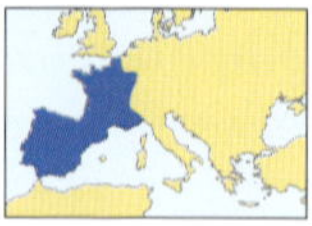

Europa

Diese agile langbeinige Art ist hellgrau bis grünlich gefärbt und weist unregelmäßige, leuchtend grüne Flecken auf; der Rücken ist häufig mit einer X-förmigen Markierung versehen. Die Tiere, die sich tagsüber meist in der Erde eingraben, sind sehr gute Schwimmer und Kletterer, obwohl sie weder Schwimmhäute noch Haftscheiben an den Füßen besitzen. Indem sie ihren Bauch als eine Art Saugnapf benutzen, können sie auch glatte und steile Oberflächen überwinden. Zur Paarungszeit rufen sowohl die Männchen wie auch die Weibchen; die Eiablage findet meist nach starken Regenfällen statt. Die Kaulquappen sind gelegentlich größer als ausgewachsene Exemplare.

Verbreitung: Südwesteuropa. In feuchten, pflanzenbewachsenen Biotopen.

Fortpflanzung: Legt im Frühjahr Eier im Wasser ab.

Länge 3–5 cm	Lebensweise hauptsächlich terrestrisch	Aktivitätsphase ☾

Familie MYOBATRACHIDAE	Art *Crinia insignifera*	Bestand stellenweise häufig

Australischer Zirpfrosch

Der umgangssprachliche Name dieses Frosches bezieht sich auf seine zirpenden, an Insekten erinnernden Rufe. Die Tiere sind grau bis bräunlich gefärbt und zeigen dunklere Flecken und Streifen, die Haut kann glatt oder warzig sein. Der winzige Körper ist schlank und weist recht lange Beine auf; die Zehen sind ebenfalls lang, Schwimmhäute sind nicht vorhanden. Die Paarung erfolgt meist in küstennahen Sümpfen, die Eier werden einzeln oder in Klumpen abgelegt.

Verbreitung: Südwestaustralien. In zahlreichen sumpfigen Biotopen.

Fortpflanzung: Legt im Winter Eier im Wasser ab.

Australien

Länge 1,5–3 cm	Lebensweise hauptsächlich terrestrisch	Aktivitätsphase ☾

Familie MYOBATRACHIDAE	Art *Limnodynastes peronii*	Bestand stellenweise häufig

Langbeiniger Sumpffrosch

Kennzeichnend für diesen Frosch sind die dunklen und hellen Längsstreifen auf dem Rücken, die manchmal eine rosafarbene Tönung zeigen. Auf den Flanken sind dunkle Flecken zu erkennen, die Unterseite ist weiß. In Trockenperioden graben sich die Tiere im Boden ein und können so überleben. Zur Paarungszeit gibt das Männchen laute Klicklaute von sich, um eine Partnerin anzulocken. Die Eier werden in einem schwimmenden Schaumnest abgelegt.

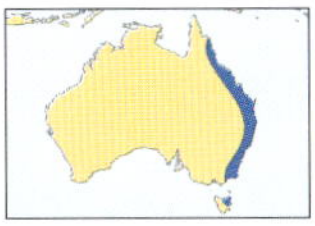
Australien

Verbreitung: Ostaustralien. In zahlreichen sumpfigen Biotopen.
Fortpflanzung: Legt im Frühjahr und Sommer Eier im Wasser ab.

Länge 3–6 cm	Lebensweise hauptsächlich terrestrisch	Aktivitätsphase ☾

Familie MYOBATRACHIDAE	Art *Neobatrachus pictus*	Bestand stellenweise häufig

Neobatrachus pictus

Mit seinem untersetzten, plumpen Körper und den kurzen Beinen ist dieser Frosch gut an ein Leben im Boden angepasst. Die Tiere graben sich stets mit dem Hinterteil zuerst ein, wobei sie die harten Hornschaufeln an den Hinterbeinen benutzen. Die Zehen sind mit Schwimmhäuten versehen. Der Körper weist eine graue oder gelbe Färbung mit dunkelbraunen oder grünen Flecken auf.

Australien

Verbreitung: Südaustralien. In Wäldern, gras- und strauchbewachsenen Biotopen sowie auf Feldern.
Fortpflanzung: Legt im Herbst und Winter Eier im Wasser ab.

Länge 4,5–6 cm	Lebensweise hauptsächlich terrestrisch	Aktivitätsphase ☾

Familie MYOBATRACHIDAE	Art *Uperoleia lithomoda*	Bestand stellenweise häufig

Uperoleia lithomoda

Die Haut dieser winzigen, plumpen, kurzbeinigen Art ist mit auffälligen warzenartigen Drüsen besetzt. Die Färbung ist bräunlich oder grau, die Flanken zeigen einen goldgelben Streifen oder in einer Reihe angeordnete Flecken. Die Hinterbeine weisen verhornte Fortsätze auf, mit denen sich die Tiere in den Boden eingraben; Schwimmhäute sind nicht vorhanden.
Verbreitung: Nordaustralien. In grasbewachsenen Biotopen.

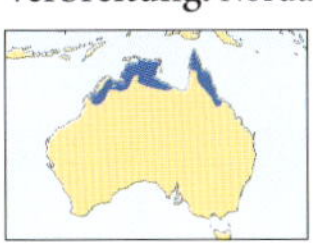
Australien

Fortpflanzung: Legt im Winter Eier im Wasser ab.
Anmerkung: Die von dieser Art erzeugten Töne klingen wie aneinander schlagende Steine.

Länge 1,5–3 cm	Lebensweise hauptsächlich terrestrisch	Aktivitätsphase ☾

Familie SOOGLOSSIDAE	Art *Sooglossus gardineri*	Bestand gefährdet

Gardiners Seychellenfrosch

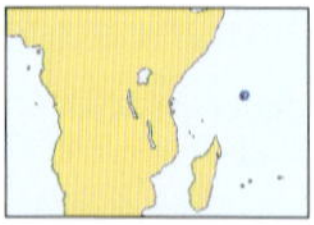

Seychellen

Diese sehr kleine terrestrische Art kann cremefarben oder gelbgrün bis bräunlich gefärbt sein. Die Tiere besitzen recht große, hervorstehende Augen mit waagerechten Pupillen; Haftscheiben und Schwimmhäute fehlen. Aus den großen dotterreichen Eiern schlüpfen winzige Frösche, deren Augen zunächst nur rudimentär entwickelt sind. Die Jungtiere kriechen auf den Rücken des Männchens und bleiben dort, bis der nahrhafte Dotter verbraucht ist und ihre Beine vollständig entwickelt sind.
Verbreitung: Seychellen (Indischer Ozean). In Wäldern.
Fortpflanzung: Legt in der Regenzeit Eier an Land ab.
Ähnliche Arten: Seychellenfrosch (*Sooglossus seychellensis*).
Anmerkung: Die Bestände dieser Art sind aufgrund der Zerstörung ihres Lebensraums deutlich zurückgegangen.

hervorstehende Augen mit waagerechten Pupillen

winziger cremefarbener oder gelbgrüner bis bräunlicher Körper

Länge 1–1,5 cm	Lebensweise vollständig terrestrisch	Aktivitätsphase ☾

Familie HELEOPHRYNIDAE	Art *Heleophryne purcelli*	Bestand stellenweise häufig

Gespenstfrosch

Afrika

Dieser Frosch, der in schnell fließenden Bächen vorkommt, ist gut an ein Leben im Wasser angepasst. Die Tiere besitzen lange kräftige Hinterbeine mit Schwimmhäuten und einen abgeplatteten Körper; die verbreiterten Zehen geben ihnen einen sicheren Halt auf rutschigem Untergrund. Die glatte Haut ist gelb, braun oder grün gefärbt und zeigt dunkelrote oder braune Punkte und Flecken. Zur Paarungszeit entwickelt das Männchen auf dem gesamten Körper winzige Dornen, die der Umklammerung des Weibchens während der Eiablage dienen; der Paarung geht ein Ritual voraus, bei dem die Partner ihre Vorderbeine aneinander reiben. Die Kaulquappen besitzen ein Saugmaul, mit dem sie sich an Steine heften können.
Verbreitung: Südliches Südafrika. In schnell fließenden Bächen in Felsschluchten.
Fortpflanzung: Legt Eier im Wasser oder am Ufer ab (Jahreszeit unbekannt).

abgeplatteter Körper

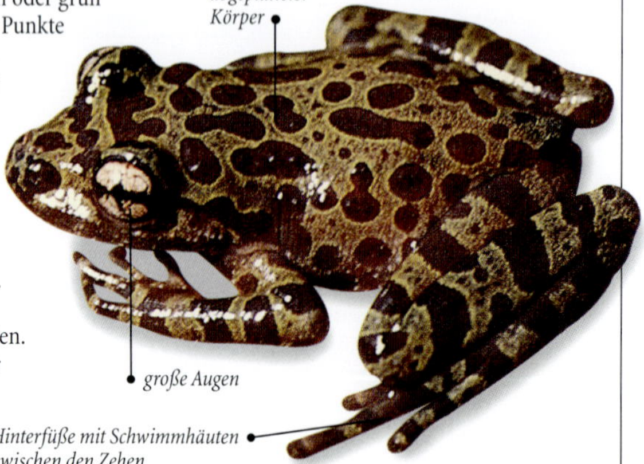

große Augen

Hinterfüße mit Schwimmhäuten zwischen den Zehen

Länge 3–6 cm	Lebensweise hauptsächlich aquatisch	Aktivitätsphase ☾

Familie	Art	Bestand
Leptodactylidae	*Physalaemus pustulosus*	häufig

Túngara-Frosch

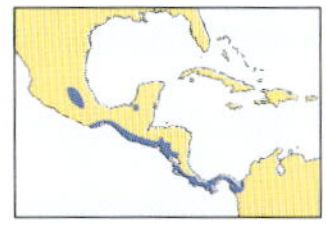

Mittelamerika

Dieser kleine, einer Kröte ähnelnde Frosch weist eine dunkelbraune Färbung und eine warzige Haut auf. Er lebt sehr versteckt, sodass er außerhalb der Paarungszeit kaum einmal zu sehen ist. Nach den ersten Regenfällen des Jahres erscheinen die Männchen an unterschiedlichsten Wasserlöchern, von Teichen bis hin zu kleinen Pfützen, um die Weibchen herbeizurufen. Da die Männchen sehr große Schallblasen besitzen, sind die Rufe sehr laut und locken auch Fledermäuse an, die gern Jagd auf Túngara-Frösche machen. Während der Paarung im Wasser sondert das Weibchen kurz vor der Eiablage ein Sekret ab, das vom Männchen mit den Hinterbeinen zu einem Schaumnest geschlagen wird. Die Kaulquappen schlüpfen bereits nach kurzer Zeit und entwickeln sich sehr schnell.

Verbreitung: Mittelamerika. In unterschiedlichsten Biotopen, z. B. in Wäldern, aber auch in Gärten und Parks.

Fortpflanzung: Legt in der Regenzeit Eier im Wasser ab.

schwimmender Frosch (von oben betrachtet)

Rufendes Männchen

mit Luft gefüllte Schallblasen

hervorstehende Augen mit waagerechten Pupillen

Männchen

dunkelbrauner Körper mit hellem Muster

raue, warzige Haut

dunkelbraune Färbung dient der Tarnung in Schlammpfützen

Eier werden in einem schwimmenden Schaumnest abgelegt

Eiablage in einem Schaumnest

Länge	Lebensweise	Aktivitätsphase
3–4 cm	hauptsächlich terrestrisch	☾

Familie LEPTODACTYLIDAE	Art *Ceratophrys cornuta*	Bestand stellenweise häufig

Schmuck-Hornfrosch

Südamerika

Der massige plumpe Körper dieser Art ist fast ebenso breit wie lang und zeigt eine rote oder braune Färbung mit einer dunkelbraunen Zeichnung. Die Frösche besitzen ein riesiges Maul, mit dem sie Beutetiere verschlingen können, die fast ebenso groß sind wie sie selbst. Sie verstecken sich gern unter welken Blättern, um dort auf Beute zu lauern. Ihr Name bezieht sich auf die hornartigen Auswüchse der Augenlider, die der Tarnung zwischen Blättern dienen. Die lauten Rufe der Männchen erinnern an das Brüllen von Rindern.

Verbreitung: Nordostbrasilien, Guyana und Westecuador. In tropischen Wäldern.

Fortpflanzung: Legt in der Regenzeit Eier im Wasser ab.

Länge 10–20 cm	Lebensweise hauptsächlich terrestrisch	Aktivitätsphase ◯

Familie LEPTODACTYLIDAE	Art *Eleutherodactylus planirostris*	Bestand stellenweise häufig

Gewächshausfrosch

Karibik

Diese Art ist braun oder gelbbraun gefärbt und weist dunkle Flecken oder Streifen auf dem Rücken auf; die Zehen sind mit Haftscheiben versehen. Die Tiere halten sich tagsüber meist am Boden auf, sind jedoch gute Kletterer und daher nachts auch auf hohen Felsen oder Bäumen anzutreffen. Die Männchen geben zur Paarungszeit laute Rufe von sich, die an Vogellaute erinnern. Die drei bis 26 Eier werden von den Weibchen unter Steinen oder Baumstämmen abgelegt; Jungtiere durchlaufen kein Larvenstadium, sondern gleichen im Aussehen bereits ihren Eltern.

Verbreitung: Kuba, Bahamas, Turks- und Caicos-Inseln sowie Cayman-Inseln (Karibik; nach Jamaika eingeschleppt). In bewaldeten Biotopen und Gärten.

Fortpflanzung: Legt im Sommer Eier an Land ab.

Länge 2,5–4 cm	Lebensweise vollständig terrestrisch	Aktivitätsphase ☾

Familie LEPTODACTYLIDAE	Art *Leptodactylus pentadactylus*	Bestand stellenweise häufig

Südamerikanischer Ochsenfrosch

Mittel- und Südamerika

Dieser Frosch weist eine gelbe oder hellbraune Färbung mit einer grünen, dunkelbraunen oder schwarzen Zeichnung auf. Die großen, kräftigen Tiere können recht aggressiv sein. Die Männchen bilden Reviere an Gewässerufern und vertreiben Rivalen mithilfe scharfer schwarzer Sporne an den Füßen. Die Paarung findet nach starken Regenfällen statt; anschließend werden die zahlreichen Eier in einem vom Männchen gefertigten Schaumnest abgelegt. Die muskulösen Hinterbeine der Tiere gelten als Delikatesse.

Verbreitung: Mittel- und Südamerika. In Wäldern, an Sümpfen, Tümpeln, Seen und Bächen.

Fortpflanzung: Legt in der Regenzeit Eier im Wasser ab.

Anmerkung: Werden die Tiere erbeutet, geben sie oft einen lauten Schrei von sich, sodass der Angreifer die Beute häufig wieder fallen lässt.

Länge 8–22 cm	Lebensweise hauptsächlich aquatisch	Aktivitätsphase ☾

Familie LEPTODACTYLIDAE	Art *Telmatobius culeus*	Bestand stellenweise häufig

Titicaca-Kröte

Südamerika

Diese Art zeigt einen eiförmigen Körper, einen breiten Kopf und ein großes Maul; die Färbung ist hellbraun mit einem dunkelbraunen oder schwarzen Fleckenmuster. Die Kröten sind gut an das Leben im kalten sauerstoffarmen Wasser des in den Hochanden liegenden Titicacasees angepasst. Sie besitzen nur kleine Lungen, da sie den benötigten Sauerstoff hauptsächlich über die Haut aufnehmen, die zur Vergrößerung der Oberfläche sehr viele Falten aufweist; die Tiere führen außerdem an Liegestütze erinnernde Bewegungen aus, um die Sauerstoffaufnahme anzukurbeln. Die Hinterfüße sind mit Schwimmhäuten versehen, sodass die Tiere sich gut im Schlamm fortbewegen können, wo sie nach Nahrung suchen. Die Männchen geben zur Paarungszeit nur leise Rufe von sich; über die Fortpflanzung ist sehr wenig bekannt.

Verbreitung: Titicacasee (Südamerika).

Fortpflanzung: Legt im Sommer Eier im Wasser ab.

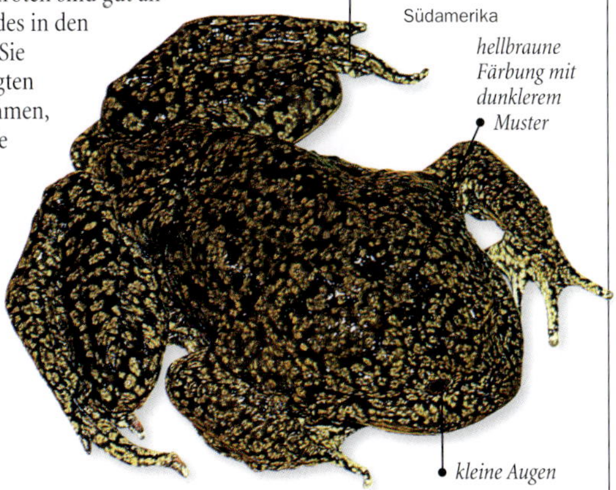

Länge 8–12 cm	Lebensweise vollständig aquatisch	Aktivitätsphase ○

Familie BUFONIDAE	Art *Atelopus zetecki*	Bestand gefährdet

Panama-Stummelfuß

Diese schlanke Art ist an ihrem leuchtend gelb oder orange gefärbten und schwarz gezeichneten Körper sowie an dem spitzen Maul und den langen Beinen zu erkennen. Die Eier werden meist nach starken Regenfällen abgelegt; die Kaulquappen entwickeln sich sehr schnell.
Verbreitung: Panama. In Bergwäldern.
Fortpflanzung: Legt im Frühjahr und Sommer Eier im Wasser ab.
Anmerkung: Die Bestände dieser Art sind in Mittelamerika stark zurückgegangen – vermutlich als Folge von Lebensraumzerstörung und Klimaveränderungen.

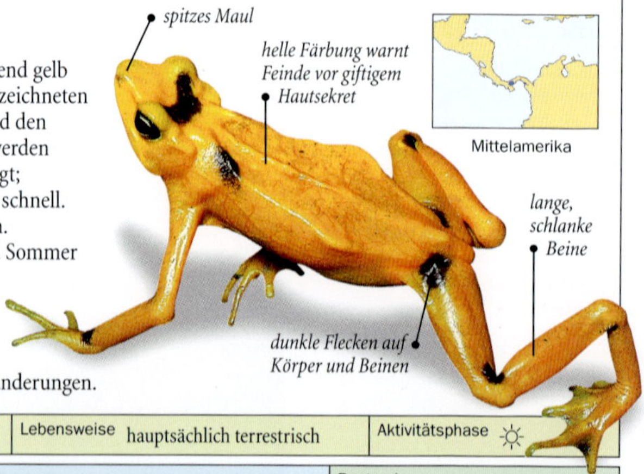

Mittelamerika

Länge 4,5–5,5 cm	Lebensweise hauptsächlich terrestrisch	Aktivitätsphase ☼

Familie BUFONIDAE	Art *Bufo americanus*	Bestand stellenweise häufig

Amerikanische Kröte

Diese unscheinbar braun oder auch leuchtend gefärbte Kröte weist häufig einen hellen Streifen auf dem Rücken auf. Zur Paarungszeit lassen die Männchen ein drei bis 60 Sekunden andauerndes, hohes Trillern hören; die Eier werden in Schnüren in ruhigen Gewässern abgelegt.
Verbreitung: Osten der USA und Kanada. In nahezu allen feuchten Biotopen, z. B. Gärten.

Nordamerika

Fortpflanzung: Legt im Frühjahr Eier im Wasser ab.
Ähnliche Arten: *Bufo fowleri.*

Länge 5–9 cm	Lebensweise hauptsächlich terrestrisch	Aktivitätsphase ☾

Familie BUFONIDAE	Art *Bufo boreas*	Bestand gefährdet

Nordkröte

Die graue oder grünlich braune Kröte zeigt einen hellen Rückenstreifen. Sie bewegt sich normalerweise kriechend, manchmal auch hüpfend fort. Besonders im Tiefland verstecken sich die Amphibien tagsüber in den Bauten anderer Tiere. Die Männchen geben zur Paarungszeit zirpende Laute von sich; die Eier werden in Schnüren abgelegt.

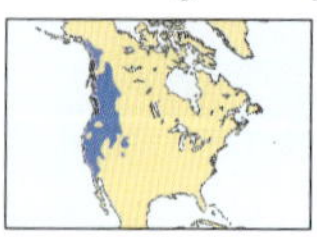

Nordamerika

Verbreitung: Westen der USA und Kanada. In Wüsten, Steppen, Wäldern und auf Waldwiesen.
Fortpflanzung: Legt im Frühjahr Eier im Wasser ab.

Länge 6–12 cm	Lebensweise hauptsächlich terrestrisch	Aktivitätsphase ☾

Familie BUFONIDAE	Art *Bufo bufo*	Bestand häufig

Erdkröte

Europa, Afrika, Asien

Diese sehr robuste europäische Kröte wächst im Süden ihres Verbreitungsgebietes zu einer beachtlichen Größe heran und entwickelt zudem dornige Auswüchse an den Warzen (die Abbildung zeigt ein Exemplar aus dem nördlichen Verbreitungsgebiet). Zur Paarungszeit finden sich die Männchen – die keine Schallblasen besitzen und nur selten Laute von sich geben – bis zu 20 Tage vor den deutlich größeren Weibchen in den Gewässern ein. Die Eier werden in langen Schnüren um Pflanzen gewickelt.

Verbreitung: Europa, Nordwestafrika und Asien. In Wäldern, Gärten und auf Feldern.

Fortpflanzung: Legt im Frühjahr Eier im Wasser ab.

Anmerkung: Diese Kröten sind bei Gartenbesitzern sehr beliebt, da sie Schnecken fressen.

Länge 8–20 cm	Lebensweise hauptsächlich terrestrisch	Aktivitätsphase ☾

Familie BUFONIDAE	Art *Bufo calamita*	Bestand stellenweise häufig

Kreuzkröte

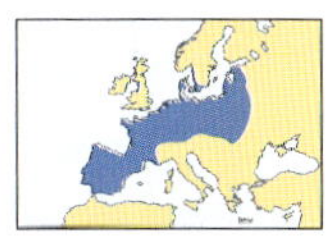

Europa

Diese Art kann mit ihren vergleichsweise kurzen Beinen recht schnell laufen. Die Kröten sind braun, grau oder grün gefärbt und zeigen dunkle Flecken und einen hellgelben Streifen auf dem Rücken. Tagsüber verstecken sie sich in den Bauten anderer Tiere oder in selbst gegrabenen Erdlöchern. Zur Paarungszeit – die bei dieser Art länger dauert als bei den meisten anderen Kröten – erzeugen die Männchen mithilfe ihrer großen Schallblasen ein oder zwei Sekunden anhaltende, laute Töne. Die Fortpflanzung findet in Teichen und Seen statt; die Eier werden zwischen Pflanzen abgelegt.

Verbreitung: West- und Mitteleuropa sowie Russland. In unterschiedlichsten Biotopen, z. B. in Sanddünen, auf Heiden und im Gebirge.

Fortpflanzung: Legt im Frühjahr und Sommer Eier im Wasser ab.

Anmerkung: In Deutschland ist die Kreuzkröte gesetzlich geschützt.

Länge 5–10 cm	Lebensweise hauptsächlich terrestrisch	Aktivitätsphase ☾

Familie	Art	Bestand
BUFONIDAE	*Bufo marinus*	stellenweise häufig

Aga-Kröte

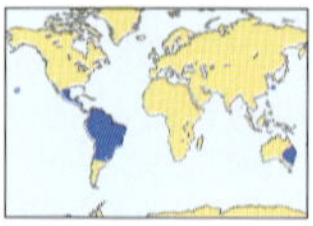

weltweit

Die größte Krötenart der Erde ist äußerst robust und besitzt einen massigen Kopf. Der Körper ist mit einer warzigen Haut bedeckt und weist oberseits eine braune oder gelbbraune Färbung mit dunkleren Flecken auf, die Unterseite ist cremefarben. Zur Nahrung der Tiere gehören Frösche und andere Kröten.
Verbreitung: Mittel- und Südamerika (in vielen Teilen der Erde ausgesetzt). In unterschiedlichsten Biotopen, u. a. in Städten.
Fortpflanzung: Legt zu allen Jahreszeiten Eier im Wasser ab.
Anmerkung: Die Aga-Kröte wurde nach 1920 in vielen Ländern ausgesetzt, um die große Zahl schädlicher Insekten in Zuckerrohrplantagen einzudämmen. Dabei sind die Tiere besonders in Australien zu einer ernsten Plage geworden, da sie die Bestände einheimischer Frösche und Kröten gefährden.

Länge	Lebensweise	Aktivitätsphase
10–24 cm	hauptsächlich terrestrisch	☾

Familie	Art	Bestand
BUFONIDAE	*Bufo punctatus*	stellenweise häufig

Rotfleckenkröte

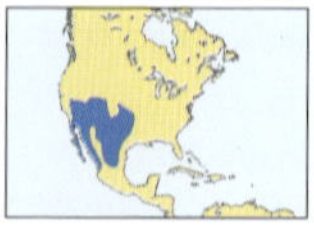

Nordamerika

Diese recht kleine Art besitzt einen abgeplatteten und vergleichsweise schlanken Körper. Ihren Namen verdankt die Kröte den orangefarbenen oder roten Warzen auf der grau bis braun gefärbten Haut. Die Tiere sind sehr gute Kletterer und daher häufig an steilen Felshängen zu finden, wo sie sich tagsüber in Spalten verstecken. Zur Paarungszeit versammeln sich oft zwei bis sechs Männchen im Wasser und versuchen Weibchen anzulocken, indem sie einen hohen, vier bis zehn Sekunden andauernden Ton von sich geben.
Verbreitung: Südwesten der USA und Mexiko. In felsigen und in grasbewachsenen Biotopen.
Fortpflanzung: Legt vom Frühjahr bis zum Herbst Eier im Wasser ab.
Anmerkung: Die Rotfleckenkröte paart sich oft mit anderen *Bufo*-Arten.

Länge	Lebensweise	Aktivitätsphase
3–7 cm	hauptsächlich terrestrisch	☾

Familie	Art	Bestand
BUFONIDAE	*Bufo viridis*	stellenweise häufig

Wechselkröte

Europa, Afrika, Asien

Diese robuste Kröte weist eine graue oder olivgrüne warzige Haut mit auffälligen grünen Flecken auf. Die Tiere sind leuchtender gefärbt als die meisten anderen Arten, nehmen zur Tarnung in ihren Verstecken jedoch einen blassen, unauffälligen Farbton an. Sie sind überwiegend in sandigen Lebensräumen zu finden, wo sie sich mithilfe ihrer Hinterbeine in den Boden eingraben können. Während der Paarungszeit lassen die Männchen ein helles, langgezogenes Trillern hören, das Rivalen fernhält und Weibchen anlockt.

Verbreitung: Osteuropa, Nordafrika und Asien. In trockenen Tieflandbiotopen, manchmal im Gebirge.

Fortpflanzung: Legt im Frühjahr und Sommer Eier im Wasser ab.

Anmerkung: Im Gegensatz zu anderen Krötenarten leben Wechselkröten oft in der Nähe menschlicher Siedlungen, sodass sie nachts manchmal unter Straßenlaternen auf der Jagd nach Insekten zu beobachten sind.

Länge	Lebensweise	Aktivitätsphase
9–12 cm	hauptsächlich terrestrisch	☾

Familie	Art	Bestand
BUFONIDAE	*Capensibufo tradouwi*	stellenweise häufig

Capensibufo tradouwi

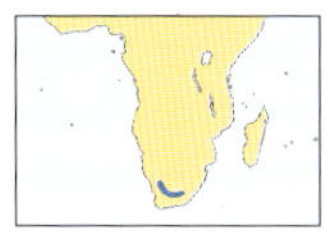
Afrika

Diese kleine variable Krötenart besitzt einen glatten länglichen Körper, der oberseits blasenartige Warzen und birnenförmige Parotoiddrüsen aufweist. Die Tiere zeigen normalerweise eine hellgraue Färbung mit dunkelbraunen oder schwarzen Flecken und einer Reihe ziegelroter Punkte; der Rücken ist meist mit einem hellen Streifen versehen. Die Beine sind lang und muskulös, Schwimmhäute sind nicht vorhanden. Die Fortpflanzung findet nach den Regenfällen im Frühjahr in Wasserlöchern und tiefen Pfützen statt. Zur Paarungszeit geben die Männchen krächzende Rufe von sich.

Verbreitung: Südafrika. In Gebirgen.

Fortpflanzung: Legt im Frühjahr Eier im Wasser ab.

Länge	Lebensweise	Aktivitätsphase
3–4,5 cm	hauptsächlich terrestrisch	☾

Familie	Art	Bestand
BUFONIDAE	*Pedostibes hosii*	stellenweise häufig

Baumkröte

Diese Kröte, die sich ungewöhnlicherweise überwiegend auf Bäumen aufhält, besitzt Haftscheiben an den Zehen, die ihr das Klettern erleichtern. Die Haut weist zahlreiche Warzen und kleine Dornen auf. Die Tiere ernähren sich von Ameisen und sind meist in der Nähe von Flüssen oder Bächen zu finden. Nach der Paarung werden die Eier in Schnüren in Gewässern abgelegt; die Kaulquappen können sich mithilfe eines Saugmauls an Steine heften.
Verbreitung: Südthailand, Malaysia, Sumatra und Borneo. In Wäldern.
Fortpflanzung: Legt in der Regenzeit Eier im Wasser ab.

Länge	Lebensweise	Aktivitätsphase
5–10 cm	hauptsächlich terrestrisch	☾

Familie	Art	Bestand
PSEUDIDAE	*Pseudis paradoxa*	stellenweise häufig

Harlekinfrosch

Dieser Frosch ist dank seiner muskulösen, mit Schwimmhäuten versehenen Hinterbeine ein ausgezeichneter Schwimmer. Die sehr langen Zehen dienen dem Graben nach Beute im Schlamm. Oft sitzen die Tiere auf dem Grund seichter Gewässer, sodass nur noch die Augen und die Nasenlöcher aus dem Wasser ragen. Die Eier, die in schwimmenden Schaumnestern abgelegt werden, enthalten so viel Dotter, dass die Kaulquappen sechs bis zehn Wochen davon zehren können.
Verbreitung: Südamerika und Trinidad. In Teichen, Seen und Sümpfen.
Fortpflanzung: Legt in der Regenzeit Eier im Wasser ab.
Anmerkung: Der wissenschaftliche Artname *paradoxa* bezieht sich auf das ungewöhnliche Größenverhältnis zwischen ausgewachsenen Exemplaren und Kaulquappen; letztere sind mit einer Körpergröße von ca. 25 cm viermal länger als ihre Eltern.

Länge	Lebensweise	Aktivitätsphase
5–7 cm	vollständig aquatisch	○

Familie HYLIDAE	Art *Acris crepitans*	Bestand häufig

Nördlicher Grillenfrosch

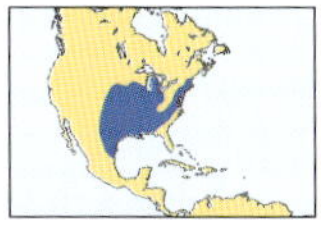

Nordamerika

Diese kleine Art weist ein abgerundetes Maul, recht kurze Beine und Schwimmhäute an den Hinterfüßen auf. Die Tiere halten sich stets in Wassernähe auf und sind oft beim Aufwärmen in der Sonne zu beobachten. Sie können zwar nicht klettern, sind jedoch zu weiten Sprüngen fähig. Zur Paarungszeit besiedeln die Frösche in großer Zahl Teiche; zum Anlocken der Weibchen lassen die Männchen laute Rufe hören, die an das Zirpen von Grillen erinnern. In einigen Regionen besitzen die Kaulquappen schwarze Schwanzspitzen, die räuberische Libellenlarven von den verwundbaren Teilen ihres Körpers ablenken sollen.
Verbreitung: Südosten und Osten der USA. Auf Pflanzen in Gewässernähe.
Fortpflanzung: Legt im Frühjahr Eier im Wasser ab.
Ähnliche Arten: Südlicher Heuschreckenfrosch (*Acris gryllus*).

dunkle dreieckige Markierung zwischen den Augen

raue Haut

kurze Beine

Länge 1,5–4 cm	Lebensweise hauptsächlich terrestrisch	Aktivitätsphase ☾☼

Familie HYLIDAE	Art *Agalychnis callidryas*	Bestand stellenweise häufig

Rotaugenfrosch

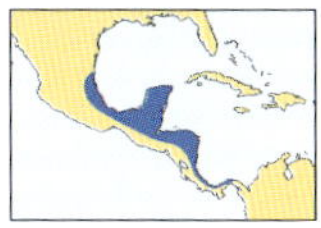

Mittelamerika

Dieser Frosch ist an der hellgrünen Körperfärbung, den gelben und blauen Streifen auf den Flanken und den blau gefärbten Innenseiten der Oberschenkel zu erkennen. Mithilfe von Haftscheiben an den Füßen können die Tiere ausgezeichnet klettern – was auch nötig ist, da die Eiablage auf Bäumen stattfindet, deren Äste sich über einem Gewässer befinden. Bei der Paarung steigt das Männchen auf den Rücken des Weibchens, das für die Eiablage zusätzlich Wasser aus dem Teich aufnimmt und dann auf den Baum klettert. Dort legt es einen Teil der Eier auf einem Blatt ab, kehrt – noch immer mit dem Männchen auf dem Rücken – ins Gewässer zurück, um erneut Wasser aufzunehmen und legt anschließend weitere Eier auf dem Baum ab. Die nach ca. fünf Tagen schlüpfenden Kaulquappen lassen sich sofort ins Wasser fallen.
Verbreitung: Mittelamerika. In Wäldern.
Fortpflanzung: Legt im Sommer Eier an Land ab.

große rote Augen mit senkrechten Pupillen

hellgrüne Färbung zur Tarnung zwischen Blättern

sehr lange schlanke Beine

gut entwickelte Haftscheiben an den Zehen

Länge 4–7 cm	Lebensweise vollständig terrestrisch	Aktivitätsphase ☾

Familie	Art	Bestand
HYLIDAE	*Gastrotheca monticola*	stellenweise häufig

Gastrotheca monticola

Südamerika

Dieser im Bergland heimische, etwas plump wirkende Frosch besitzt einen breiten Kopf und eine abgerundete Schnauze; nur die Hinterfüße weisen Schwimmhäute auf. Die Tiere zeigen normalerweise eine braune Färbung mit grünen Flecken auf dem Rücken, es gibt jedoch auch eintönig grüne Exemplare. Nach der Befruchtung steckt das Männchen die Eier in eine Bruttasche auf dem Rücken des Weibchens, in der sie sich entwickeln und auch die Kaulquappen schlüpfen; später öffnet das Weibchen die Bruttasche mithilfe seiner Füße, damit die bereits recht großen Kaulquappen ins Wasser gelangen können.
Verbreitung: Südecuador und Nordperu. In Bergwäldern.
Fortpflanzung: Die Kaulquappen werden im Frühjahr und Sommer aus der Bruttasche des Weibchens ins Wasser entlassen.

Länge	Lebensweise	Aktivitätsphase
4–6 cm	vollständig terrestrisch	☾

Familie	Art	Bestand
HYLIDAE	*Hyla arborea*	stellenweise häufig

Laubfrosch

Europa

Die auch in Mitteleuropa heimische Art kann mithilfe ihrer langen Beine und der Haftscheiben an den Zehen ausgezeichnet klettern und springen. Die Tiere sind normalerweise hellgrün gefärbt und weisen auf beiden Körperseiten jeweils einen braunen oder gelben Streifen auf, der auch das Auge maskiert; zur Tarnung kann die Körperfärbung jedoch ziemlich schnell verändert werden. Die Männchen versammeln sich zur Paarungszeit in Bäumen und Büschen an Teichufern und rufen nach den Weibchen. Die Paarung erfolgt im Wasser, wo auch die Eier abgelegt werden.
Verbreitung: Europa. In dicht mit Pflanzen bewachsenen Biotopen.
Fortpflanzung: Legt im Frühjahr und Sommer Eier im Wasser ab.
Ähnliche Arten: Mittelmeer-Laubfrosch (*Hyla meridionalis*).

Länge	Lebensweise	Aktivitätsphase
3–5 cm	hauptsächlich terrestrisch	☾

Familie HYLIDAE	Art *Hyla cinerea*	Bestand häufig

Karolina-Laubfrosch

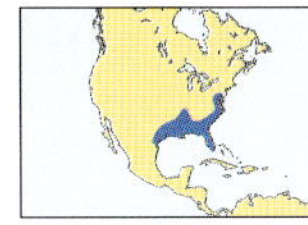

Diese Art ist normalerweise hellgrün, verfärbt sich jedoch zur Paarungszeit gelb und nimmt bei kaltem Wetter oft eine eher graue Körperfärbung an. Die Tiere können ausgezeichnet klettern und springen; nachts sind sie manchmal an erleuchteten Fenstern zu sehen, wo sie nach Insekten jagen. Die Fortpflanzung findet im Wasser statt. Zuvor bilden die Männchen meist regelrechte Chöre, um mit ihren Rufen die Weibchen anzulocken; einige männliche Exemplare – die sogenannten Satellitenmännchen – sitzen jedoch ganz ruhig etwas abseits und versuchen, ein von den Rufen der Rivalen angelocktes Weibchen „abzufangen".
Verbreitung: Südosten der USA. In Wäldern.
Fortpflanzung: Legt im Frühjahr Eier im Wasser ab.
Anmerkung: Da die Rufe der Tiere hauptsächlich vor Regenfällen zu hören sind, wird die Art in ihrer Heimat auch „Regenfrosch" genannt.

Länge 3–6 cm	Lebensweise hauptsächlich terrestrisch	Aktivitätsphase ☾

Familie HYLIDAE	Art *Hyla chrysoscelis*	Bestand stellenweise häufig

Hyla chrysoscelis

Aufgrund seiner grauen Färbung und der warzigen Haut ist dieser Laubfrosch auf mit Flechten bewachsener Baumrinde kaum zu erkennen. Zudem können die Tiere ihre Farbe schnell verändern; bei Kälte nehmen sie eine dunklere Körperfärbung an, in hellem Licht wird ihre Haut blasser. Zur Paarungszeit versammeln sich die Männchen im Wasser und locken mit lauten Rufen die Weibchen an. Die Kaulquappen besitzen einen roten Schwanz, der möglichen Angreifern ihre Ungenießbarkeit anzeigt.
Verbreitung: Osten der USA. In Wäldern.
Fortpflanzung: Legt im Frühjahr Eier im Wasser ab.
Ähnliche Arten: Der Graue Laubfrosch (*Hyla versicolor*) weist dasselbe Aussehen wie *H. chrysoscelis* auf, besitzt jedoch doppelt so viele Chromosomen und stößt einen längeren und tieferen Paarungsruf aus.
Anmerkung: Das im Blut enthaltene Glycerin – das den Gefrierpunkt von Flüssigkeiten herabsetzt – bewahrt die Tiere bei sehr kaltem Wetter vor dem Erfrieren.

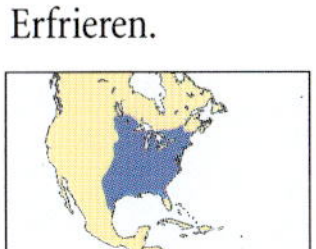

Länge 3–6 cm	Lebensweise hauptsächlich terrestrisch	Aktivitätsphase ☾

Familie	Art	Bestand
HYLIDAE	*Litoria caerulea*	stellenweise häufig

Korallenfinger

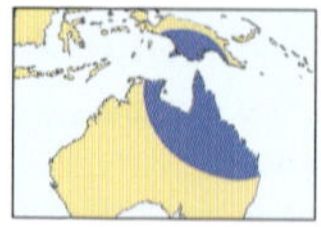

Trotz seines plumpen Körpers kann dieser Laubfrosch ausgezeichnet klettern und springen. Er ist hellgrün oder bläulich gefärbt und weist manchmal cremefarbene Punkte auf. Die gefräßigen Tiere – die oft in der Nähe menschlicher Siedlungen oder sogar in Gebäuden zu finden sind – ernähren sich hauptsächlich von Insekten, fressen aber auch kleine Ratten. Zur Paarungszeit halten sich die Männchen gern auf höheren Pflanzen in Teichnähe auf und rufen laut nach den Weibchen. Die Eier werden in Gallerthaufen abgelegt.

Verbreitung: Nordostaustralien und Südneuguinea. In Wäldern.

Fortpflanzung: Legt im Sommer Eier im Wasser ab.

Anmerkung: Das Sekret auf der Haut des Korallenfingers enthält verschiedene Substanzen, die z.T. für Arzneien gegen Viren oder Bakterien sowie für Blutdruck senkende Mittel (Caerulein) verwendet werden.

Länge	Lebensweise	Aktivitätsphase
5–10 cm	hauptsächlich terrestrisch	☾

Familie	Art	Bestand
HYLIDAE	*Litoria infrafrenata*	stellenweise häufig

Australischer Riesenlaubfrosch

Diese Art gehört zu den größten Laubfröschen der Erde. Sie zeigt eine grüne oder bronzefarbene Oberseite und eine cremefarbene Unterseite. Die Beine sind lang und weisen bei den Weibchen weiße, bei den Männchen rosafarbene Streifen auf. Auf dem Boden wirken die Tiere oft unbeholfen, sie können jedoch ausgezeichnet klettern. Zur Paarungszeit versammeln sich die Männchen in 3 bis 4 m Höhe auf ufernahen Pflanzen und locken mit lauten Rufen die Weibchen an.

Verbreitung: Neuguinea und Nordostaustralien. In Wäldern und Gärten.

Fortpflanzung: Legt im Sommer Eier im Wasser ab.

Länge	Lebensweise	Aktivitätsphase
10–14 cm	hauptsächlich terrestrisch	☾

Familie HYLIDAE	Art *Ololygon rubra*	Bestand stellenweise häufig

Daudins Baumfrosch

Diese zu den Knickzehenlaubfröschen gehörende Art besitzt einen schlanken silberfarbenen, grauen oder gelben Körper mit langen Beinen. Die Männchen versammeln sich nach starken Regenfällen meist in der Nähe temporärer Gewässer, um dort in großen Gruppen nach den Weibchen zu rufen. Letztere wählen ihre Partner nach der Körpergröße aus; es wird ein solches Männchen bevorzugt, das ca. 20 Prozent kleiner ist als das Weibchen, da sich bei diesen Größenverhältnissen die Kloaken beider Tiere während der Paarung besonders dicht beieinander befinden, sodass eine optimale Zahl von Eiern befruchtet wird.
Verbreitung: Panama, nördliches Südamerika, Trinidad, Tobago und St. Lucia (Mittelamerika). In Savannen, aber auch in der Nähe menschlicher Siedlungen.
Fortpflanzung: Legt im Herbst, Frühjahr und Sommer Eier im Wasser ab.

Länge 2,5–4 cm	Lebensweise hauptsächlich terrestrisch	Aktivitätsphase ☾

Familie HYLIDAE	Art *Phyllomedusa hypochondrialis*	Bestand stellenweise häufig

Affenfrosch

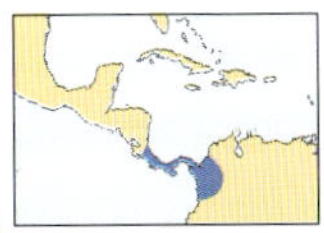

Der in trockenen Biotopen heimische kleine, oberseits grün und unterseits orange gefärbte Frosch ist durch wachsartige Sekrete, die von Hautdrüsen abgesondert werden, vor Wasserverlust geschützt. Bei Gefahr stellt er sich tot und verbreitet zudem einen unangenehmen Geruch; vermutlich ist er ungenießbar oder sogar giftig. Die Eier werden vom Weibchen mit leeren Eihüllen bedeckt, damit sie nicht austrocknen, und in über dem Wasser hängende Blätter gewickelt.
Verbreitung: Panama und Kolumbien. In trockenen Biotopen.
Fortpflanzung: Legt im Frühjahr und Sommer Eier an Pflanzen über Gewässern ab.

Länge 4–5 cm	Lebensweise vollständig terrestrisch	Aktivitätsphase ☾

Familie CENTROLENIDAE	Art *Centrolenella valerioi*	Bestand stellenweise häufig

La-Palma-Armdornfrosch

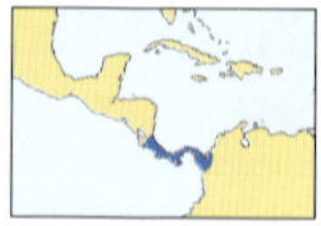

Mittelamerika

Dieser kleine zarte Frosch weist auf der Unterseite eine so durchsichtige Haut auf, dass sogar die Organe zu erkennen sind. Die Augen sind sehr groß und auffällig. Die Tiere können mithilfe ihrer langen, schlanken Beine und der gut entwickelten Haftscheiben an den Zehen ausgezeichnet klettern. Die Eier werden an über Bächen hängende Blätter geheftet und von den Männchen vor räuberischen Insekten, z. B. Wespen, beschützt. Die Kaulquappen fallen nach dem Schlüpfen ins Wasser, um sich anschließend im Bodenschlamm des Gewässers einzugraben.

Verbreitung: Mittelamerika. In tropischen Wäldern.

Fortpflanzung: Legt in der Regenzeit Eier an Pflanzen über Gewässern ab.

Länge 2–3 cm	Lebensweise hauptsächlich terrestrisch	Aktivitätsphase ☾

Familie DENDROBATIDAE	Art *Dendrobates auratus*	Bestand stellenweise häufig

Goldbaumsteiger

Mittel- und Südamerika

Diese leuchtend gefärbte Art zeigt ein abgerundetes Maul und eine glänzende, schwarzgrüne Haut, die für eine gute Tarnung in dichten Tropenwäldern sorgt. Das von Drüsen in der Haut produzierte, tödliche Gift dieser Tiere wurde von den Einheimischen früher zum Präparieren von Blasrohrpfeilen verwendet. Das Weibchen legt zwischen welken Blättern mehrere Male nacheinander jeweils fünf bis 13 Eier in Gallerthaufen ab, die vom Männchen bewacht werden. Nachdem die Kaulquappen geschlüpft sind, trägt das Männchen sie zu wassergefüllten Baumlöchern oder Blatttrichtern von Bromelien.

Verbreitung: Panama und Nordwestkolumbien. In tropischen Wäldern.

Fortpflanzung: Legt in der Regenzeit Eier an Land ab.

Anmerkung: Diese Art jagt auf Kakaoplantagen häufig Insekten, die sich von faulendem Obst ernähren.

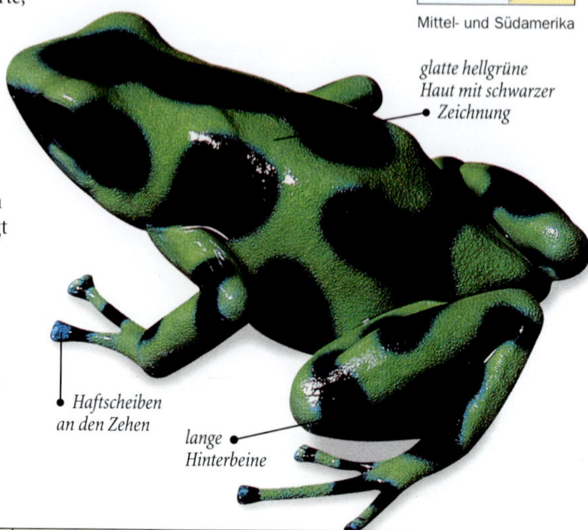

Länge 2,5–6 cm	Lebensweise hauptsächlich terrestrisch	Aktivitätsphase ☼

Familie	Art	Bestand
DENDROBATIDAE	*Dendrobates azureus*	gefährdet

Blauer Pfeilgiftfrosch

Südamerika

Die auffällige leuchtend blaue Färbung mit schwarzen Punkten zeigt Räubern an, dass diese Art äußerst giftig ist. Das Weibchen legt mehrere Male nacheinander Gallerthaufen mit jeweils fünf bis 13 Eiern zwischen welken Blättern auf dem Waldboden ab, wo das Männchen oft mehrere dieser Gelege gleichzeitig bewacht. Die Kaulquappen kriechen nach dem Schlüpfen auf den Rücken des Männchens, das sie zu wassergefüllten Baumlöchern oder Blatttrichtern von Bromelien trägt.
Verbreitung: Nordöstliches Südamerika. Auf Pflanzen in tropischen Wäldern.
Fortpflanzung: Legt in der Regenzeit Eier an Land ab.

Länge	Lebensweise	Aktivitätsphase
3–5 cm	vollständig terrestrisch	☼

Familie	Art	Bestand
DENDROBATIDAE	*Dendrobates pumilio*	stellenweise häufig

Zwerg-Panamabaumsteiger

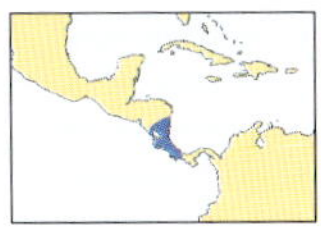
Mittelamerika

Die Färbung dieses Frosches kann – je nach Herkunft – unterschiedlich sein. So sind Exemplare mancher Populationen leuchtend blau oder rot gefärbt, während andere eine etwas unauffälligere braune, blaue oder grüne Körperfarbe aufweisen. Die Männchen geben zur Paarungszeit laute Rufe von sich, um die Weibchen anzulocken. Die zwischen welken Blättern versteckten Gelege enthalten nur vier bis sechs Eier; die Kaulquappen kriechen nach dem Schlüpfen auf den Rücken des Weibchens, das sie zu wassergefüllten Baumlöchern oder Blatttrichtern von Bromelien trägt, wobei jeweils nur eine Kaulquappe in einen der winzigen „Teiche“ gesetzt wird. Während ihrer Entwicklung werden die Kaulquappen vom Weibchen regelmäßig mit unbefruchteten Eiern gefüttert.
Verbreitung: Nicaragua, Costa Rica und Panama. Auf Pflanzen in tropischen Wäldern.
Fortpflanzung: Legt in der Regenzeit Eier an Land ab.
Anmerkung: Das Hautsekret dieser Art wurde von den Eingeborenen Mittelamerikas Jahrhunderte lang als tödliches Pfeilgift verwendet; um das Gift zu extrahieren, wurden die Tiere über einem Feuer erhitzt.

Länge	Lebensweise	Aktivitätsphase
2–2,5 cm	vollständig terrestrisch	☼

Familie DENDROBATIDAE	Art *Dendrobates tinctorius*	Bestand stellenweise häufig

Färberfrosch

Dieser Frosch – die größte Art unter den Baumsteigerfröschen – zeigt einen schwarzgelb gestreiften Körper, einen oberseits gelb gefärbten Kopf und blaue, schwarz gepunktete Beine. Aufgrund ihrer muskulösen Hinterbeine und der Haftscheiben an den Zehen können die Tiere gut springen und ausgezeichnet klettern. Das Weibchen legt bis zu 20 Eier auf einem Blatt ab; das Männchen bewacht das Gelege und trägt die geschlüpften Kaulquappen zu Tümpeln und Wasserlöchern.
Verbreitung: Französisch-Guayana und Nordostbrasilien. In tropischen Regenwäldern.
Fortpflanzung: Legt in der Regenzeit Eier an Land ab.

Südamerika

Länge 3–6 cm	Lebensweise vollständig terrestrisch	Aktivitätsphase ☼

Familie RANIDAE	Art *Ceratobatracus guentheri*	Bestand selten

Salomonischer Zipfelfrosch

Der umgangssprachliche Name dieser Art bezieht sich auf die auffälligen Hautzipfel am Kopf, die der Tarnung zwischen Blättern dienen. Weitere typische Merkmale sind der abgeplattete dreieckige Kopf und die großen Haftscheiben an den äußeren Zehen; die Färbung der Tiere ist äußerst variabel. Im Gegensatz zu anderen Arten weist dieser Frosch knöcherne, zahnähnliche Auswüchse im Unterkiefer auf, die bei den Männchen etwas größer sind als bei den Weibchen. Nach der Paarung legt das Weibchen mehrere Klumpen großer Eier in Bächen ab. Es gibt kein Larvenstadium; die Jungtiere gleichen im Aussehen ihren Eltern, weisen jedoch zusätzlich Hautfalten auf, um den Dotter besser absorbieren zu können.
Verbreitung: Salomoninseln. In bewaldeten Biotopen.
Fortpflanzung: Legt in der Regenzeit Eier im Wasser ab.

Salomoneninseln

Länge 5–8 cm	Lebensweise hauptsächlich terrestrisch	Aktivitätsphase ☾

Familie RANIDAE	Art *Conraua goliath*	Bestand selten

Goliathfrosch

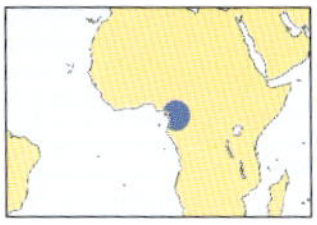

Die größte Froschart ist gut an ein Leben im Wasser angepasst. Dank ihrer glatten, glitschigen Haut, den kräftigen Beinen und den mit Schwimmhäuten versehenen langen Zehen können die Tiere ausgezeichnet schwimmen und tauchen. Die Färbung ist blaugrau bis grün mit einer braunen Zeichnung. Die Frösche kommen nur selten an Land und flüchten bei Gefahr sofort wieder ins Wasser. Anders als bei den übrigen Froschlurchen sind die Männchen dieser Art größer als die Weibchen und besitzen auch größere Trommelfelle.
Verbreitung: Kamerun und Äquatorialguinea. An Bächen in dichten Wäldern.
Fortpflanzung: Legt in der Regenzeit Eier ab (Ort unbekannt).

Länge 10–40 cm	Lebensweise hauptsächlich aquatisch	Aktivitätsphase ☾

Familie RANIDAE	Art *Hylarana albolabris*	Bestand stellenweise häufig

Hylarana albolabris

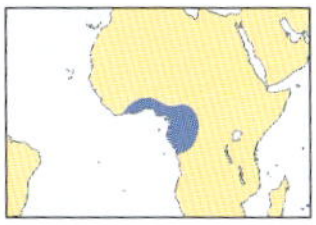

Dieser afrikanische Frosch ist dank der großen Haftscheiben an seinen Zehen ein hervorragender Kletterer. Die Tiere besitzen einen spitz zulaufenden Kopf, eine weiß gefärbte Oberlippe und auffällige Hautfalten auf dem Rücken. Das gut erkennbare Trommelfell ist beim Männchen größer als bei Weibchen, was für Frösche ungewöhnlich ist. Zur Paarungszeit entwickeln die Männchen große Drüsen an den Vorderbeinen, die vermutlich die Umklammerung des Weibchens während der Paarung erleichtern. Die Eier werden in Klumpen in Bächen abgelegt.
Verbreitung: West- und Zentralafrika. In Wäldern.
Fortpflanzung: Legt im Sommer Eier im Wasser ab.

Länge 6–10 cm	Lebensweise hauptsächlich terrestrisch	Aktivitätsphase ☾

Familie	Art	Bestand
RANIDAE	*Mantella auriantiaca*	gefährdet

Goldfröschchen

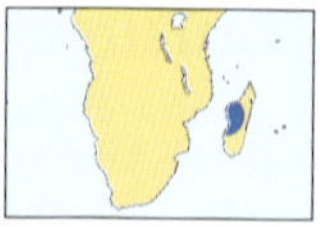

Madagaskar

Ausgewachsene Exemplare dieser Art können gelb, orange oder rot gefärbt sein, Jungtiere dagegen zeigen eine schwarzgrüne Körperfärbung. Die giftigen Tiere leben in den Regenwäldern Madagaskars. Zur Paarungszeit versammeln sich die Männchen meist in Gewässernähe am Boden und rufen nach den Weibchen. Anders als bei anderen Froscharten erfolgt die Befruchtung der Eier im Körperinnern des Weibchens; anschließend werden die Eier zwischen feuchten Blättern auf dem Waldboden abgelegt. Der Regen spült die geschlüpften Kaulquappen in kleine Tümpel.

Verbreitung: West- und Zentralmadagaskar. Auf sonnigen Lichtungen in Regenwäldern.

Fortpflanzung: Legt in der Regenzeit Eier an Land ab.

Anmerkung: Die Art ist aufgrund der Zerstörung ihres Lebensraumes vom Aussterben bedroht. Zudem wurden die Bestände durch häufige Exporte in ausländische Zoos dezimiert, die inzwischen aber kontrolliert werden.

Länge	Lebensweise	Aktivitätsphase
2–3 cm	vollständig terrestrisch	☼

Familie	Art	Bestand
RANIDAE	*Mantella viridis*	selten

Mantella viridis

Diese Art ist gelb oder hellgrün gefärbt und weist schwarze Bereiche an Kopf und Vorderkörper auf; die Kopfseiten sind jeweils mit einem weißen Streifen versehen. An den Zehen der Vorder- und Hinterfüße sind Haftscheiben vorhanden. Der Paarungsruf der Männchen besteht aus einer Reihe von Klicklauten. Die Paarung findet an Land statt, und die Eier werden in der Nähe von Bächen abgelegt, wo sich auch die Kaulquappen entwickeln.

Verbreitung: Nord- und Ostmadagaskar. In tropischen Wäldern.

Fortpflanzung: Legt in der Regenzeit Eier an Land ab.

Anmerkung: Aufgrund der Zerstörung ihres Lebensraumes und häufiger Exporte ins Ausland sind die Bestände dieser Art stark zurückgegangen.

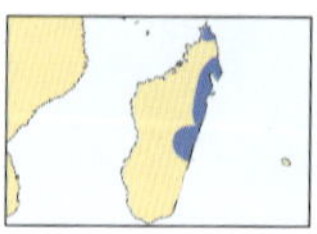

Madagaskar

Länge	Lebensweise	Aktivitätsphase
2–3 cm	vollständig terrestrisch	☼

Familie	Art	Bestand
RANIDAE	*Pyxicephalus adspersus*	stellenweise häufig

Afrikanischer Ochsenfrosch

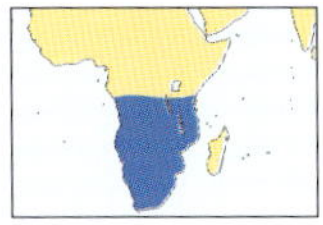

Dieser große, aggressive Frosch besitzt einen massigen Körper, einen breiten Kopf, ein großes Maul und muskulöse Hinterbeine. Er zeigt eine olivgrüne Färbung mit einer dunkelgrünen, braunen oder schwarzen Zeichnung auf den längs verlaufenden Hautausbuchtungen. Ochsenfrösche können, in einen Kokon eingehüllt, bis zu zehn Monaten des Jahres unter der Erde verbringen. Die Männchen – die größer sind als die Weibchen – locken zur Paarungszeit mit lauten Rufen eine Partnerin an. Nach der Paarung in Tümpeln bewachen sie die Eier und graben Kanäle, damit die geschlüpften Kaulquappen in tiefere Gewässer schwimmen können.
Verbreitung: Afrika, südlich der Sahara. In feuchten und trockenen Savannen.
Fortpflanzung: Legt in der Regenzeit Eier im Wasser ab.
Anmerkung: In Regionen mit unregelmäßigen Regenfällen können sich die Tiere in die Erde eingraben und auf diese Weise Trockenzeiten überleben.

Länge	Lebensweise	Aktivitätsphase
8–23 cm	hauptsächlich terrestrisch	◯

Familie	Art	Bestand
RANIDAE	*Rana catesbeiana*	stellenweise häufig

Amerikanischer Ochsenfrosch

Die größte Froschart Nordamerikas ist oberseits olivgrün gefärbt und dunkel gezeichnet; der Kopf zeigt eine hellgrüne Färbung, die Beine sind mit braunen oder schwarzen Streifen und Flecken versehen. Die recht gefräßigen Tiere ernähren sich u. a. von kleinen Säugetieren, Reptilien und anderen Fröschen. Zur Paarungszeit verteidigen die Männchen ihr Revier, in dem die Weibchen meist Tausende von Eiern ablegen. Die Entwicklung der Kaulquappen kann bis zu vier Jahre dauern.
Verbreitung: USA (in den Westen und andere Regionen eingeschleppt). In größeren Teichen und Seen.
Fortpflanzung: Legt im Frühjahr und Sommer Eier im Wasser ab.
Anmerkung: Die Art wurde in viele Gegenden der Erde eingeschleppt, wo sie oftmals einen deutlichen Rückgang der dort heimischen Frösche verursachte.

Länge	Lebensweise	Aktivitätsphase
9–20 cm	hauptsächlich aquatisch	☾ ☼

Familie RANIDAE	Art *Rana dalmatina*	Bestand stellenweise häufig

Springfrosch

Dank seiner langen kräftigen Hinterbeine kann dieser Frosch erstaunlich weit springen – daher sein Name. Er ist hellbraun gefärbt und weist dunkle Punkte auf dem Rücken und undeutliche Streifen auf den Beinen auf. Obwohl die Tiere nur sehr schlecht schwimmen können, flüchten sie bei Gefahr sofort mit einem großen Satz ins Wasser. Die Weibchen verbringen den Winter meist an Land, die Männchen überwintern unter dem Eis von Teichen und Seen. Die Paarungszeit beginnt gleich nach der Eisschmelze im Frühjahr; das Weibchen legt die Eier in Klumpen ab.
Verbreitung: Mittel- und Südeuropa, selten Nordeuropa. In lichten Wäldern und auf sumpfigen Wiesen.
Fortpflanzung: Legt im Frühjahr Eier im Wasser ab.
Ähnliche Arten: Moorfrosch

Europa

Länge 5–9 cm	Lebensweise hauptsächlich terrestrisch	Aktivitätsphase ☾

Familie RANIDAE	Art *Rana ridibunda*	Bestand stellenweise häufig

Seefrosch

Die größte europäische Froschart ist grün oder braun gefärbt und weist dunkle Punkte auf; die Schnauze läuft spitz zu. Die Tiere halten sich gern an sonnenbeschienenen Ufern von Seen, Teichen und Gräben auf, springen bei Gefahr jedoch sofort ins Wasser. Der Paarungsruf der Männchen ist sehr variabel; nach der Paarung legen die Weibchen bis zu 12 000 Eiern ab.
Verbreitung: Europa. In Seen, Teichen, Gräben und Bächen.
Fortpflanzung: Legt im Frühjahr Eier im Wasser ab.
Ähnliche Arten: Wasserfrosch (*Rana esculenta*; diese Art gilt als Bastardform zwischen dem Seefrosch und dem Tümpelfrosch), Tümpelfrosch (*Rana lessonae*).

Europa

Wasserfrosch **Tümpelfrosch**

Seefrosch

Länge 9–15 cm	Lebensweise hauptsächlich aquatisch	Aktivitätsphase ☼

Familie	Art	Bestand
RANIDAE	*Rana temporaria*	stellenweise häufig

Grasfrosch

Europa

Diese sehr variable Art ist meist grün oder braun, manchmal auch rot oder gelb gefärbt; einige Exemplare weisen schwarze Punkte auf. Die meiste Zeit ihres Lebens verbringen die Tiere an Land, nur zur Fortpflanzung im Frühjahr besiedeln sie Teiche. Einige Männchen überwintern auch in Teichen, wo sie beim Zufrieren des Gewässers oft sterben. Zur Paarungszeit entwickeln die Männchen dickere Vorderbeine und auffällige dunkle Brunstschwielen an den Füßen, die für eine feste Umklammerung des Weibchens bei der Paarung sorgen. Die Eier werden in Ballen in Teichen, Gräben und Kanälen abgelegt.

Verbreitung: Europa. In zahlreichen feuchten Biotopen.

Fortpflanzung: Legt im Frühjahr Eier im Wasser ab.

Ähnliche Arten: Moorfrosch (*Rana arvalis*).

Länge	Lebensweise	Aktivitätsphase
5–10 cm	hauptsächlich terrestrisch	☾

Familie	Art	Bestand
RANIDAE	*Rana utricularia*	stellenweise häufig

Rana utricularia

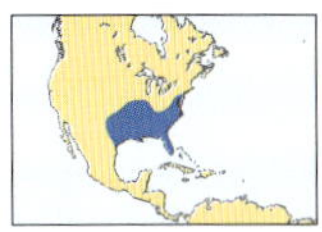

Nordamerika

Dieser Frosch verfügt aufgrund seiner sehr langen muskulösen Hinterbeine über eine ausgezeichnete Sprungkraft, sodass er sich bei einem Angriff, z. B. durch Reiher oder Waschbären, meist mit großen Zickzacksprüngen ins Wasser retten kann. Wird er dennoch gefangen, bespritzt er seinen Angreifer mit einer übelriechenden Flüssigkeit. Die Tiere weisen normalerweise eine hellgrüne Färbung mit großen schwarzen Punkten und eine auffällige, oft gelbe Drüsenleiste auf dem Rücken auf. Die Eier werden von vielen Weibchen gemeinsam in Klumpen in stehenden Gewässern abgelegt.

Verbreitung: Südosten der USA. In Teichen, Seen und Sümpfen.

Fortpflanzung: Legt im Frühjahr Eier im Wasser ab.

Ähnliche Arten: Leopardfrosch (*Rana pipiens*), Sumpffrosch (*R. palustris*).

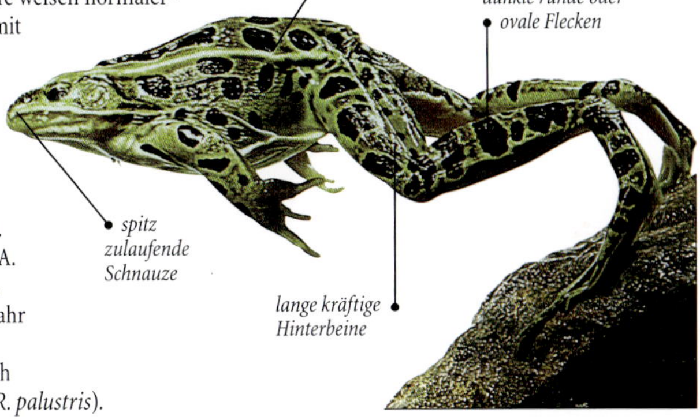

Länge	Lebensweise	Aktivitätsphase
5–12 cm	hauptsächlich aquatisch	☾

Familie RANIDAE	Art *Hemisus marmoratus*	Bestand stellenweise häufig

Marmorierter Ferkelfrosch

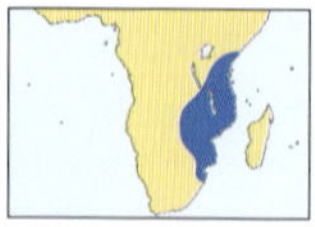
Afrika

Diese Art lebt überwiegend im Boden vergraben. Sie besitzt einen eckigen, leicht aufgedunsenen Körper, kräftige Beine und einen winzigen Kopf mit kleinen Augen und einem spitz zulaufenden verhärteten Maul. Die Färbung ist gelb oder grau mit einer braunen oder schwarzen Zeichnung. Zur Paarungszeit lassen sich die Männchen am Ufer kleinerer Gewässer nieder und rufen nach den Weibchen. Die Eier werden nach der Paarung in unterirdischen Kammern in Wassernähe abgelegt; das Weibchen bewacht das Gelege und gräbt den geschlüpften Kaulquappen einen Tunnel zum Teich.

Verbreitung: Südostafrika. In Savannen und trockenen, strauchbewachsenen Biotopen.

Fortpflanzung: Legt in der Regenzeit Eier an Land ab.

Anmerkung: Diese Art gräbt sich nicht mit den Hinterfüßen, sondern mit dem Kopf zuerst im Boden ein.

kräftige Beine

spitzes Maul

Länge 3–4 cm	Lebensweise hauptsächlich terrestrisch	Aktivitätsphase ☾

Familie HYPEROLIIDAE	Art *Afrixalus fornasinii*	Bestand stellenweise häufig

Bananenfrosch

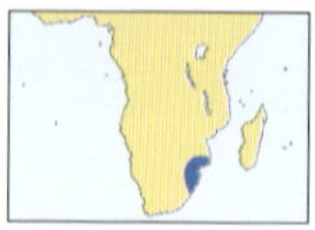
Afrika

Mit seinen langen schlanken Beinen und den Haftscheiben an den Zehen ist dieser Frosch gut an ein Leben auf Pflanzen angepasst. Die Färbung ist sehr variabel und reicht von gelblich braun bis gelbgrün, der Rücken ist oft mit einem dunklen, hell gesäumten Rückenstreifen versehen. Die Männchen lassen sich auf höher gelegenen Blättern oder Zweigen nieder und locken die Weibchen mit ihrem Paarungsruf an, der aus einer Serie schneller Klicklaute besteht. Kleinere Männchen bleiben häufig stumm, lauern jedoch in der Nähe der rufenden Artgenossen und versuchen ein Weibchen „abzufangen". Die Eier werden an über Gewässern hängenden Blättern abgelegt, die das Weibchen dann faltet und zusammenklebt. Die geschlüpften Kaulquappen fallen von dort ins Wasser.

Verbreitung: Südostafrika. In mit niedrigen Pflanzen bewachsenen Biotopen.

Fortpflanzung: Legt in der Regenzeit Eier an Pflanzen über Gewässern ab.

dunkler, hell gesäumter Rückenstreifen

senkrechte Pupillen

lange Zehen mit Haftscheiben

Länge 3–4 cm	Lebensweise vollständig terrestrisch	Aktivitätsphase ☾

Familie HYPEROLIIDAE	Art *Hyperolius tuberilinguis*	Bestand stellenweise häufig

Grüner Riedfrosch

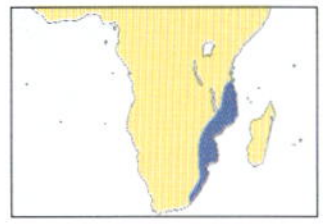

Dieser Frosch ist dank seines schlanken Körpers, der langen Hinterbeine und der Haftscheiben an den Zehen ein geschickter Kletterer. Er zeigt eine hellgrüne, gelbe oder braune Körperfärbung ohne Zeichnung und orangefarbene oder gelbe Beininnenseiten, die allerdings nur beim Sprung der Tiere zu sehen sind. Die großen Augen sind ebenfalls orangefarben oder gelb und weisen waagerechte Pupillen auf. Trotz ihrer geringen Größe gehören diese Amphibien zu den Froscharten mit der kräftigsten Stimme – zur Paarungszeit bilden die Männchen oft „Chöre" von mehreren Tausend Exemplaren, um mit ihren Rufen die Weibchen anzulocken.
Verbreitung: Afrika. In pflanzenbewachsenen Tieflandbiotopen.
Fortpflanzung: Legt im Frühjahr Eier an Pflanzen über Gewässern ab.

Länge 3–4,5 cm	Lebensweise hauptsächlich terrestrisch	Aktivitätsphase ☾

Familie HYPEROLIIDAE	Art *Leptopelis modestus*	Bestand stellenweise häufig

Leptopelis modestus

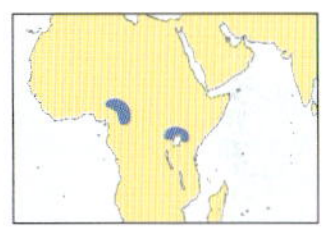

Diese agile Art besitzt lange, schlanke Beine und große Haftscheiben an allen Zehen. Die Tiere sind grau oder hellbraun gefärbt, der Rücken ist mit dunklen dreieckigen Markierungen versehen. Der breite Kopf weist ein sehr großes Maul auf, sodass auch größere Insekten verschlungen werden können; auffällig sind außerdem die riesigen, nach vorn gerichteten Augen und die großen Trommelfelle. Zur Paarungszeit entwickeln die Männchen – die deutlich kleiner sind als die Weibchen – eine hellblaue oder grüne Kehle und geben tiefe Töne von sich, um eine Partnerin anzulocken.
Verbreitung: West- und Zentralafrika. Auf bewaldeten Hügeln und Bergen.
Fortpflanzung: Unbekannt.

Länge 2,5–4,5 cm	Lebensweise hauptsächlich terrestrisch	Aktivitätsphase ☾

Familie ARTHROLEPTIDAE	Art *Trichobatrachus robustus*	Bestand stellenweise häufig

Haarfrosch

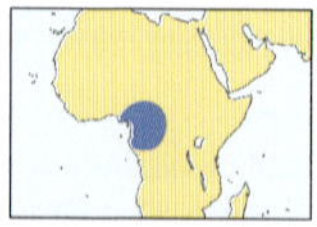

Die Männchen dieser recht großen Art entwickeln zur Paarungszeit gut durchblutete Hautanhänge an den Flanken und an den Beinen, die an Haare erinnern – daher der Name. Diese Auswüchse vergrößern die Oberfläche der Haut und sorgen damit für eine vermehrte Sauerstoffaufnahme im Wasser; so müssen die Frösche beim Bewachen der in Gewässern abgelegten Eier nicht so oft auftauchen. Die Kaulquappen besitzen eine Saugscheibe auf dem Unterleib, mit deren Hilfe sie sich an Steine heften können.
Verbreitung: Ostnigeria, Guinea, Kamerun und Zaïre.
In Regenwäldern.
Fortpflanzung: Legt in der Regenzeit Eier im Wasser ab.

Länge 7–13 cm	Lebensweise hauptsächlich terrestrisch	Aktivitätsphase ☾

Familie RHACOPHORIDAE	Art *Chiromantis xerampelina*	Bestand stellenweise häufig

Grauer Baumfrosch

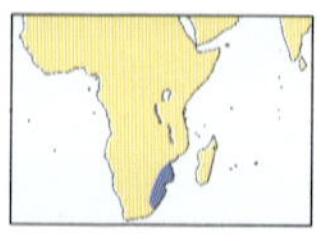

Dieser Frosch kann dank seiner langen schlanken Beine und der Haftscheiben an den Zehen ausgezeichnet klettern. Zudem ist er in der Lage, seine Körperfarbe so zu verändern, dass er auch tagsüber gut getarnt ist. Die Eiablage findet auf Ästen oder Zweigen statt, die sich über einem Gewässer befinden. Zuvor sondert das Weibchen ein Sekret ab und schlägt es – gemeinsam mit einem oder mehreren Männchen – mithilfe ihrer Beine zu einer Schaummasse, in der sie die Eier ablegt. Das Schaumnest trocknet an der Außenseite, sodass sich die Kaulquappen geschützt im Inneren entwickeln können. Später graben sich die Jungtiere durch ihr Nest und lassen sich ins Wasser fallen.
Verbreitung: Südafrika.
In Savannen.
Fortpflanzung: Legt in der Regenzeit Eier an Pflanzen über Gewässern ab.

Länge 5–9 cm	Lebensweise vollständig terrestrisch	Aktivitätsphase ☾

Familie	Art	Bestand
RHACOPHORIDAE	*Rhacophorus reinwardti*	stellenweise häufig

Java-Flugfrosch

Dieser Frosch verdankt seinen Namen der Fähigkeit, sehr große Abstände zwischen Bäumen gleitend zu überwinden. Ermöglicht wird die gleitende Bewegung durch die Luft durch große Spannhäute zwischen den Zehen, die wie ein Fallschirm wirken. Die Tiere weisen eine grüne Färbung und schwarze Flecken auf den Spannhäuten auf; aufgrund der langen und schlanken Beine sind sie sehr gute Kletterer. Die Eier werden vom Weibchen in einem Schaumnest an Pflanzen über Gewässern abgelegt.
Verbreitung: Malaysia, Sumatra und Java. In Wäldern.
Fortpflanzung: Legt in der Regenzeit Eier an Pflanzen über Gewässern ab.

Asien

Länge	Lebensweise	Aktivitätsphase
5–8 cm	hauptsächlich terrestrisch	☾

Familie	Art	Bestand
RHINOPHRYNIDAE	*Rhinophrynus dorsalis*	stellenweise häufig

Nasenkröte

Diese Art ist perfekt an ein Leben unter der Erde angepasst. Der kegelförmige Kopf ist sehr spitz und weist ein verhärtetes Maul auf, die das Graben von unterirdischen Gängen erleichtert; die Beine sind kurz und kräftig. An die Oberfläche kommen die Tiere meist nur zur Paarungszeit. Sie ernähren sich von Termiten und Ameisen.
Verbreitung: Mittelamerika. In Tieflandwäldern und offenem Gelände.
Fortpflanzung: Legt in der Regenzeit Eier im Wasser ab.

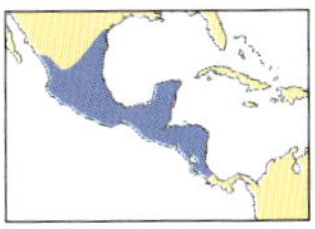

Mittelamerika

Länge	Lebensweise	Aktivitätsphase
6–8 cm	hauptsächlich terrestrisch	☾

Familie	Art	Bestand
MICROHYLIDAE	*Breviceps adspersus*	stellenweise häufig

Gesprenkelter Kurzkopffrosch

Diese hauptsächlich im Boden lebende Art besitzt einen plumpen kugelförmigen Körper, kurze Beine und ein abgeplattetes Gesicht. Die Tiere zeigen eine hell- oder dunkelbraune Färbung mit schwarzen Streifen sowie gelben und orangefarbenen Flecken. Das Eingraben in den Boden erfolgt rückwärts, wobei der Sand mit hornigen Fortsätzen an den Hinterbeinen bewegt wird. Bei Gefahr können sich die Tiere aufblähen und dadurch fest in ihrem unterirdischen Gang verkeilen. Zu ihrer Nahrung gehören Termiten und Ameisen.
Verbreitung: Südafrika und Simbabwe. In bewaldeten, sandigen Biotopen.
Fortpflanzung: Legt in der Regenzeit Eier an Land ab.

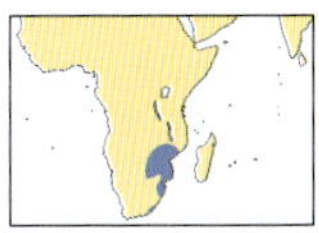

Afrika

Länge	Lebensweise	Aktivitätsphase
3–6 cm	hauptsächlich terrestrisch	☾

Familie MICROHYLIDAE	Art *Dyscophus antongilli*	Bestand gefährdet

Tomatenfrosch

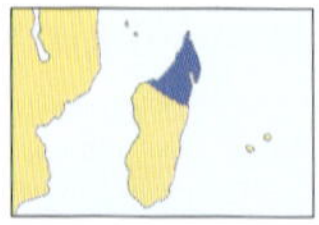

Madagaskar

Dieser Frosch verdankt seinen Namen der rundlichen Körperform und der roten Färbung. Die Tiere graben sich tagsüber meist im Boden ein, um nach Insekten zu suchen; bei Gefahr können sie ein klebriges Hautsekret absondern. Die Weibchen legen die Eier nach starken Regenfällen in Tümpeln und Pfützen ab. Durch die zunehmende Zerstörung ihres Lebensraumes ist die Art selten geworden, die Frösche lassen sich jedoch nachzüchten. Gezüchtete Exemplare unterscheiden sich durch ihre blassere Färbung von in der Natur lebenden Tieren.
Verbreitung: Nordmadagaskar. In Tieflandbiotopen.
Fortpflanzung: Legt in der Regenzeit Eier im Wasser ab.

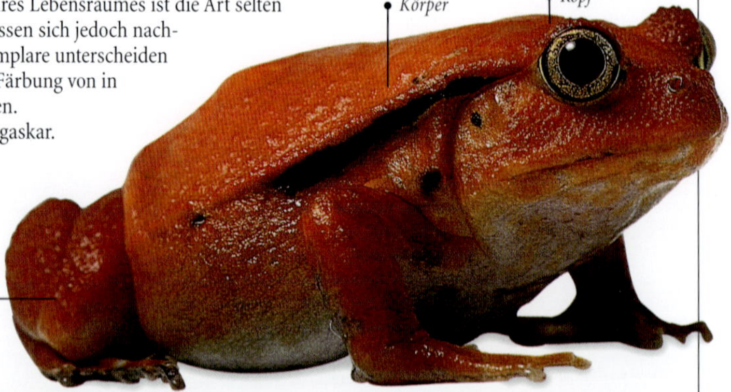

Länge 8–12 cm	Lebensweise hauptsächlich terrestrisch	Aktivitätsphase ☾

Familie MICROHYLIDAE	Art *Gastrophryne olivacea*	Bestand stellenweise häufig

Gastrophryne olivacea

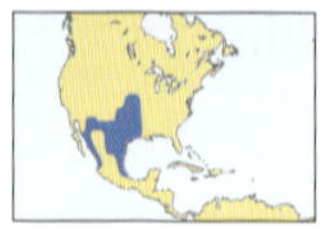

Nordamerika

Diese kleine, stämmige Art kann sich gut in engen Spalten verkriechen und mithilfe ihrer kurzen Beine auch in den Erdboden eingraben. Die Tiere weisen eine braune oder graue Färbung, sehr kleine Augen und eine typische Hautfalte auf dem Kopf auf. Sie ernähren sich hauptsächlich von Ameisen, sodass sie häufig in der Nähe der Nester dieser Insekten zu finden sind. Die Eiablage findet nach starken Regenfällen in Wasserlöchern statt; die Kaulquappen schlüpfen bereits nach kurzer Zeit und entwickeln sich sehr schnell.
Verbreitung: Südwesten der USA. In halbtrockenen Biotopen.
Fortpflanzung: Legt in der Regenzeit Eier im Wasser ab.

Länge 2–4 cm	Lebensweise hauptsächlich terrestrisch	Aktivitätsphase ☾

Familie MICROHYLIDAE	Art *Kaloula pulchra*	Bestand stellenweise häufig

Indischer Ochsenfrosch

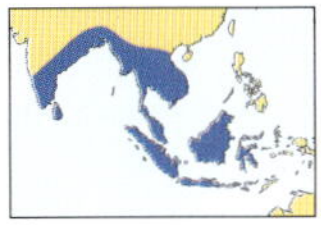

Asien

Diese überwiegend im Boden lebende Art besitzt einen rundlichen Körper und kurze Beine. Die Tiere sind dunkelbraun gefärbt und creme- oder rosafarben gestreift. Bei der Paarung heftet sich das Männchen mithilfe einer klebrigen Flüssigkeit, die aus Drüsen an seinem Unterleib abgesondert wird, auf den Rücken des Weibchens.
Verbreitung: Indien und Südwestasien. In zahlreichen Biotopen mit lockerem Boden, u. a. Felder und Gärten.
Fortpflanzung: Legt in der Regenzeit Eier im Wasser ab.

Länge 5–7 cm	Lebensweise hauptsächlich terrestrisch	Aktivitätsphase ☾

Familie MICROHYLIDAE	Art *Phrynomantis bifasciatus*	Bestand stellenweise häufig

Phrynomantis bifasciatus

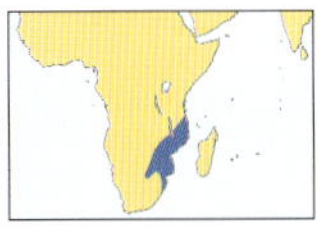

Afrika

Dieser Frosch besitzt einen langen abgeplatteten Körper, schlanke Beine und eine glatte Haut; er bewegt sich normalerweise kriechend fort. Die schwarze Körperfärbung mit den roten oder rosafarbenen Streifen und Flecken warnt mögliche Angreifer vor dem giftigen Hautsekret, das die Tiere bei Gefahr absondern, während sie ihren Körper aufblähen. Ausgewachsene Exemplare können grau gefärbt sein und rosafarbene bis weiße Streifen aufweisen. Typisch für die Art ist der trillernde Ruf der Männchen, mit dem sie zur Paarungszeit die Weibchen herbeirufen. Die Eier werden nach starken Regenfällen in Klumpen abgelegt und in Teichen an Pflanzen geheftet.
Verbreitung: Süd- und Ostafrika. In Savannen.
Fortpflanzung: Legt im Frühjahr Eier im Wasser ab.

Länge 4–6 cm	Lebensweise hauptsächlich terrestrisch	Aktivitätsphase ☾

Glossar

Einige der hier aufgeführten Definitionen wurden vereinfacht, sodass sie nur in Verbindung mit Reptilien und Amphibien anwendbar sind.
Fettgedruckte Begriffe werden an anderer Stelle des Glossars erläutert.

Aftersporne – Reste des **Beckengürtels** oder der Hinterbeine, die bei männlichen Boas und Pythons als neben der **Kloake** sitzende Sporne oder Klauen ausgebildet sind und bei der Paarung zur Stimulation des Weibchens eingesetzt werden.

Alligatoren – subtropische **Reptilien**, die sich von **Echten Krokodilen** durch das breitere Maul unterscheiden.

Amphibien – wechselwarme Wirbeltiere, die meist an Land leben und sich im Wasser fortpflanzen.

aquatisch – im Wasser lebend.

Autotomie – siehe **Schwanzautotomie.**

Bänder– siehe **Querbänder**.

Bauchschilde – siehe **Ventralschilde.**

Beckengürtel – aus den Hüftextremitäten und einem oder mehr Wirbeln gebildeter Ring, der normalerweise fest mit der Wirbelsäule verbunden ist. Bei den **Echsen** ist der Beckengürtel meist weitgehend oder auch völlig reduziert, während er bei einigen **Schlangen** in Form von **Aftersporen** noch **rudimentär** vorhanden ist.

Biotop – von seiner Umgebung abgrenzbarer, durch bestimmte Umweltbedingungen charakterisierter Lebensraum.

Blindwühlen – an Regenwürmer erinnernde, in der Ordnung Gymnophiona zusammengefasste **Amphibien** mit einem langen walzenförmigen, beinlosen, oft quer geringelten Körper und einem weitgehend rückgebildeten Schwanz.

Brille – durch Verwachsen der Augenlider entstandene starre durchsichtige Membran, die das Auge vor Verletzungen schützt; bei allen **Schlangen** und einigen **Echsen** vorhanden.

Brückenechsen – auch Tuataras genannte primitive, nur auf Inseln vor Neuseeland vorkommende echsenähnliche **Reptilien.**

Brunstschwielen – meist dunkel gefärbte hornige Verdickungen an Vorderbeinen, Zehen oder Bauch vieler männlicher **Froschlurche** und einiger **Schwanzlurche**, die das Umklammern des Weibchens bei der Paarung erleichtern.

Carapax – Rückenteil des Schildkrötenpanzers, der normalerweise mit **Hornschilden**, manchmal auch mit einer lederartigen Haut bedeckt ist.

Costalfurchen – siehe **Rippenfurchen.**

Doppelschleichen – oft wurmartige, im Boden wühlende **Reptilien** mit einem langen schlanken, quer geringelten Körper und kurzem Schwanz.

Echsen – **Reptilien** mit vier Beinen, einem recht langen Schwanz, beweglichen Augenlidern und äußeren Ohröffnungen.

Echte Krokodile – tropische **Krokodile**, die sich von den **Alligatoren** durch das schmalere Maul unterscheiden.

Frösche – umgangssprachliche Bezeichnung für **Froschlurche**, die als ausgewachsene Tiere keinen Schwanz besitzen und deren Hinterbeine normalerweise deutlich größer sind als die Vorderbeine.

Froschlurche – in der Ordnung Anura zusammengefasste **Amphibien**; alle **Frösche** und **Kröten**.

Gaviale – asiatische, Fisch fressende **Krokodile** mit einem sehr schmalen Maul.

Gekielte Schuppen – **Schuppen** mit einer oder mehreren Rippen in der Mitte, die die Körperoberfläche der Tiere rau und matt wirken lassen.

Giftzähne – lange hohle oder mit Rillen versehene Zähne, die Gift beinhalten und bei manchen Arten vorn, bei anderen hinten im Oberkiefer sitzen.

Greifschwanz – muskulöser Schwanz Baum bewohnender Arten, der die Tiere beim Klettern unterstützt.

Haftlamellen – Haftvorrichtungen an den Zehen bestimmter **Reptilien**, die das Klettern erleichtern; vor allem bei Geckos.

Haftscheiben – Haftvorrichtungen an den Zehen bestimmter **Amphibien**, die das Klettern erleichtern; z. B. bei Laubfröschen.

Halbtrockene Biotope – dürre oder trockene Gebiete mit überwiegend Steppen- oder Wüstenklima.

Hornschilde – schützende Hautverknöcherungen, z. B. bei Schildkröten.

Jungfernzeugung – siehe **Parthenogenese.**

Kaimane – südamerikanische Verwandte des **Alligators.**

Kamm – bei einigen männlichen **Molchen** zur Paarungszeit ausgebildeter, auf Rücken und Schwanz verlaufender Hautsaum. Die Kämme vieler **Reptilien** im Kehl-, Nacken-, Rücken- oder Schwanzbereich bestehen meist aus **Schuppen**.

Kaulquappen – meist rundliche oder eiförmige **Larven** der **Froschlurche**; sie besitzen normalerweise einen kräftigen Ruderschwanz und äußere Kiemen, die sich während der **Metamorphose** zurückbilden. Einige weisen außerdem einen Mundtrichter oder ein saugnapfartig umgestaltetes Maul auf, mit dem sie Nahrungspartikel einsaugen oder sich an den Untergrund heften können.

Kehlsack – unterschiedlich großer häutiger Kehlanhang einiger **Echsen**, der zum Anlocken der Weibchen in der Paarungszeit und zur Abschreckung von Rivalen dient.

Kloake – Ausführgang des Enddarms sowie der Harn- und Genitalwege bei **Amphibien** und **Reptilien**.

Kriechtiere – siehe **Reptilien.**

Krokodile – allgemeine Bezeichnung für **Alligatoren, Kaimane, Echte Krokodile** und **Gaviale**; alle weisen einen stromlinienförmigen Körper, einen langen Schwanz und eine dicke lederartige, durch **Hornschilde** verstärkte Haut auf.

Kröten – umgangssprachliche Bezeichnung für **Schwanzlurche** mit gedrungenem Körper und trockener, warziger Haut. Häufig wird der Begriff auch nur für die Mitglieder der Familie Bufonidae verwendet.

Längsstreifen – normalerweise von vorn nach hinten verlaufende strichartige Markierung auf dem Körper.

Larven – **Amphibien** im Jugendstadium, die sich während der **Metamorphose** zu ausgewachsenen Tieren entwickeln.

lebend gebärend – Tiere, die keine Eier legen, sondern lebende Junge zur Welt bringen.

Lurche – siehe **Amphibien**.

Metamorphose – Verwandlung einer **Larve** oder Kaulquappe in ein ausgewachsenes Tier; die meisten

Amphibien weisen eine solche Entwicklung auf.

Molche - umgangsprachliche Bezeichnung für **Amphibien** mit einem langgestreckten schlanken Körper, einem langem Schwanz und kurzen Beinen; die Männchen entwickeln zur Paarungszeit oft einen **Kamm** auf Schwanz und Rücken. Die ausgewachsenen Tiere leben an Land, kehren aber zur Fortpflanzung ins Wasser zurück.

nachtaktiv – Futtersuche und andere Betätigungen finden hauptsächlich nachts statt.

Parotoiddrüsen – Hautdrüsen vieler **Amphibien**, die an beiden Seiten des Kopfes sitzen und ein giftiges Sekret produzieren können. Bei einigen Krötenarten sind die Parotoiddrüsen besonders gut zu erkennen.

Parthenogenese – eingeschlechtliche Fortpflanzung, bei der alle Nachkommen aus unbefruchteten Eiern entstehen, sodass ein sexueller Kontakt mit Männchen überflüssig ist.

Plastron – meist flacher Bauchpanzer der Schildkröten, der normalerweise mit **Hornschilden**, manchmal auch mit einer lederartigen Haut bedeckt ist.

Population – Gesamtheit der an einem bestimmten Ort vorhandenen Individuen einer Tierart.

Querbänder oder Querbinden – über den Rücken oder den Schwanz verlaufende Ringzeichnung, die auf der Bauchseite nicht ganz geschlossen ist.

Rassel – aus harten, locker übereinander greifenden Hornringen bestehender Schwanzfortsatz der Klapperschlangen, mit dem durch schnelles seitliches Schwingen ein lautes, schwirrendes Geräusch zur Feindabschreckung erzeugt werden kann.

Reptilien – wechselwarme Wirbeltiere mit Lungen und **Schuppen** oder **Hornschilden**.

Revierverhalten – der Revierabgrenzung und –verteidigung dienende Verhaltensweisen.

Rippenfurchen – parallele Querfurchen auf den Flanken verschiedener **Schwanzlurche** und ihrer **Larven**.

Rückenpanzer – siehe **Carapax**.

rudimentär – im Laufe der Evolution verloren gegangen oder rückgebildet und daher ganz oder nahezu funktionslos. Ein Beispiel sind die Reste des **Beckengürtels** und der Beine, die bei einigen **Schlangen** zu **Afterspornen** umgebildet sind, ein anderes die weitgehend rückgebildeten Augen vieler **Doppelschleichen**. Diese bestehen meist nur noch aus einigen unter der Haut liegenden Pigmenttüpfeln, mit denen die Tiere nur Helligkeitsunterschiede wahrnehmen können.

Salamander – umgangssprachliche Bezeichnung für terrestrisch lebende **Schwanzlurche** mit langgestrecktem Körper, langem Schwanz und kurzen Beinen. Einige Arten kehren zur Fortpflanzung ins Wasser zurück, andere legen Eier an Land ab.

Sattelmuster – breite, rundliche Markierung auf dem Rücken eines Tieres, die zu den Flanken hin schmaler wird.

Schallblasen – einzelne oder paarige, weiche, sackartige Ausstülpungen des Mundhöhlenbodens bei bestimmten männlichen **Froschlurchen**. Die Schallblasen werden beim Paarungsruf mit Luft gefüllt und wirken so als Resonatoren.

Schlangen – **Reptilien** mit einem langen schlanken, von glatten oder gekielten **Schuppen** bedeckten Körper, flexiblen Kiefern und einer gespaltenen Zunge. Beine, äußere Ohröffnungen und bewegliche Augenlider fehlen; letztere sind durch eine **Brille** ersetzt. Die meisten Schlangen sind harmlos, einige besitzen jedoch ein tödliches Gift.

Schuppen – weiche, meist einander überlappende Hautverdickungen bei **Schlangen**, **Echsen** und **Doppelschleichen**. Die **Schuppen** können glatt, gekielt oder gekörnt sein sowie einen gezackten Rand aufweisen.

Schuppenrasseln – Lauterzeugung durch das Aneinanderreiben gezackter Schuppen an den Flanken, um Angreifer zu warnen.

Schwanzautotomie – die Fähigkeit vieler **Reptilien**, z. B. **Echsen**, und einiger **Amphibien**, bei Gefahr den Schwanz abzuwerfen; durch diese Ablenkungsstrategie können die Tiere ihren Angreifern oft entkommen.

Schwanzlurche – Bezeichnung für die zur Ordnung Urodela gehörenden **Amphibien**; zusammengefasst werden unter diesem Begriff alle **Molche** und **Salamander**.

Spermapaket – von einer gallertartigen Masse umschlossenes Sperma, das vom Männchen direkt in die Geschlechtswege des Weibchens übertragen oder auf dem Untergrund abgesetzt und dann vom Weibchen mit den **Kloaken**lippen aufgenommen wird.

stellenweise häufig – in weiten Teilen des Verbreitungsgebietes zerstreut oder fehlend, in bestimmten Biotopen dagegen recht häufig.

Streifen – siehe **Längsstreifen**.

Subspezies – Unterart.

tagaktiv – Futtersuche und andere Betätigungen finden hauptsächlich tagsüber statt.

Tarnfärbung oder -zeichnung – Färbung oder Zeichnung, die ein Tier so an seine Umgebung angleicht, dass es von Feinden nur schwer wahrzunehmen ist.

temporäre Gewässer – Tümpel oder Teiche, die nach einer gewissen Zeit oder regelmäßig austrocknen.

Terrarium – Behälter zur Haltung, Pflege und Zucht von **Amphibien** und **Reptilien**.

terrestrisch - an Land lebend.

Tuatara – siehe **Brückenechsen**.

Ventralschilde – **Schuppen** auf der Unterseite des Schlangenkörpers, die meist größer sind als die auf der Oberseite.

Wärmegruben – Temperatursinnesorgane, mit deren Hilfe einige Schlangenarten ihre warmblütige Beute aufspüren. Bei Boas und Pythons sitzen die Wärmegruben vorn am Maul (Lippengruben), bei den Grubenottern sind sie zwischen den Nasenlöchern, den Augen und dem Maul zu finden (Lorealgruben).

Wirbellose – Sammelbezeichnung für Tiere, die keine Wirbelsäule besitzen und somit nicht zu den Wirbeltieren gerechnet werden. Zu den Wirbellosen gehören 90 Prozent aller bekannten Tierarten, u. a. Insekten, Würmer und Weichtiere wie Schnecken oder Muscheln.

Würgeschlangen – ungiftige **Schlangen**, die ihre Opfer durch festes Umschlingen erwürgen.

Zügelschild – bei einigen **Schlangen**, z. B. Grubenottern, vorhandenes großes Kopfschild zwischen Augen, Nase und Maul. Bei manchen Arten sitzen die **Wärmegruben** (Lorealgruben) im Zügelschild (auch Loreale genannt).

Register

F

G

M

N

R

S

Danksagung

Die Autoren möchten Chris Mattison danken, der zahlreiche Bilder zur Verfügung stellte und beim Einführungsteil behilflich war, sowie Roger Avery und David Dickey, die den gesamten Text überarbeiteten. Unser Dank gilt außerdem allen Fotografen und Agenturen, die Fotos für dieses Buch bereitstellten, besonders aber denen, die die letzten, besonders schwierigen Abbildungen liefer-ten, namentlich Jim Bridges, Indraneil Das, Carl Gans, Bill Love, Louis Porras, John Tashjian, Wayne van Devender und Harold Voris. Ebenso danken wir dem West-Midland-Safari-Park für die Geduld bei der Fertigstellung des Buches, der Universität von Wolverhampton für die langfristige Ausleihe mehrerer wichtiger Bücher, John Wilkinson, der beim Amphibienteil behilflich war, und schließlich Barbara O'Shea für ihre typographischen und grammatikalischen Korrekturen.

Dorling Kindersley möchte Monica Byles, Elaine Hewson, Peter Cross und Sean O'Connor für ihre Hilfe bei der Planung dieses Buches danken.

Studio Cactus dankt Jane Baldock, Alison Copland und Fiona Wild für die redaktionelle Mitarbeit, Sharon Moore, Laura Watson, Claire Moore und Melanie Brown für die Hilfe bei der Gestaltung, Peter Bull für die Illustrationen, Chris Bernstein für das Register, John Sturgess für die Korrekturen und Neale Chamberlain für die Bildrecherche. Ganz besonderer Dank gilt auch Chris Mattison und Roger Avery für ihren fachmännischen Rat sowie David Roberts von Dorling Kindersley für die Kartographie.

Die Fotografien, die speziell für dieses Buch angefertigt wurden, stammen von Chris Mattison.

Bildnachweis

Der Verlag möchte folgenden Personen und Agenturen für die freundliche Erlaubnis danken, ihre Bilder abdrucken zu dürfen.

Umschlag:
Dorling Kindersley Picture Library: Jerry Young Vorderseite ol, u; Chris Mattison Vorderseite m, mlu, mlo, Rückseite mro, ur; Charlie Wooding Umschlagklappe hinten or; Yorkshire/ Associated Producers ol.

Innenteil: A.N.T. Photo Library: Ken Griffiths 173u; G.E. Schmida 170u; J. Weigel 170o; Ardea London Ltd: Hans & Judy Beste 82o, 216u, 217u; Liz & Tony Bomford 18ur; Hans D. Dossenbach 11mr, 203m; Kenneth W. Fink 95m; François Gohier 69u; Nick Gordon 191o; M. Watson 48u; Alan Weaving 240o; Wardene Weisser 206u; BBC Natural History Unit: Michael Fogden 7u; Dietmar Hill 219o; Steven David Miller 100u; Pete Oxford 98o, 192m; Tony Phelps 161u; Michael Pitts 99m; Premaphotos 75m; Rico & Ruiz 146o, 199u; Jeff Rotman 21; Peter Scoones 7ml; Yuri Shibnev 175u; Tom Vezo 54o; Doug Wechsler 45o, 208o; Mike Wilkes 74o; Dr. W.R. Branch 31ur, 108u, 171u, 218u, 225u, 243u; Studio Cactus 32ml, 32mr; Bruce Coleman Ltd: Fred Bruemmer 174u; John Cancalosi 143m, 168m; Jack Dermid 10om, 207o; M.P.L. Fogden 9m, 232o; Dr. M.P. Kahl 215u; P. Kaya 22o, 238ul; George McCarthy 89o; Joe McDonald 23or, 110m, 139o, 176m; Dr. Scott Nielsen 222m; John Shaw 227o; Gunter Ziesler 20mru, 23u; David M. Dennis 47o, 94m, 102u, 196, 197o, 199o, 221u; DK Picture Library: Natural History Museum 31o, 74u; Royal Museum of Scotland 6m; Jerry Young 1, 2or, 2ml, 2mr, 8ul, 8ur, 9um, 15or, 17mo, 19ur, 26ml, 45m, 50ul, 53m, 53u, 54u, 55o, 60o, 62m, 80o, 86o, 87u, 97u, 97o, 100o, 177o, 195o, 223o, 225o, 226u, 227u, 235u, 244u, 244o; Michael & Patricia Fogden 5or, 10um, 10ur, 11ml, 210o, 219u, 222o; Carl Gans 107u; Daniel Heuclin 88o, 169u, 216o; Dr. Indraneil Das 87o, 161o, 242o; FLPA – Images of nature: Frank W. Lane 100m; Mandal Ranjit 159u; G. Saltini/Panda 198o; Silvestris 118o; Chris Mattison 5ml, 5u, 6u, 11or, 12ol, 12ml, 12m, 12mr, 12ul, 14or, 15m, 16m, 16mu, 17ol, 18or, 19mr, 19mul, 23mr, 26mr, 26ul, 28ml, 28ul, 28ur, 29or, 29ml, 29um, 30ml, 30o, 32or, 32um, 33ol, 33or, 33ml, 44, 45u, 46m, 46u, 51m, 51u, 51o, 52o, 59m, 59o, 60m, 60u, 61u, 62o, 63m, 65o, 66u, 66o, 69o, 71m, 71o, 72m, 77u, 77o, 83o, 84u, 91m, 95o, 99o, 105o, 106u, 106o, 108o, 112ur, 112o, 114m, 114u, 116o, 117o, 120u, 121ul, 122o, 125u, 129u, 130u, 130o, 131or, 131mr, 132-133, 132u, 133mr, 133u, 134o, 135mr, 135u, 135o, 136u, 137u, 138u, 138o, 139u, 140u, 141m, 144m, 144o, 145o, 149o, 150mr, 150u, 152u, 152o, 153u, 156o, 164u, 165, 178or, 178m, 179m, 179ur, 181u, 184m, 186ul, 186ur, 187u, 188o, 189ol, 189or, 189u, 203o, 204o, 206m, 208u, 210m, 212o, 214u, 217o, 219m, 220u, 224u, 228o, 229u, 231u, 232u, 233u, 233o, 238o, 241u, 241o, 242u, 243o, 245u; Nature Photographers: S.C. Bisserot 218o; Colin Carver 238ur; Don Smith 205o; Paul Sterry 65u; Natural Science Photos: C. Dani & I. Jeske 14ul, 76m; Ken Hoppen 156u; David Lawson 75u; Chris Mattison 90o; Jim Merli 207u; O.C. Roura 63o; Kennan Ward 222u; N.H.P.A.: A.N.T. 47u, 76o; Anthony Bannister 124o, 150o, 160u; James Carmichael Jr 67u; Nigel J. Dennis 167o; Robert Erwin 197u; Pavel German 64u, 136o, 158o, 209; Ken Griffiths 172u; Brian Hawkes 88u; Daniel Heuclin 62u, 107m, 107o, 129o, 144u, 235o; Ralph und Daphne Keller 174o; T. Kitchin & V. Hurst 237u; Gerald Lacz 142u; Haroldo Palo 105u; Jany Sauvanet 70o, 91u, 210u, 221o; Karl Switak 92o; Dave Watts 75o; Martin Wendler 23ml; Mark T. O'Shea 15ur, 19ml, 25or, 25u, 27ur, 29mru, 31m, 46o, 49u, 55u, 56o, 58, 61m, 61o, 63u, 64o, 68u, 68o, 71u, 72u, 72o, 73m, 73u, 73o, 79ul, 80u, 81u, 82m, 82u, 83m, 83u, 84m, 84o, 85m, 86m, 90m, 90u, 91o, 92u, 93u, 93o, 96m, 96u, 101, 102m, 103m, 103u, 103o, 104m, 104u, 109ul, 109ur, 110u, 111u, 112ul, 113ol, 113or, 113ur, 114o, 117u, 118m, 119m, 119o, 120o, 121o, 122um, 122ur, 124u, 125o, 126ul, 128u, 128o, 134u, 137o, 140o, 141u, 141o, 145u, 147o, 148o, 149m, 151u, 151o, 152m, 153or, 153ml, 154o, 155u, 155o, 157u, 159o, 160o, 162m, 162u, 163u, 164o, 166u, 169mr, 171o, 172o, 175o, 177m, 177u, 178ul, 179or, 180o, 181m, 182u, 183u, 183o, 184or, 184ur, 185o, 186o, 187ol, 187or, 188u, 191ml, 192u, 193o, 194u, 194o, 195u; Oxford Scientific Films: Kathie Atkinson 217m; J.A.L. Cooke 163o; David M. Dennis 143u, 143o; Michael Fogden 22m, 157o, 176u; Zig Leszczynski 87m, 146u; John Mitchell 119u; G. Synatzschke Okapia 215o; Babs & Bert Wells 64m, 168u; Louis W. Porras 95u, 240u; Stephen Spawls 173o; John Tashjian 158u; R.W. Van Devender 86u, 211u; Harold Voris 162o; W. Wuster 168o.

(o = oben; u = unten; m = Mitte; l = links; r = rechts)